SCHRIFTENREIHE FÜR GEOLOGISCHE WISSENSCHAFTEN

HEFT 14

HERAUSGEGEBEN VOM VORSTAND DER GESELLSCHAFT
FÜR GEOLOGISCHE WISSENSCHAFTEN DER DDR (GGW)

M. GUNTAU (HRSG.)

Biographien bedeutender Geowissenschaftler der Sowjetunion

19 biographische Darstellungen zu bedeutenden Gelehrten der russischen und sowjetischen Geologiegeschichte

Mit 36 Abbildungen

AKADEMIE-VERLAG · BERLIN

Schriftenr. geol. Wiss. · Berlin 14 (1979) · S. 1—199

Die „Schriftenreihe für Geologische Wissenschaften" erscheint in Ergänzung zur „Zeitschrift für Geologische Wissenschaften".

Die Hefte werden in zwangloser Folge herausgegeben und jeweils einem Themenkomplex gewidmet. In ihnen können sowohl umfangreichere Einzelarbeiten als auch Arbeiten mehrerer Autoren zu vielseitig interessierenden Themen veröffentlicht werden. So ergänzen sich beide Publikationsorgane sinnvoll.

Die Themen und Reihenfolge der Hefte der Schriftenreihe werden vom Verlag und vom Herausgeber festgelegt.

Herausgeber ist der Vorstand der Gesellschaft für Geologische Wissenschaften der DDR (GGW)

— Vorsitzender der GGW: Prof. Dr. sc. nat. RUDOLF DABER, Museum für Naturkunde an der Humboldt-Universität zu Berlin, DDR - 104 Berlin, Invalidenstraße 43, Fernsprecher 2897576

— Wissenschaftlicher Sekretär der GGW: Dipl.-Min. JOACHIM LAMPRECHT

— Das Sekretariat der Gesellschaft für Geologische Wissenschaften der DDR hat seinen Sitz in DDR - 104 Berlin, Invalidenstraße 43, Fernsprecher 2826490/2826460

— Mit der Herausgabe dieses Heftes beauftragt: Dozent Dr. sc. MARTIN GUNTAU, Wilhelm-Pieck-Universität Rostock, DDR - 25 Rostock, Rosa-Luxemburg-Straße 29

Redaktion der Schriftenreihe für Geologische Wissenschaften:
DDR - 1055 Berlin, Dimitroffstraße 171, Fernsprecher 4365441

Redaktionelle Betreuung der Schriftenreihe:
Dipl.-Geol. ERIKA BIELEFELDT und Dipl.-Geol. IRMGARD FUHRMANN

Manuskripte und Korrespondenzen erbeten an die Anschrift der Redaktion

Redaktionsschluß: 1. März 1978

Erschienen im Akademie-Verlag, DDR - 108 Berlin, Leipziger Straße 3—4

Lizenznummer: 202 · 100/479/79
Gesamtherstellung: VEB Druckhaus „Maxim Gorki", 74 Altenburg
Bestellnummer: 7626879 (2171/14) · LSV 1405
Printed in GDR
DDR 38,— M

INHALT

СОДЕРЖАНИЕ

CONTENTS

Vorwort

Im Verlauf der vergangenen drei Jahrzehnte sind die Beziehungen zwischen der DDR und der UdSSR auch auf dem Gebiet der geologischen Wissenschaften umfangreicher und tiefer geworden. Nicht nur in den verschiedenen Bereichen praktischer geologischer Arbeit, sondern ebenso in der theoretischen Forschung und bei der Ausbildung von Wissenschaftlern hat sich eine fruchtbare Zusammenarbeit entwickelt. Bedeutende Resultate wurden bei der geologischen Erforschung des Territoriums der DDR und bei der erfolgreichen Suche und Erkundung von Lagerstätten nutzbarer Rohstoffe im Ergebnis von Anstrengungen der Fachkollegen beider Länder erzielt. Zahlreiche Geowissenschaftler der DDR studierten und studieren an sowjetischen Universitäten und Hochschulen. Aus diesen Beziehungen erwuchs ein reges Interesse an der traditionsreichen Geschichte der geologischen Wissenschaften in der Sowjetunion.

Bereits im 18. Jahrhundert entstanden in Rußland im Zusammenhang mit den durch Peter I. ausgelösten Reformen zur Entwicklung der Produktivkräfte und der Wissenschaften bemerkenswerte geologische Arbeiten. Im 19. Jahrhundert wurden in Rußland hervorragende Erkenntnisse beispielsweise zur Entwicklung von Stratigraphie, Paläontologie, Petrographie, Mineralogie und Kristallographie beigetragen. Nach der Großen Sozialistischen Oktoberrevolution gewannen die geologischen Wissenschaften bei der Erforschung der mineralischen Rohstoffbasis der UdSSR eine besondere Bedeutung. Es entstanden die sowjetischen Schulen der Geotektoniker, Geochemiker, Lithologen, Erdölgeologen und anderer geologischer Disziplinen. Die umfassenden theoretischen Forschungsergebnisse und die Erfolge beim Nachweis nutzbarer Bodenschätze durch sowjetische Gelehrte fanden sehr bald das Interesse der geologischen Fachkollegen im Ausland.

Gemessen am Umfang und an der Bedeutung der wissenschaftlichen Arbeiten russischer und sowjetischer Geologen in der Geschichte, fanden diese Leistungen in der deutschsprachigen wissenschaftshistorischen Literatur aus den verschiedensten Gründen eine völlig unzureichende Würdigung. Die Gesellschaft für Geologische Wissenschaften der DDR bietet im Rahmen ihrer Publikationsmöglichkeiten die willkommene Gelegenheit, einige Biographien bedeutender Gelehrter der russischen und sowjetischen Geologiegeschichte zu veröffentlichen. Autoren aus der DDR und der UdSSR stellen in einer Auswahl Geologen, Paläontologen, Mineralogen, Geochemiker und Geophysiker Rußlands bzw. der Sowjetunion vor. Neben einem kurzen Lebenslauf geben die einzelnen Beiträge einen Einblick in die wissenschaftlichen Leistungen des jeweiligen Forschers. Die Beiträge werden durch eine Bibliographie ausgewählter Arbeiten in russischer und zumeist deutscher Sprache ergänzt, in denen die wissenschaftlichen Auffassungen des Gelehrten veröffentlicht bzw. sein Wirken dargestellt sind.

Keineswegs kann das vorgelegte Sammelheft auch nur annähernd die Geschichte der geologischen Wissenschaften in Rußland bzw. der Sowjetunion umreißen. Die Biographien mögen aber allen Interessenten den Zugang zur Geschichte der Geologie in der Sowjetunion erleichtern und zu weiteren Studien anregen.

Martin Guntau

Schriftenr. geol. Wiss. · Berlin 14 (1979) · S. 7—18

Michajl Vasil'evič Lomonosov (1711—1765)

Von Martin Guntau, Rostock

Mit 2 Abbildungen

Michajl Vasil'evič Lomonosov hat im Rahmen seiner bedeutenden Leistungen auf den verschiedensten Gebieten der Naturwissenschaften auch erheblich zum Fortschritt der geologischen Erkenntnis beigetragen. Er erarbeitete praktisch anwendbare Kriterien für die Suche von Lagerstätten nutzbarer Bodenschätze, die auf theoretischen Einsichten über die Grundprozesse des geologischen Geschehens in der Natur basierten. Im Zusammenhang mit seinen tektonischen und lagerstättengenetischen Anschauungen wird seine plutonistische Grundauffassung über die Verursachung geologischer Prozesse deutlich. Wesentliches leistete er zur Durchsetzung der historischen Analyse geologischer Erscheinungen und wandte sich gegen alle irrationalistischen oder religiösen Deutungen der Fossilentstehung. Lomonosov hatte große Verdienste bei der Begründung der Geologie in Rußland und war ein hervorragender Vorkämpfer der Aufklärung in seiner Heimat.

Михаил Васильевич Ломоносов своими выдающимися трудами по разным дисциплинам естетственных наук внес существенный вклад в развитие геологического познания. Он разработал практически примениные критерии поисков месторождений полезных ископаемых, основанные на теоретических знаниях основных процессов геологического развития в природе. В связи с его взглядам относительно тектоники и генезиса месторождений полезных ископаемых отчетливо характеризуется его плутонистское представление о причинах геологических процессов. Он внес существенный вклад в признание исторического анализа геологических явлений и выступил против всех иррациональных или религиозных интерпретаций образования ископаемых организмов. Ломоносов имел большие заслуги при становлении геологии в России и был земечательным авангардистом просвещения на его родине.

Within the scope of his important achievements in various fields of natural sciences Mikhail Vasilevich Lomonosov also contributed considerably to the progress of geological knowledge. He elaborated criteria for practical application to prospecting for deposits of useful mineral resources, which were based on theoretical views of the basic processes of geological events in nature. His plutonist opinion of the causes of geological processes becomes obvious in connection with his tectonic views and conceptions of the genesis of deposits. He did much in realizing the historical analysis of geological processes, and turned against all irrational or religious interpretations of fossilization. Lomonosov established his reputation as a founder of geology in Russia and was a prominent pioneer of Enlightenment in his native country.

Michajl Vasil'evič Lomonosov wurde 1711, vermutlich am 8. (19.) November, in dem Dorf Mischaninskaja bei Cholmogory (Gouvernement Archangelsk) geboren. Sein Vater war Bauer und Fischer. Mit ihm befuhr der junge Lomonosov das Weiße Meer und das nördliche Eismeer. Früh hatte er lesen und schreiben gelernt. Im Dezember 1730 wanderte er zu Fuß nach Moskau, um dort an der Slawisch-Griechisch-Lateinischen Akademie die alten Sprachen zu erlernen. Anfang 1736 wurde Lomonosov als einer der besten Studenten an die Petersburger Akademie der Wissenschaften und im Herbst des gleichen Jahres zum Studium des Berg- und Hüttenwesens ins Ausland geschickt. Unter Anleitung des Philosophen Christian Wolff (1679—1754) studierte er zunächst drei Jahre an der Marburger Universität vor allem Mathematik, Mechanik, Physik, Chemie, Logik und Metaphysik. Dann weilte er in den Jahren 1739/1740 in Freiberg

(Sachsen), um sich im Laboratorium von JOHANN FRIEDRICH HENCKEL (1679—1744) mit Problemen der Mineralogie, der Bergbaukunde und der metallurgischen Chemie zu beschäftigen. Nach Wanderungen durch verschiedene Gebiete Deutschlands und der Niederlande kehrte er 1741 nach Petersburg zurück.

1742 wurde er zum Adjunkten der physikalischen Klasse der Petersburger Akademie ernannt, 1745 ihr Mitglied und Professor der Chemie. Im Jahre 1748 eröffnete er das erste chemische Laboratorium in Rußland und übernahm 1758 die Leitung des Geo-

graphischen Departements, der Historischen Sammlungen sowie der Universität und des Gymnasiums der Akademie. Bereits 1755 war nach seinen Ideen und Vorschlägen die Universität in Moskau gegründet worden und hatte ihren Lehrbetrieb aufgenommen.

LOMONOSOVS Werk zeichnet sich durch eine bemerkenswerte innere Geschlossenheit aus, in dem sich sein enzyklopädisches Wissen und sein schöpferisches Denken organisch miteinander verbanden. In der ersten Periode seines Schaffens (etwa bis zur Eröffnung des chemischen Laboratoriums) beschäftigte er sich vornehmlich mit physikalisch-chemischen Problemen: Arbeiten zur Korpuskulartheorie, atomistischen Vorstellungen vom Bau der Materie, dem Gesetz von der Erhaltung der Stoffe und der Bewegung, Wärmeerscheinungen und dem Verhalten gasförmiger Substanzen sowie der chemischen Analyse von Salzen, Erzen und anderen Mineralen.

Nach 1748 traten verschiedene chemische Fragen bis hin zur Lösung praktischer Aufgaben in den Vordergrund seiner Interessen. Er begann mit systematischen Erzanalysen, versuchte die Herstellung von Porzellan zu verbessern und verschieden gefärbte Gläser sowie Glaserzeugnisse herzustellen, chemische Geräte und optische Instrumente zu entwickeln, ferner das Wesen und die Eigenschaften der Elektrizität zu bestimmen. LOMONOSOV begann mit seinen Studien zur Geschichte Rußlands, gab die erste wissenschaftliche Grammatik der russischen Sprache heraus und schuf hervorragende Mosaikbilder.

In den Jahren nach 1758 schloß er seine während vieler Jahre verfolgten Untersuchungen über Geologie, Bergbau und Metallurgie ab und leistete zahlreiche Forschungsarbeiten zu Fragen der Optik, Nautik, Meteorologie, Astronomie, Geographie und der russischen Landeskunde. Er verfaßte verschiedene Werke über die Geschichte des russischen Volkes und arbeitete über Probleme der russischen Literatursprache.

LOMONOSOVS ganzes wissenschaftliches Wirken war eng mit der Petersburger Akademie der Wissenschaften verbunden, in der er einen konsequenten Kampf für die Herausbildung und selbständige Entwicklung der russischen Wissenschaft führte und sich gegen die Willkür und Vorherrschaft der Ausländer in diesem Gremium wandte, die sich diesen patriotischen Zielen widersetzten und die russische Kultur mißachteten.

Am 4. (15.) April 1765 starb M. V. LOMONOSOV; er wurde auf dem Lazarus-Friedhof des Alexander-Newski-Klosters in Petersburg beigesetzt.

Der Feudalismus in Rußland war zu Lebzeiten LOMONOSOVS vor allem durch die Herausbildung des Absolutismus bestimmt, der in seiner Entwicklung weitgehend durch die Reformpolitik Peter I. geprägt war. Der Entstehungsprozeß eines einheitlichen russischen Marktes und der weitere Ausbau der Ware-Geld-Beziehungen wurden durch zahlreiche Neugründungen von Manufakturen unterstützt, die in wesentlichem Umfang die ungeheuren Bodenschätze Rußlands zu nutzen begannen. Allein von den etwa 200 während der Regentschaft Peter I. gegründeten Manufakturen war ein Drittel in der Schwarz- und Buntmetallurgie angesiedelt. Auf dieser Grundlage konnte die Produktion vor allem von Eisen gesteigert werden und erhöhte sich von 1700—1750 auf das Zehnfache. Am Ende des 18. Jahrhunderts war Rußland im Weltmaßstab zeitweise größter Eisenproduzent und nahm nach England in der Kupferproduktion den zweiten Platz ein. Gleichzeitig wuchs in der zweiten Hälfte des 18. Jahrhunderts die Gewinnung von Gold und Silber in Rußland spürbar.

Diese Tendenzen im Bereich der materiellen Produktion standen in enger Wechselwirkung zur Entwicklung des geistigen Lebens in Rußland. Im 18. Jahrhundert begann sich die russische Nationalkultur herauszubilden, und es entwickelte sich die autochtone russische Wissenschaft. Der feudalabsolutistische Staat benötigte Fachleute auf den verschiedensten Gebieten: Militär- und Zivilingenieure, Landvermesser, Mediziner, Naturwissenschaftler usw., um die ökonomische und politische Entwicklung des Landes zu gewährleisten. Solchen Bedürfnissen entsprechend, wurde 1724 die Petersburger Akademie der Wissenschaften gegründet, die sich bald zu einem nationalen Zentrum vor allem für die angewandten Naturwissenschaften herausbildete.

In dem aufblühenden Montanwesen des 18. Jahrhunderts wirkten so hervorragende Bergbeamte wie V. N. TATIŠČEV, I. K. ZUBKOV, V. M. LODYGIN und andere. Zusammen mit ins Land gerufenen ausländischen Spezialisten (J. F. BLÜHER, V. I. HENNIN, J. M. MICHAELIS und weitere) leiteten sie das russische Berg- und Hüttenwesen und unternahmen zahlreiche Expeditionen zur Suche neuer Lagerstätten. Um dem empfindlichen Mangel an Spezialisten vor allem im Montanwesen zu begegnen, versuchte man bereits im ersten Viertel des 18. Jahrhunderts Meister und Beamte an Bergschulen (1716 Olonez, 1722 Jekaterinenburg) heranzubilden und begabte Studenten in andere europäische Länder, wie z. B. nach Schweden oder Deutschland, zur Ausbildung zu schicken. Alle diese Initiativen waren mehr oder weniger direkt auf die verstärkte Entwicklung des Montanwesens in Rußland orientiert und gaben den geologischen Arbeiten von vornherein die Zielsetzung einer praktischen Nutzung ihrer Resultate in der Bergbauproduktion.

Sowohl in diesem nationalen Rahmen als auch für die sich in der zweiten Hälfte des 18. Jahrhunderts als naturwissenschaftliche Disziplin herausbildende Geologie insgesamt, besaßen die Arbeiten von M. V. LOMONOSOV wesentliche Bedeutung. Er verarbeitete die in Rußland gesammelten geologischen Erfahrungen und bezog in seine Darstellungen die in anderen europäischen Ländern gewonnenen Erkenntnisse ein. Dabei stützte er sich auf die geologischen Erfahrungen des bergmännischen Reproduktionsprozesses in gleicher Weise wie auf die zahlreichen Wissenselemente über die Erde, die auf anderen Erkenntnisgebieten erarbeitet worden waren. Die „Rede über die Entstehung der Metalle durch Erdbeben" aus dem Jahre 1757 [1.2.][1]), ebenso sein 1763 erschienenes Werk „Erste Grundlagen der Metallurgie oder des Bergbaus" [1.3.] mit den wichtigen Beilagen „Über den natürlichen Wetterzug in den Bergwerken" [1.4.] und insbesondere „Über die Erdschichten" [1.5.] zeugen von der souveränen theoretischen Durchdringung und Weiterentwicklung der geologischen Erkenntnis seiner Zeit, die er vor allem dem Auffinden und der Gewinnung von Bodenschätzen in seinem Vaterland nutzbar machen wollte.

Bereits unmittelbar nach seiner Rückkehr aus Deutschland in seine Heimat war LOMONOSOV maßgeblich an der Zusammenstellung des Katalogs der Mineralien und Fossilien des Mineralkabinetts der Kunstkammer der Petersburger Akademie der Wissenschaften beteiligt, die heute den historischen Grundstock des Fersman-Museums der Akademie der Wissenschaften der UdSSR in Moskau bilden [1.1.]. Eben in diesen Jahren begann er auch mit der Erarbeitung seines Hauptwerks zu den Problemen des Montanwesens und der Geologie, den „Ersten Grundlagen der Metallurgie und des Bergbaus", das aber erst zwei Jahrzehnte später im Druck erschien.

In ihrem Aufbau folgt diese Arbeit dem technologischen Ablauf des berg- und hüttenmännischen Reproduktionsprozesses mit einer besonders ausführlichen Darstellung mineralogischer und geologischer Einzelheiten. Die im ersten Teil des Buchs gegebene Übersicht zu den für den Bergbau interessanten Mineralien und Metallen läßt noch die auf IBN SINA (980—1037) zurückgehende und in der Literatur des 18. Jahrhunderts allgemein verbreitete Klasseneinteilung erkennen, wobei LOMONOSOV jedoch die Metalle bereits von den Halbmetallen trennte und die Erze als eigene Gruppe anfügte: 1. Metalle, 2. Halbmetalle, 3. Fette Minerale, 4. Schwefel, 5. Steine und Erden, 6. Erze [1.3., S. 403—430]. Der darauf aufbauende zweite Teil beschäftigt sich mit den Erzorten, Gängen und vor allem ihrer Suche. LOMONOSOV gab eine systematische Übersicht zu den in seiner Zeit bekannten Lagerstättentypen unter Hervorhebung von Gangvererzungen. Von besonderer Bedeutung waren jedoch LOMONOSOVS Hinweise für die Suche von Erzgängen, die er auf außerordentlich umfassende und instruktive Weise darstellte [1.3., S. 438ff.]. Er erläutert sechs praktisch handhabbare, allgemeine Kennzeichen für die Suche von Erzgängen und nennt folgende Kriterien, die Anhaltspunkte für das Vorhandensein von Lagerstätten sein sollen: 1. Zerbrochene Minerale, die in Gebirgsquellen oder -bächen mitgeführt werden. 2. Bruchstücke von Gesteinen, die häufig zusammen mit Erzen auftreten. 3. Materialien, die Verbindungen mit Schwefel vermuten lassen. 4. Kräftige rote, blaue, grüne oder gelbe Farben im Boden. 5. Erznester mit Mineralen aus Gängen. 6. Kränkliche Bäume, auffällig niedrige Gewächse oder Pflanzen mit blassen Blattfarben, wenn alle diese Erscheinungen in lagerstättenhöffigen Gebirgen auftreten [1.3., S. 438f.]. Darüber hinaus gibt LOMONOSOV weitere partielle Hinweise für das Verfolgen von Gängen und spezifiziert diese Kriterien für die jahres-

[1]) Diese Angaben beziehen sich auf die am Ende des Beitrags gegebene Bibliographie.

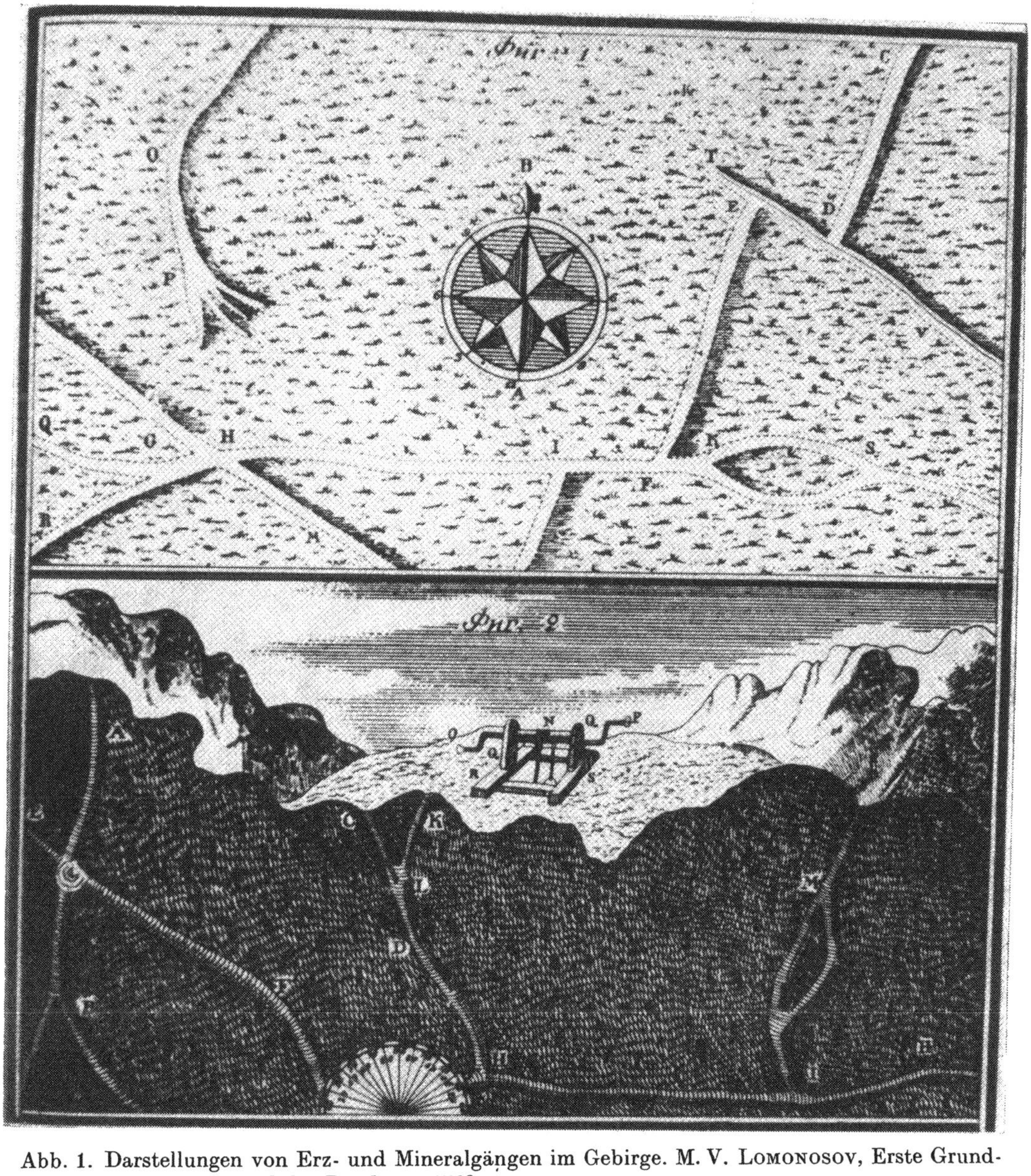

Abb. 1. Darstellungen von Erz- und Mineralgängen im Gebirge. M. V. LOMONOSOV, Erste Grundlagen der Metallurgie und des Bergbaus, 1763

zeitlich unterschiedlichen klimatischen Bedingungen. Speziell den Bergleuten teilt er Erfahrungen mit, wie sich gangtektonische Verhältnisse auf die Vererzung auswirken können. Bemerkenswert sind Hinweise über substantielle Beziehungen zwischen verschiedenen Mineralen bzw. Gesteinen. So begleiten seiner Darstellung nach z. B. Schiefer oder Sandstein häufig liegende Gänge (Flöze), Kiese zeigen in vielen Fällen Gold an und in der Nähe von Kobalt finden sich oft rote Silbererze. Damit werden paragenetische Zusammenhänge angedeutet, die dann von V. M. SEVERGIN weiter untersucht und im 19. Jahrhundert von F. A. BREITHAUPT zur Lehre von der Mineralparagenesis ausgearbeitet wurden.

Alle diese Aussagen zur Lagerstättenprospektion versuchte LOMONOSOV mit Beispielen aus Lagerstätten Rußlands, Sachsens, des Harzes, aber auch Südamerikas und anderer Gebiete zu belegen, die er entweder aus eigener Anschauung oder aus entsprechenden Beschreibungen der Literatur kannte. Es ist nur natürlich, daß ein solches realistisches Herangehen an die Fragen der Lagerstättenprospektion LOMONOSOV zur konsequenten Ablehnung des Gebrauchs der Wünschelrute führten, die er der „schwarzen Kunst" zurechnete und deren Unbrauchbarkeit für die Erzsuche er nachwies [1.3., S. 441f.]. Mit diesen konzeptionellen Vorstellungen über die Lagerstättenprospektion hat LOMONOSOV wesentliche Beiträge zur Entwicklung der geologischen Such- und Erkundungsmethodik geleistet und die geologische Arbeit in Rußland auf praktische Ziele orientiert. Die Ausprägung dieser Arbeitsrichtung ist in der russischen Geologie bis in das nachfolgende Jahrhundert hinein von Bedeutung geblieben und gestattete noch später, nach der Großen Sozialistischen Oktoberrevolution, die Anknüpfung der aktuellen wissenschaftlichen Zielsetzungen bei der Rohstoffversorgung des Landes an diese progressiven nationalen Traditionen in der geologischen Forschung der Sowjetunion.

Zusammen mit den drei weiteren Teilen des Buchs, in denen LOMONOSOV die Ausrüstung von Bergwerksanlagen, das Probieren der Erze und die verschiedenen Hüttenprozesse beschrieb, gaben seine „Ersten Grundlagen der Metallurgie oder des Bergbaus" eine wissenschaftlich fundierte und breiten Kreisen verständliche Darstellung aller wesentlichen Einzelheiten des Montanwesens, die ihre Wirkung nicht verfehlte. Die Petersburger Akademie sandte dieses Buch an alle Berg- und Hüttenwerke des Ural, Altai und anderer Gebiete Rußlands, um die darin beschriebenen Erkenntnisse Manufakturbesitzern und Bergbeamten zur Nutzung anzubieten [12, S. 22].

LOMONOSOV beschäftigte sich darüber hinaus mit dem Projekt einer „Mineralogie Rußlands", in der er alle im Lande vorkommenden Minerale und Erze zu beschreiben gedachte. Der konzeptionellen Anlage nach sollte dieses Werk nicht nur von theoretischer Bedeutung sein. Auf LOMONOSOVS Anregung hin erließ die Petersburger Akademie 1763 einen Aufruf, Mineral- und Erzproben von allen Fundorten Rußlands in die Hauptstadt zu senden, um sie zu analysieren und die Resultate zum Nutzen der Allgemeinheit zu veröffentlichen. Wie LOMONOSOV in dem Aufruf in Aussicht stellte, sollte „jeder Bergwerksunternehmer am Beispiel anderer Erzvorkommen und der aus der Zusammenfassung aller russischen Bergwerke abgeleiteten Regeln zur Verbesserung des Bergwerks lernen" können [1.6., S. 638]. Etwa 120 staatliche und private Werke sandten daraufhin bis 1765 Mineralproben zur Analyse nach Petersburg, die eine der Grundlagen für die von SEVERGIN im Jahre 1809 herausgegebene Mineralogie Rußlands bildeten.

So sehr LOMONOSOV bei seinen geologischen Arbeiten auch praktische Probleme des Bergbaus im Auge hatte, war ihm bei der Erkenntnis der Erde jeder platte Utilitarismus fremd. Beabsichtigte er einerseits mit der Vermittlung geologischen Wissens zur Lagerstättensuche beizutragen, bedauerte er andererseits die weit verbreitete Kurzsichtigkeit der im Bergbau tätigen Eigentümer und Produzenten, die die Bedeutung der wissenschaftlichen Beobachtung geologischer Verhältnisse nicht zu begreifen vermochten:

„Viel Beachtenswertes bringt die Natur in den Bergwerken hervor, aber selten ist dies der gelehrten Welt bekannt. Die Arbeiter und die Besitzer denken an ihren Gewinn. Die jungen Leute, die herkommen, um den Bergbau zu studieren, vertiefen sich mehr in die praktische Arbeit und wissen nicht, was sie beobachten müssen, um die physische Geographie zu erklären; die alten und erfahrenen Leute können sich nicht mehr zu interessanten Beobachtungen aufraffen" [5, S. 474f.].

So boten sich denn auch in dieser Situation unmittelbar kaum Möglichkeiten — wie LOMONOSOV feststellte — geologisches Wissen der praktischen Arbeit nutzbar zu machen:

„Bei allen diesen Arbeiten ist selten ein wissensdurstiges Auge anwesend, das neben dem Gewinn, den diese Arbeit bringt, auch zu erkennen vermag, was für die Erforschung der Natur notwendig ist, ein Auge, das die Arbeit erleichtern und durch Eigenschaften der Erde, die es sieht, einen direkten Weg zu verborgenen Dingen weisen kann" [5, S. 456].

Im Unterschied zu dieser allgemeinen Situation vermochte LOMONOSOV seine für das russische Montanwesen so weitreichenden Hinweise nur zu geben, weil er im Geiste der Aufklärung von einem tiefen Erkenntnisoptimismus durchdrungen war und mit der Kraft des Verstandes die fundamentalen Zusammenhänge des geologischen Aufbaus der Erde zu enthüllen trachtete:

„Es ist etwas Großes, mit Hilfe des Verstandes in die Tiefe der Erde einzudringen, dorthin, wo die Natur den Händen und dem Auge den Zutritt verwehrt, vermittels der Gedanken in der Unterwelt umherzuwandern, mit unseren Überlegungen in enge Erdspalten einzudringen und in ewige Nacht gehüllte Dinge und Vorgänge ans Licht der Sonne zu fördern" [5, S. 441].

Diesen Gedanken seiner Arbeit „Über die Erdschichten" gleichsam als Motto vorausschickend, gibt LOMONOSOV in dieser Schrift ein zusammenfassendes Bild über den Stand der geologischen Erkenntnis in der Mitte des 18. Jahrhunderts. Seine nüchternen und vornehmlich auf beobachtete Fakten gestützten Darstellungen bleiben nicht bei der einfachen Beschreibung stehen. In den meisten Fällen wird versucht, Ursachen aufzudecken, um so die verschiedenen Erscheinungen auf der Basis des gegebenen Kenntnisstands zu erklären. LOMONOSOV sieht alle Verursachungen konsequent im Bereich des Materiellen und meidet bei seinen Erklärungen spekulative Deutungen oder die Inanspruchnahme nicht überprüfbarer Kräfte.

Bei der Darlegung seiner geologischen Auffassungen geht LOMONOSOV von der Gestalt des Erdkörpers aus, um dann seine inneren Merkmale und Eigenschaften zu analysieren und zu beschreiben. Die Berge und Täler versucht er als die Unebenheiten der Erdoberfläche aus globaler Sicht zu erklären und sieht in den Kontinenten und ihren Bergketten (z. B. dem Kaukasus, den Alpen, den Kordillieren usw.) die Hauptberge, in den tiefliegenden Meeresböden die dazugehörigen Täler. Aus dieser weiträumigen Dimension geht er dann bei seinen Betrachtungen zu kleineren und anderen Einheiten über, die aber alle miteinander in einem bestimmten Zusammenhang stehen: „Von all diesen Haupterhebungen der Weltteile gehen große Gebirgsketten mit bekannten Bergen aus, die zum größten Teil zu den Ebenen herabsteigen, die Ufer des Meeres erreichen und nicht selten sogar in diesem weitergehen und ihre Gipfel nur als Inseln ... zeigen" [5, S. 450].

Um die Natur des Erdinnern und die Erdschichten zu erforschen, verweist LOMONOSOV auf die Vielzahl der zu nutzenden Beobachtungsmöglichkeiten bei Aufschlüssen, die einerseits „durch Menschenhand freigelegt" oder andererseits selbst „von der Natur bloßgelegt wurden". Ausführlich diskutiert er die verschiedenen Entstehungsmöglichkeiten natürlicher geologischer Aufschlüsse und Vorgänge, wobei er zwischen exogenen (Wind, Regen, Flüsse, Meere, Frost, Eis) und endogenen (Erdbeben, Vulkanen) natürlichen Wirkungen unterscheidet und schildert eine Vielzahl von Prozessen der dynamischen Geologie, die er mit Sachkenntnis beschreibt und klassifiziert. Grundlage für diese Darstellungen sind ihm eigene Beobachtungen in Bergbaugebieten des Harzes oder Sachsens, aber auch Beschreibungen entsprechender Naturprozesse in Italien, Nordamerika oder selbst Ostindien. LOMONOSOVS geologische Vorstellungen basierten so auf einer umfassenden Kenntnis zahlreicher natürlicher Erscheinungen und Zusammenhänge, die ihm als Grundlage für weiterreichende Schlußfolgerungen dienten.

Alle diese dargelegten geologischen Einzelerkenntnisse und die diesbezüglichen Untersuchungsmethoden nutzte LOMONOSOV „zu einer weiteren, ausführlicheren und klareren Erkundung des Erdinnern", wozu er sich insbesondere auch auf die Resultate und Methoden anderer Wissenschaften wie der Mechanik, der metallurgischen Chemie und der Geometrie zu stützen beabsichtigte [5, S. 486].

Seine Betrachtungen über die Schichten und das Innere der Erde leitet er mit einer Bemerkung über den historischen Charakter des geologischen Geschehens ein. Trotz der keimenden Vorstellungen über die Historizität der Natur der Erde bei N. Steno (1631—1687) und G. W. Leibniz (1646—1716) oder der naturhistorischen Betrachtung geologischer Erscheinungen durch G. Buffon (1707—1788) war die Idee von der Geschichte der Erde in der Mitte des 18. Jahrhunderts durchaus noch nicht zum selbstverständlichen Allgemeingut der Gelehrten geworden. Deshalb hat Lomonosovs eindeutige und zum Teil polemische Parteinahme für eine Geschichte der Erde maßgeblich dazu beigetragen, das historische Denken in der geologischen Erkenntnis durchzusetzen und die Vorstellung von der Veränderung in der Natur zu verbreiten. So meinte er:

„Man muß zuallererst mit Nachdruck daran erinnern, daß die sichtbaren körperlichen Dinge auf der Erde und die ganze Welt nicht seit Anbeginn der Schöpfung in dem Zustand waren, in dem wir sie heute vorfinden, sondern daß große Veränderungen vor sich gegangen sind, was uns die Geschichte und die alte Geographie, verglichen mit der heutigen, sowie die Veränderungen der Erdoberfläche beweisen, die sich in unserem Jahrhundert vollziehen" [5, S. 486].

„Viele nehmen irrtümlich an, daß alles, wie wir es sehen, seit Anbeginn vom Schöpfer so erschaffen wurde, sie glauben, daß nicht nur die Berge, Täler und Gewässer, sondern auch die verschiedenen Arten von Mineralen gleichzeitig mit der ganzen Welt entstanden sind, und deshalb halten sie es nicht für erforderlich, die Ursachen zu erforschen, warum sie sich durch ihre inneren Eigenschaften und ihren Fundort unterscheiden. Solche Auffassungen schaden dem Fortschritt aller Wissenschaften erheblich und folglich auch der Naturkunde vom Erdball, besonders aber der Kunst des Hüttenwesens, obgleich es diesen Neunmalklugen dann nicht schwerfällt, den Philosophen zu spielen, indem sie die Worte auswendig lernen: ‚Gott hat es so erschaffen!' und statt aller Argumente diese zur Antwort geben" [5, S. 486f.]. „Aus diesen Gründen sage ich unumwunden, daß wir aus dem Zustand der Erdoberfläche, aus ihrer Gestalt und ihren dem Blick verborgenen Schichten zu schließen und zu urteilen vermögen, daß sie, wie sie heute sind, nicht seit Entstehung der Welt gewesen sind, sondern mit der Zeit eine andere Gestalt angenommen haben" [5, S. 488].

Wandte sich Lomonosov mit derartigen Gedanken ohnehin gegen Versuche, in der Naturwissenschaft nur zuzulassen, was direkt in der Bibel gesagt war, widersprach er auch herrschenden Auffassungen der Kirche über das Alter der Erde und meinte, „daß die Umwandlung und das Entstehen der Dinge in der Natur lange Zeit und viel mehr Jahrhunderte in Anspruch nimmt, als unsere kirchliche Zeitrechnung gewöhnlich annimmt" [5, S. 534].

An keine zeitlichen Grenzen dogmatischer Art bei der Interpretation der Vergangenheit gebunden, versuchte er die Veränderungen des geologischen Regimes in der Erdgeschichte durch zahlreiche Beispiele zu belegen. Für ihn waren die höchsten Berge und Erdteile aus dem Meer emporgehoben worden, die „nicht von allem Anfang an da waren, sondern aus den Wassern emporgestiegen sind, als das Festland zum Vorschein kam und sich das Wasser in großen Becken sammelte, nämlich in den großen Meeren, die das Festland umgeben" [5, S. 489]. Als Beweis galten ihm dafür die zahlreichen, auf Berggipfeln zu findenden Fossilien: „Natürliche und ins Auge fallende Zeugen dafür sind sie selbst, d. h. die Berghänge, die Gebirgsrücken und die Gipfel jener Erhebungen sowie die auf ihnen in unzähligen Mengen liegenden Schalentierchen, die Meeresbewohner waren ..." [5, S. 489]. Darüber hinaus zeigt die gestörte Lagerung der Gebirge und Gesteine die in der Erdgeschichte wirkenden Veränderungen, da sie eigentlich nach den Gesetzen der Mechanik und Hydrostatik horizontal liegen müßten, wenn sie in ihrer ursprünglichen Form die Zeiten überdauert haben sollten. Dem sei aber nicht so. Denn es „müßte sich, als die Berge durch eine innere Kraft gezwungen vom Meeresgrunde aufstiegen, das Gestein, aus dem sie bestanden, unbedingt wölben, krachend auseinanderbersten, Erdspalten, schiefe Ebenen, Abhänge und Klüfte bilden, die verschieden groß waren und eine wechselnde Form hatten" [5, S. 489].

Serge von Bubnoff sprach von dem Tektoniker Lomonosov, der mit derartigen Gedanken „himmelhoch über den gleichzeitigen Phantasien" anderer Zeitgenossen stand [11]. LOMONOSOV erfaßte aber nicht nur die verschiedenen Phänomene der Struktur der Erdkruste, sondern entwickelte zugleich Vorstellungen über die sie formenden Kräfte. Die differenzierte Schilderung der tektonischen Verhältnisse führten ihn konsequenterweise zu erdinneren Kräften, in denen er die entscheidenden und alleinigen Ursachen für die Veränderung des geologischen Regimes sah.

Die Hebung der Kontinente und der Gebirge sowie die Änderung des Niveaus der Meeresböden konnten nur durch die im Innern der Erde wirkenden hohen Temperaturen verursacht werden. „Die Kraft, die eine solche Last gehoben hat, kann niemand anders als der im Schoße der Erde herrschenden Hitze zugeschrieben werden als einer Naturkraft, die Gottes Geboten gehorcht“ [5, S. 489]. Bis hin zur Interpretation einzelner Strukturen und der Schilderung der Vorgänge bei der Bildung von Meeren und Seen wird die Wirkung des Feuers analysiert, wodurch sich LOMONOSOV als konsequenter Plutonist zu erkennen gibt. So schrieb er:

„Diese verschiedenen Wirkungen haben nur eine Ursache: es ist einzig und allein die Wirkung des Feuers; obwohl einmal die Erdoberfläche emporgehoben wird und das andere Mal einsinkt. Im ersten Falle zerreißt die im Überfluß vorhandene brennende Materie, die eine starke und weit um sich greifende Flamme entwickelt, an der betreffenden Stelle die auf ihr liegende Schicht und sucht sich durch die Risse einen Weg nach außen. Wenn sie dann im Freien ist, überläßt sie die zerrissenen Schollen ihrer eigenen Schwere, die die zertrümmerten Teile nicht wieder in die frühere Lage und Ordnung bringen kann. Sie fallen wie zerstörte Gewölbe aus Ziegelstein in verschiedenen Stücken eins auf das andere, gekantet, kreuz und quer, mit dem Rücken aufeinanderliegend, sie nehmen so ausgebreitet einen viel größeren Raum ein, da sie zwischen den einzelnen Teilen große Zwischenräume lassen; daher erheben sich die Berge über die übrige Erdoberfläche“ [5, S. 498f.].

Wird in den endogenen Kräften auf diese Weise auch die Hauptursache des geologischen Geschehens gesehen, verfällt LOMONOSOV nicht in vereinseitigende Verabsolutierungen und erkennt sehr wohl den Einfluß exogener Faktoren wie Wasser, Wind oder Eis auf die Bildung von Erhebungen und Vertiefungen der Erdoberfläche an, wenn diese auch „nur bei leichten Materien wie Sand, Ton, Schwarzerde und ähnlichen festgestellt“ werden können [5, S. 501].

Diese tiefen Einsichten in die Grundprozesse des geologischen Geschehens ermöglichten LOMONOSOV wesentliche Erkenntnisse zu anderen Problemen der Naturgeschichte der Erde wie zu lithologischen oder lagerstättengenetischen Fragen.

So beschäftigte er sich eingehend mit den verschiedenen sedimentären Gesteinstypen und Erdarten wie z. B. Sand, Schwarzerde, Salz, Torf, Steinkohle, Bernstein usw., wobei er folgende wesentliche Arten unterscheidet: 1. Wildes Gestein („aus dem der größte Teil der hohen Gebirge besteht“), 2. Kalkstein, 3. Schiefer, 4. Sand- oder Schleifstein, 5. Kiesel, 6. Kristalle [5, S. 509ff.]. Die ausführliche Beschreibung der verschiedenen Gesteinsarten beschränkt sich keineswegs auf die Charakterisierung ihrer Eigenschaften oder die Angabe ihrer Vorkommen wie in zahlreichen anderen zeitgenössischen Arbeiten. Nicht zuletzt in dieser Frage wird LOMONOSOVS naturhistorisches Denken und Verstehen deutlich, wenn er vor allem die genetischen Zusammenhänge der Gesteinsbildung erläutert, da seiner Meinung nach keineswegs alle Gesteine „am Anfang auf einmal entstanden sind“ und sie sich immer wieder neu bilden. Er nennt fünf Arten der Entstehung von Gesteinen: „Diese sind 1. die Verhärtung aus Ton, 2. die Eindringung einer bindenden flüssigen Materia, 3. das Anwachsen oder die Ablagerung, 4. die Verdichtung, 5. die Körnung“ [5, S. 515]. Darüber hinaus räumt er ergänzend weitere Möglichkeiten der Gesteinsgenese ein, jedoch sind seiner Meinung nach die genannten „zweifellos die grundlegenden und man kann die übrigen in sie einschließen“ [5, S. 515].

Damit waren wesentliche Erkenntnisse lithologischer Art gewonnen worden, die das geologische Wissen um wichtige Elemente bereicherte.

Bereits im Jahre 1757 war LOMONOSOV in seiner „Rede über die Entstehung der

Metalle durch Erdbeben" auf die Genese der Erze (vor allem in Gängen) eingegangen. In der Arbeit „Über die Erdschichten" kommt er auf diese Frage zurück, „um zu bestätigen, 1. daß die Metalle keine ursprüngliche und erstgeschaffene Materie sind; 2. daß sie auch jetzt noch entstehen; 3. daß sie von Ort zu Ort wandern; und 4. um einige allgemeine Merkmale der Orte zu zeigen, an denen Metalle entstehen können, damit man sie auffinden kann" [5, S. 527]. Auch bei den Erörterungen zur Genese der Erze werden endogene Kräfte als Ursache für ihre Entstehung angesehen, wobei nicht bestritten werden kann, „daß die Metalle erst entstanden sind, nachdem das Weltgebäude erschaffen worden war, als die Erde schon erhärtet, das Festland schon aufgetaucht war und alle übrigen Bedingungen vorhanden waren, die notwendig sind, um erzhaltige Lagerstätten hervorzubringen" [5, S. 528].

Diese genetischen Auffassungen über die Gesteine, Erdarten und Erze waren Ausdruck des beginnenden Studiums der Phänomene von Veränderung und Entwicklung des geologischen Regimes der Erde. Analog zu dem Modell von de Buffon über die Phasenhaftigkeit der Erdgeschichte oder zu den Ideen Kants über die Entwicklung des Planetensystems beginnt mit Lomonosov die historische Analyse konkreter geologischer Einzelerscheinungen. Es gehört zu seinen Verdiensten, den Gedanken von der ständigen Veränderlichkeit der natürlichen Verhältnisse der Erde in der geologischen Erkenntnis als einer der ersten zum methodischen Prinzip erhoben und in verschiedenen Zusammenhängen erfolgreich angewandt zu haben.

Daß ihm diese Art und Weise der geologischen Erkenntnisgewinnung nicht Selbstzweck im Sinne einer allein aus dem „Streben nach Wissen an sich" bestimmten Wissenschaft war, wird aus den oben gegebenen Schilderungen seiner Bemühungen um die Praxiswirksamkeit von Wissen über die Erde deutlich. So beschloß Lomonosov denn auch seine Arbeit „Über die Erdschichten" ganz im Sinne des in seiner Zeit allgemein verbreiteten Nützlichkeitsdenkens mit einem Kapitel „Über den Nutzen der dargelegten Untersuchungen und Betrachtungen über die Erdschichten speziell für unser Vaterland" [5, S. 537] und fordert darin den Leser auf, die gewonnenen Erkenntnisse zur Suche nach Lagerstätten zum Wohle seiner russischen Heimat anzuwenden:

„Durchwandern wir jetzt unser Vaterland; beginnen wir, die Lage der Orte zu betrachten und teilen wir sie ein in solche, die für die Gewinnung von Erzen geeignet sind und solche, die dafür ungeeignet sind, um dann an den geeigneten Stellen jene verheißungsvollen Merkmale zu betrachten, welche die eigentlichen erzhaltigen Stellen anzeigen. Machen wir uns daran, Metall zu suchen, Gold, Silber und andere; dringen wir vor bis zu den wertvollen Steinen: dem Marmor, dem Jaspis, ja sogar bis zu den Smaragden, Rubinen, Saphiren und Diamanten. Der Weg dahin wird nicht langweilig sein; zwar werden wir dabei nicht auf Schritt und Tritt Schätzen begegnen, doch werden wir überall Minerale sehen, welche die Gesellschaft braucht und deren Ausbeute keinen geringen Gewinn abwerfen würde" [5, S. 537f.].

Mit Lomonosov begann die materialistische Tradition im philosophischen Denken Rußlands. In seinen geologischen Arbeiten kommt das unter anderem in seiner Haltung zur Frage der Fossilentstehung zum Ausdruck. Heftig polemisierte er gegen die im 18. Jahrhundert noch verbreitete Auffassung von den Fossilien als Naturspielen:

„Nicht weniger Gelächter und Spott verdienen jene Philosophen, die sich nicht entblöden zu behaupten, daß die in den Bergen liegenden Muscheln nicht aus dem Meere stammen, sondern willkürliche Einfälle der launischen Natur seien, obgleich sie dieselben Muscheln in ihrer ungeheuren Vielfalt an Form, Größe, Farbe, Linienführung, Tüpfelung und in all dem die Verschiedenheit an Merkmalen und Eigenschaften sehen, durch die sich diese Lebewesen der Natur voneinander unterschieden — denn ihr Aussehen entspricht völlig dem der im Meere lebenden Muscheln —, und obgleich durch chemische Operationen genau dieselben Stoffe in ihrem Aufbau nachgewiesen werden können" [5, S. 491].

Ebenso konsequent wandte er sich gegen die andere noch weit verbreitete Vorstellung von der Fossildeutung, die den Berichten der Bibel folgte. „Diese Meinung schreibt jede Erscheinung einzig der Sintflut zu; jedoch auch diese Meinung kann man mit gewichtigen Beweisen leicht entkräften" [5, S. 491]. LOMONOSOV führte dann vier Gründe gegen die Sintflutdeutung der Fossilien an und gehörte mit J. E. I. WALCH (1725–1778) zu den konsequentesten Gegnern dieser religiösen Interpretation in den sechziger Jahren des 18. Jahrhunderts.

Freilich sprach LOMONOSOV in seinen Arbeiten noch von Gott und der Schöpfung, da er unter der ungeteilten Herrschaft der Kirche im absolutistischen Rußland die religiöse Ideologie nicht von offen atheistischen Positionen aus zu kritisieren vermochte. Für ihn haben aber die Naturgesetze objektiven Charakter, und seine Haltung steht in dieser Frage dem Deismus nahe, wenn er sagt: „Welche Vorstellungen von der Größe der Werke Gottes können all diese Verwandlungen der großen Natur in unserem Innern erwecken, die nur überall Nutzen bringen und durch von Gott geschaffene Naturgesetze hervorgerufen werden" [5, S. 530]. Aber er ist ein militanter Gegner des platten Bibelglaubens, lehnt das Wunder und die übermenschliche Offenbarung konsequent ab, um stattdessen von der Kraft des Verstandes überzeugt zu sein, der die Dinge zum Nutzen des Menschen zu erfassen in der Lage ist. Denn obwohl das Entstehen von mineralischen Körpern letztlich „von einem allesschaffenden Geist ausgeht", wird „auch dem menschlichen Scharfsinn Raum" gelassen, „zu den Ursachen vorzudringen und eine klare Erkenntnis der Dinge in unserem Leben zu erwerben, die nutzbringend angewendet werden können und dazu bestimmt sind, uns zu dienen" [5, S. 488].

LOMONOSOV hatte die gesellschaftlichen Erfordernisse, die sich gegenüber der geologischen Erkenntnis seiner Zeit ergaben, erfaßt und mit zahlreichen wissenschaftlichen Arbeiten diesen Bedürfnissen entsprochen. Angeregt durch die Notwendigkeiten einer Qualifizierung der Produktion im russischen Montanwesen und getragen von den Ideen der Aufklärung, entwickelte er theoretische Vorstellungen über die geologischen Verhältnisse der Erde, die ihn zu einem der progressivsten Naturforscher des 18. Jahrhunderts werden ließen. Berechtigt wird er als Begründer der Geologie in Rußland angesehen und hat zum Erkenntnisfortschritt in dieser Wissenschaft insgesamt maßgeblich beigetragen, wobei er vor allem die theoretische geologische Arbeit mit ihrer praktischen Anwendung immer wieder auf eine sinnvolle und nutzbringende Weise programmatisch zu verknüpfen verstand.

Bibliographie

Ausgewählte Arbeiten

[1] LOMONOSOV, M. V.: Polnoe sobranie sočinenij. 10 Bände. — Moskva—Leningrad: 1950 bis 1959, (Sowjetische Akademie-Ausgabe). Bd. 5. 1954. Trudy po mineralogii, metallurgii i gornomu delu. 1741–1763 gg.
1.1. Catalogus minerarum. Mineral'nyj katalog. S. 7–241; [1741].
1.2. Slovo o roždenii metallov ot trjasenija zemli. Oratio de generatione metallorum a terraremotu. S. 295–347; [1757].
1.3. Pervye osnovanija metallurgii ili rudnych del. S. 391–520; [1763].
1.4. Pribavlenie pervoe. O vol'nom dviženii vozducha, v rudnikach primečennom, iz pervogo toma novych kommentariev. S. 521–529; [1763].
1.5. Pribavlenie vtoroe. O slojach zemli. S. 530–631; [1763].
1.6. Izvestie o sočinjaemoj rossijskoj mineralogii. S. 633–638; [1763].

Arbeiten in deutscher Sprache

[2] LOMONOSSOW, M. W.: Michael Lomonossows, Rathes und öffentlichen Lehrers der Scheidekunst, Rede von Erzeugung der Metalle durch das Erdbeben, die bey einer feyerlichen Versammlung der petersburgischen Akademie der Wissenschaften 1757 gehalten ist. (Aus dem Lateinischen übersetzt.) — Allgemeines Magazin der Natur, Kunst und Wissenschaften, Eilfter Theil, Leipzig (1761), S. 238–274. [1.2.]

[3] LOMONOSSOW, M. W.: Physikalisch-chemische Abhandlungen M. W. LOMONOSSOWS. 1741 bis 1752. Hrsg. v. B. N. MENSCHUTKIN und M. SPETER. — Ostwald's Klassiker der exakten Naturwissenschaften, Nr. 178, Leipzig 1910, 61 S.
[4] BAUMGÄRTEL, H.: Ein Beitrag zu den Beziehungen M. W. LOMONOSSOWS zu Freiberg: Begründung der wissenschaftlichen Lehre vom natürlichen Wetterzug. — Bergakademie, Leipzig **13** (1961) 12, S. 729—734. (Dort wörtliche Übersetzung der Arbeit 1.4. Erste Beilage „Über den natürlichen Wetterzug in Bergwerken".)
[5] LOMONOSSOW, M. W.: Ausgewählte Schriften. 2 Bde. — Berlin: Akad.-Verl. 1961. Bd. 1: Naturwissenschaften. (bes. S. 361—391; 435—449).

Arbeiten über LOMONOSOV in russischer Sprache

[6] CHABAKOV, A. V.: Trudy M. V. LOMONOSOVA v naukach o zemle. — Bjull. mosk. obšč. ispyt. prir., Moskva **36** (1961) 5, S. 7—54.
[7] GORDEEV, D. I.: M. V. LOMONOSOV — osnovopoložnik geologičeskoj nauki. — Moskva: 1961. 204 S.
[8] — Značenie trudov M. V. LOMONOSOVA v formirovanii geologii v seredine XVIII veka i istoričeskie korni ego obobščenij. — Meždun. geol. kongr. XXIII sess., dokl. sov. geol., Prag 1968. S. 41—49.
[9] SAUKOV, A. A.: LOMONOSOV — pervyj russkij geolog, mineralog i ryzvičik. In: sborn. über LOMONOSOV. — Moskva—Leningrad: izd. Akad. nauk SSSR 1940. S. 207—213.
[10] VERNADSKIJ, V. I.: O značenii trudov M. V. LOMONOSOVA v mineralogii i geologii. In: Lomonosovskij sbornik. Materialy dlja istorii razvitija chimii v Rossii. — Moskva: 1901.

Arbeiten über LOMONOSOV in deutscher Sprache

[11] BUBNOFF, S. v.: Ein vergessener Tektoniker. — Geol. Rdsch., Stuttgart **29** (1938), S. 466 bis 467.
[12] KAFENGAUZ, B. B.: LOMONOSOV und der Bergbau. In: E. WINTER (Hrsg.): LOMONOSOV — SCHLÖZER — PALLAS. — Berlin: 1962. S. 22—26.
[13] MOROSOW, A. A.: MICHAIL WASSILJEWITSCH LOMONOSSOW. In das Deutsche übersetzt von W. HOEPP. — Berlin: 1954. (Von dem russischen Originalwerk ist 1961 eine 4. überarbeitete Auflage erschienen).
[14] MÜHLPFORDT, G.: Leipzig als Brennpunkt der internationalen Wirkung LOMONOSOVS. In: Studien zur Geschichte der russischen Literatur des 18. Jahrhunderts, Bd. III. — Berlin: 1968.
[15] SCHÜTZ, W.: MICHAIL W. LOMONOSOW. Biographien hervorragender Wissenschaftler, Techniker und Mediziner. Band 7. 2. Aufl. — Leipzig: BSB B. G. Teubner Verlagsges. 1976. 104 S.
[16] TOPTSCHIJEW, A. W.: MAKAROW, W. K.: LOMONOSSOW. In: Große Sowjet-Enzyklopädie. — Berlin: Verl. Kultur und Forsch. 1957. 42 S.

Manuskripteingang: 30. November 1977

Anschrift des Autors:
Dr. sc. M. GUNTAU, Wilhelm-Pieck-Universität Rostock, Sektion Geschichte
DDR - 25 Rostock, Rosa-Luxemburg-Straße 29

Schriftenr. geol. Wiss. · Berlin 14 (1979) · S. 19–25

Vasilij Michajlovič Severgin (1765–1826)

Von Ilarion Ilarionovič Šafranovskij; Dmitrij Pavlovič Grigor'ev, Leningrad

Mit einer Abbildung

Vasilij Michajlovič Severgin setzte in seiner wissenschaftlichen Tätigkeit die Arbeiten Lomonosovs fort. In seinem vielseitigen wissenschaftlichen Erbe stehen die Mineralogie und die Chemie an erster Stelle.

Die umfassenden mineralogischen Zusammenstellungen Severgins bildeten eine vorzügliche Grundlage für die Herausbildung einer russischen Mineralogie. In ihnen propagierte er die fortschrittlichen wissenschaftlichen Theorien seiner Zeit. Auf dieser Basis wurde durch ihn die russische Mineralogie mit Betonung der im eigentlichen Sinne russischen Minerale entwickelt. In der Geschichte der russischen Wissenschaft gebührt V. M. Severgin der Platz eines Begründers der qualitativ beschreibenden Mineralogie.

В. М. Севергин в своей научной деятельности был продолжателем трудов Ломоносова. В его многогранном творческом наследии на первом плане стоят минералогия и химия.

Его обширные минералогические сводки заложили прочную основу для дальнейшего развития русской минералогии.

В них ученый пропагандировал передовые научные теории того времени. На этой прогрессивной основе им развивалась русская минералогия с акцентированием внимания на собственно русские минералы. В истории русской науки В. М. Севергин занимает место основателя качественно-описательной минералогии.

In his scientific activities Vasily Mikhailovich Severghin continued studies started by Lomonosov, with the first place in his comprehensive scientific heritage taken by mineralogy and chemistry.

His extensive mineralogical arrangements were an excellent basis for the formation of a Russian mineralogy. Based on a propagation of progressive scientific theories of his time, he developed the Russian mineralogy with emphasis placed on Russian minerals in the strict sense. In the history of Russian science the place of a founder of the qualitatively describing mineralogy is due to Severghin.

Vasilij Michajlovič Severgin wurde am 19. September 1765 in der Familie eines Hofmusikers in St. Petersburg geboren.

Mit 11 Jahren tritt er in das akademische Gymnasium ein, anschließend beginnt er sein Studium an der Akademie-Universität.

Im Jahre 1785 wird Severgin als einer der begabtesten Absolventen der Universität zur Vervollkommnung seiner Ausbildung nach Göttingen geschickt. Dort wählte er die Mineralogie als Studienrichtung. Vor seiner Abreise übergab ihm Akademiemitglied I. I. Lepechin (1740–1802), ein russischer Reisender und Naturforscher, eine spezielle Instruktion, in der er empfahl, Bergwerke und Steinbrüche zu besuchen, den Aufbau der Gesteine, die Schichtenfolgen und anderes zu beobachten, um das Studium der Mineralogie nicht einfach nur in Sammlungen zu betreiben.

An der Universität Göttingen war Professor I. F. Gmelin (1748–1804) der Betreuer Severgins; ersterer arbeitete auf den Gebieten der Chemie, Technologie und Medizin (1794 wurde er zum ausländischen Ehrenmitglied der Akademie der Wissenschaften von St. Petersburg gewählt).

Nach vierjährigem Aufenthalt in Göttingen kehrte Severgin Anfang 1789 nach St. Petersburg zurück. Dort legte er an der Akademie der Wissenschaften die Examen in Physik, Mineralogie, Botanik und Zoologie ab.

Die ihn examinierenden Akademiemitglieder L. Ju. Kraft, I. I. Georgi, P. S. Pallas und I. I. Lepechin schätzten sein Wissen hoch ein. Hervorragende Beurteilungen erhielten ebenfalls die beiden von ihm vorgelegten wissenschaftlichen Arbeiten „Über die Natur und das Vorkommen des Basalts" und „Über Alkalisalze". In der ersten Arbeit

vertrat er, im Gegensatz zu der vorherrschenden Ansicht der Neptunisten, an deren Spitze A. G. Werner stand, die Ansicht, daß die Basalte zu den vulkanischen Gesteinen gehören.

Für diese Abhandlungen wurde Severgin im gleichen Jahr zum Adjunkten für Mineralogie der Akademie der Wissenschaften gewählt.

Nach vier Jahren, 1793, wird er ordentliches Akademiemitglied und zugleich Professor der Akademie.

Das Leben Severgins war von Anfang bis Ende eng mit der Petersburger Akademie der Wissenschaften verknüpft; 13 Jahre verbrachte er dort als Gymnasiast und Student und 37 Jahre als Adjunkt und Professor.

Während mehrerer Jahre, ab 1792, wurden von ihm an der Akademie der Wissenschaften öffentliche Vorlesungen über Mineralogie gehalten, die sich eines regen Zuspruchs erfreuten. Nach dem Material dieser Vorlesungen wurden 1798 die „Ersten Grundlagen der Mineralogie" herausgegeben, das erste russische Lehrbuch der Mineralogie.

Eine große Anzahl original russischer und übersetzter Artikel sowie Aufzeichnungen des Gelehrten wurden in Akademie-Zeitschriften veröffentlicht. Besonders viel Mühe verwendete SEVERGIN auf die Herausgabe des „Technologischen Journals", dessen ständiger Redakteur und fruchtbarster Autor er seit dessen Gründung im Jahre 1804 bis zu seinem Tode war. Daneben hielt er Vorlesungen über Chemie und Mineralogie an der medizinisch-chirurgischen Akademie.

Von 1798—1801 las er außerdem am Bergkorps (dem heutigen Leningrader Bergbauinstitut) Mineralogie und Probierkunst.

Zu Beginn des 18. Jahrhunderts unternahm SEVERGIN einige Reisen durch das europäische Rußland, durch Finnland und Estland. Letztere Reise wurde „zur Untersuchung der rauchenden Berge" durchgeführt, d. h. zur Erforschung des unterirdischen Brandes der Brennschiefer. Alle diese Reisen wurden von ihm in Büchern und einzelnen Artikeln beschrieben.

Der Name SEVERGINS war nicht allein in Rußland, sondern auch im Ausland gut bekannt. Die Stockholmer Akademie der Wissenschaften wählte ihn zum Mitglied, insgesamt zählten ihn achtzehn wissenschaftliche Gesellschaften, russische sowie ausländische, zu ihrem Mitglied.

Als unermüdlicher Forscher für die russische Wissenschaft, vollkommen ergeben den Interessen ihrer Entwicklung, arbeitete V. M. SEVERGIN erfolgreich bis zu seinem Tode. Er starb am 17. November 1826.

Wenn auch der Interessenkreis SEVERGINS überaus weitgespannt war, er umfaßte sowohl Physik wie Medizin, Technologie und Landwirtschaft, so sind es doch zwei Wissensgebiete — die Mineralogie und die Chemie —, die bei ihm stets an erster Stelle standen. Von seinen 250 Publikationen sind allein 192 diesen beiden Disziplinen gewidmet, wobei auf die Chemie 100 und auf die Mineralogie 92 Titel entfallen. In seinen Arbeiten zur Chemie war er einer der ersten russischen Wissenschaftler, die gegen die Theorie der Phlogisten auftraten. Konsequent schloß er sich der Lehre LAVOISIERS an, ungeachtet dessen, daß viele seiner Kollegen, einflußreiche Akademiemitglieder, der veralteten phlogistischen Vorstellung anhingen.

Als einer der Begründer der russischen chemischen Nomenklatur gibt SEVERGIN neben einer Serie von Originalarbeiten und Übersetzungen zur Chemie ein „Chemisches Wörterbuch (1810—1813) heraus.

Eine sorgfältige Untersuchung der russischen Minerale reizte SEVERGIN besonders. Von ihm wurden unter anderem beschrieben: Zeolithe von Ochotsk, finnischer Granat, russischer Talk, Nephrit, Serpentin, Chrysolith, Fluorit, Kryolith, Gips aus dem Gouvernement Poltawa, Avanturin, Razumovskit, Bajkalit. In finnischem Granit fand er ein neues Mineral, das er „Lotalith" (vermutlich entspricht der „Lotalith" SEVERGINS dem späteren Oligoklas).

Jedoch besteht SEVERGINS Hauptverdienst nicht in der Einzelbeschreibung von Mineralen. Seine beachtenswertesten Erfolge erzielte er mit den verallgemeinernden Werken, die zum Teil die gesamte Mineralogie, zum Teil speziell die russische Mineralogie betreffen. (Erste Grundlagen der Mineralogie, 1798; Mineralogisches Wörterbuch, 1807; Versuch einer mineralogischen Erdbeschreibung des russischen Staates, 1809.)

Mit diesen großen Arbeiten muß SEVERGIN als Begründer der russischen beschreibenden Mineralogie gelten. Vor ihm gab es nur vereinzelte Schilderungen über den Mineralreichtum unseres Landes. SEVERGIN erkannte die Notwendigkeit einer streng systematischen Untersuchung und Beschreibung der russischen Minerale unter Beachtung aller wissenschaftlichen Forderungen jener Zeit. Der Erfüllung und der Publizierung dieser Aufgaben widmete er seine bedeutendsten Werke. In der russischen Wissenschaftsgeschichte gilt er als ein Pionier dieser Richtung.

Die Mineralogen in Systematiker, Technologen und „Philosophen" einteilend, rät Severgin besonders den letzteren, sich vor „zügelloser Leidenschaftlichkeit der Phantasie", vor „überflüssigem Selbstvertrauen", „Vertrauensseligkeit gegenüber anderen" („es ist immer besser zu zweifeln") und vor „Starrköpfigkeit oder dem Nicht-Folgen-Wollen anderer, richtiger Bemerkungen" zu hüten (Vorwort zu „Die Anfangsgründe der Naturgeschichte" von Kirvan, Buch 1, S. 48—49).

Ein solches Herangehen an die Wissenschaft finden wir in seinem zweibändigen Werk „Erste Grundlagen der Mineralogie oder Naturgeschichte der fossilen Körper" (1798). Bis zum Erscheinen dieses Buchs gab es in russischer Sprache lediglich übersetzte Zusammenfassungen zur Mineralogie. Die Vorbereitung der öffentlichen Vorlesungen an der Akademie brachte Severgin auf den Gedanken von der Notwendigkeit einer „Aufzeichnung der Mineralogie in russischer Sprache". Diese Aufgabe wurde durch die praktisch fehlende russische wissenschaftliche Terminologie überaus kompliziert. Es mußten neue, russische Bezeichnungen geschaffen werden.

Die Systematik der Minerale, die von Severgin vorgeschlagen wurde, folgt im allgemeinen der damals verbreiteten Gliederung. Die Minerale werden von ihm eingeteilt in: 1. Erden und Steine; 2. Salze; 3. brennbare Stoffe; 4. Metalle. Jedoch übernimmt er dieses System nicht blindlings, er geht kritisch an die Arbeit, trägt Verbesserungen und Ergänzungen bei, „wie es mir nach dem Gegenstand nötig schien" (Grundlagen, S. 111).

Sehr wesentlich ist, daß bei der Beschreibung der „Klasse der Salze" Severgin „sich bemühte, die alten chemischen Begriffe mit der antiphlogistischen chemischen Theorie zu verbinden". So drückte die sehr günstige Verbindung eines Mineralogen und gleichzeitigen Chemikers in der Person Severgins seinem Buch den Stempel auf.

Es muß erwähnt werden, daß die Mineralogie jener Zeit die Petrographie mit umfaßte und zum Teil auch die Geologie, weil man unter Mineralogie die Wissenschaft von den „fossilen Körpern" allgemein verstand. Dementsprechend unterteilt Severgin die Mineralogie in folgende Abschnitte: 1. spezielle (beschreibende Mineralogie); 2. mineralogische Chemie; 3. mineralogische Erdbeschreibung; 4. ökonomische Mineralogie; 5. Wissenschaft von den Gebirgen und 6. historische Mineralogie.

Bei der Beschreibung der einzelnen Minerale berücksichtigt Severgin nicht allein die äußeren Kennzeichen, sondern auch die physikalischen Eigenschaften (Schwere, Geschmeidigkeit, Magnetismus) sowie die chemische Zusammensetzung (Untersuchung auf nassem und auf trockenem Wege). „Die beste Art der Bestimmung von Mineralkörpern ist die, welche sich auf chemische Merkmale gründet", schreibt er. In den Mineralbeschreibungen folgt er jedoch dem am weitesten verbreiteten, zu jener Zeit fortschrittlichsten System Werners, stützt er sich auf die „äußeren Kennzeichen", deren Anzahl 23 erreicht.

Die Mineralbeschreibungen versieht Severgin mit ausführlichen Verzeichnissen russischer Lagerstätten. Außerdem verweist er auf gemeinsam vorkommende Minerale, d. h. auf die Paragenese, von ihm mit dem russischen Terminus „Nachbarschaft" bezeichnet.

„Als Nachbarschaft der Minerale bezeichne ich das gemeinsame Vorkommen zweier oder vieler Minerale an einem beliebigen Ort, was einer besonderen Erläuterung bedarf. Beispielsweise das Zusammenvorkommen von Quarz mit Glimmer, gediegen Gold usw., des Kalkspats mit Bleiglanz, gediegen Silber usw.; von Marmor mit gediegen Kupfer, ferner von Schiefer mit Kupfergrün und Kupferkies und andere ... Wohingegen Schiefer selten oder fast nie Silber enthalten, Marmor kein Gold, Gips keines der erwähnten Metalle usw. Ähnliche Beispiele werden weiter unten bei der Beschreibung der Gesteine angeführt. Ob das einzig von der älteren oder jüngeren Bildung, oder auch von der inneren Vermischung der verschiedenen Gesteine und Erden abhängt, müssen spätere Zeiten ergeben".

„Die Vervollkommnung solcher Bemerkungen, d. h. welches Gestein und unter welchen Bedingungen welche Körper und in welcher Form enthält, würde das Suchen nach Erz und edlen Steinen erleichtern" (Grundlagen, Bd. 1, S. 85).

Auch in dieser Frage ist SEVERGIN den meisten Mineralogen seiner Zeit voraus (so erfuhr die Parageneselehre ihre Formulierung erst 1849 in den Arbeiten BREITHAUPTS). Der Vorläufer SEVERGINS auf dem genannten Gebiet ist LOMONOSOV mit seiner Lehre von den „Kennzeichen".

In der Geschichte der russischen Mineralogie spielten die „Grundlagen" SEVERGINS eine bedeutende Rolle. Zum einen gaben sie eine vollständige Zusammenfassung des mineralogischen Wissens seiner Zeit, zum anderen waren sie eine weitreichende Zusammenstellung der Kenntnisse über die russischen Minerale und Bodenschätze. Mit dieser umfassenden Arbeit begann die erste Periode der russischen Mineralogie, die sich durch ihren Reichtum an verbalen Beschreibungen auszeichnet. Genaue Zahlenangaben erscheinen später, in der zweiten Periode der beschreibenden Mineralogie, die in Rußland mit den Namen der Großen unserer Wissenschaft — N. I. KOKŠAROV (1818—1892) und P. V. EREMEEV (1830—1899) — verknüpft ist. Man darf hierbei nicht vergessen, daß ihre Erfolge erst durch die vorbereitenden Arbeiten SEVERGINS möglich wurden. Spuren dieser Arbeiten sind noch jetzt bemerkbar. Die Mehrzahl unserer mineralogischen Termini kamen nach dem Erscheinen von SEVERGINS Buch in Gebrauch. Selbst heute arbeitet man bisweilen mit den Adjektiva der alten beschreibenden Mineralogie, die von ihm in die russische Literatur eingeführt wurden.

Die großen Erfolge der Mineralogie am Ende des 18. und zu Anfang des 19. Jahrhunderts führten zur Bildung zahlreicher neuer Begriffe und daraus folgend neuer Termini. Letzteres regte SEVERGIN an, im Jahre 1807 als zwei umfangreiche Folianten ein „Ausführliches mineralogisches Wörterbuch" herauszugeben. Wie in den meisten seiner Arbeiten, richtet er auch hier größte Aufmerksamkeit auf die russischen Minerale und Bodenschätze, „damit das Wörterbuch meinen Landsleuten noch größeren Nutzen bringen kann". Eine Einsichtnahme in dieses Wörterbuch zeigt, welchen bedeutenden Einfluß auf die Anschauungen SEVERGINS die Theorie vom inneren Aufbau der Kristalle, die zu Beginn des vorigen Jahrhunderts von R. J. HAUY aufgestellt worden war, ausübte. SEVERGIN vertrat diese Theorie, wo immer es ihm möglich war.

Im Jahre 1809 gibt SEVERGIN seinen „Versuch einer mineralogischen Erdbeschreibung des russischen Staates" heraus, die erste ausführliche mineralogische Zusammenfassung unseres Landes. Unter seinen Vorgängern muß erneut an LOMONOSOV erinnert werden und an dessen zwei Jahre vor seinem Tode gedruckte „Nachricht über eine abgefaßte russische Mineralogie" (der Tod ließ diese Arbeit unvollendet).

Das Streben, alle zu dieser Zeit vorhandenen Daten über russische Minerale zusammenzustellen, weckte in SEVERGIN den Wunsch, „sie in eine solche systematische Reihenfolge zu bringen, in der sozusagen nach einem einheitlichen Gesichtspunkt alles das überblickt werden könnte, was in den verschiedenen Ländern des weiten russischen Imperiums entdeckt wurde". SEVERGIN begnügte sich dabei keineswegs mit einer Zusammenstellung von Berichten der Akademie-Expeditionen. Er „fußt zum großen Teil auf eigenen Beobachtungen an Ort und Stelle oder an mitgebrachten Stufen" („Versuch", Bd. I, S. I—II).

Die Hauptbedeutung seiner Arbeit sieht SEVERGIN darin, „nachdem erkannt worden ist, welche Minerale sich in jedem Lande befinden, müssen wir bestrebt sein, sie einer wirklichen Nutzung zuzuführen; vor allem werden wir sie nicht aus abgelegenen Orten holen, wenn sie in unserer Nähe im Erdboden enthalten sind und außerdem ist das mit Kosten und Erschwernissen verbunden" (ebenda). Die beiden Bände des „Versuchs" mit einem Gesamtumfang von 502 Seiten bilden zwei Teile: im ersten ist eine Gesamtübersicht über Rußland enthalten; der zweite Teil gibt die Verteilung der einzelnen Minerale über die Gouvernements an. Mit der Einführung des geographischen Prinzips in die Mineralogie ist Severgin als Begründer der russischen topographischen Mineralogie anzusehen.

Es versteht sich von selbst, daß heute das Werk Severgins in erster Linie historischen Wert besitzt. Man darf nicht vergessen, daß das darin enthaltene Wissen einundeinhalbes Jahrhundert alt ist. Severgin selbst bekannte, daß sein Werk „nicht frei von Fehlern und Unzulänglichkeiten sein kann, deren Verbesserungen von der Zeit und weiteren Beobachtungen zu erwarten ist, weshalb auch vorgeschlagen wird, dieses Werk nur als Versuch zu betrachten" („Versuch" Bd. I, S. III). Es muß jedoch festgestellt werden, daß Severgin für seine Zeit die vor ihm stehende Aufgabe vorzüglich löste. Sein Werk ist ein direkter Vorläufer der klassischen „Materialien zur Mineralogie Rußlands" von N. I. Kokšarov.

In den Jahren 1821/1822 gibt Severgin das zweibändige Werk „Aufzeichnung der Technologie des Mineralreichs" heraus. Hierin beschreibt er „Arbeiten, Fabriken, Werke, Schürfe und die Lagerstätten selbst, die besonders in Rußland bekannt sind". Wie wir sehen, blieb Severgin bis ans Ende seines Lebens sich selbst treu, indem er unermüdlich die Lehre vom Reichtum des Vaterlands den Beitrag der Mineralogie und Chemie zu den Fragen des Lebens sowie ihre Nutzung in der Technik verbreitete.

Der kurze Abriß der wichtigsten Tätigkeiten Severgins auf dem Gebiet der Mineralogie zeigt, daß unsere Wissenschaften in seiner Person zu Anfang des vorigen Jahrhunderts einen ihrer fortschrittlichsten Vertreter besaß. Severgin nimmt als Begründer der russischen beschreibenden Mineralogie und als Schöpfer der ersten großen Zusammenstellung der Minerale unseres Landes einen hervorragenden Platz in der Wissenschaftsgeschichte ein.

Bibliographie

Ausgewählte Arbeiten

[1] Pervye osnovanija mineralogii ili estestvennoj istorii iskopaemych tel v 2 knigach. — St. Petersburg: 1798. Teil I, I + [2] + 298 S.; Teil II, XVI + 437 + XXXI + [I] S.

[2] Podrobnyj slovar' mineralogičeskij, soderžajuščij v sebe podrobnoe iz-jasnenie vsech v mineralogii upotrebitel'nych slov i nazvanij, a takže vse v nauke sej učinennye glavnejšie otkrytija s pribavleniem latinskogo, francuzkogo i nemeckogo mineralogičeskich slovarej. — St. Petersburg: 1807. Bd. I, LII + 668 S.; Bd. II, XV + 615 + 68 S.

[3] Opyt mineralogičeskogo zemleopisanija Rossijskogo gosudarstva. — St. Petersburg: 1809. Teil I. XVIII + 262 S.; Teil II. IV + 240 S.

[4] Načertanie technologii mineral'nogo carstva, izložennoe trudami Vasil'ja Severgina. Bd. I und II. — St. Petersburg: Bd. I. 1821. XXXVI + 437 + 13 S.; Bd. II. 1822. 4 + 291 S.

Literatur über V. M. Severgin

[5] Suchomlinov, M. I.: Očerk žizni i dejatel'nosti akad. V. M. Severgina. In: Istorija Rossijskoj Akademii. Bd. 4. — St. Petersburg: 1878. S. 6—185; Chronologičeskij ukazatel' učeno-literaturnych trudov V. M. Severgina, S. 339—395; Spisok trudov V. M. Severgina, sostavlennyj im samim, S. 416—418.

[6] Grigor'ev, D. P.; Šafranovskij, I. I.: Severgin, V. M. In: Vydajuščiesja russkie mineralogi. — Moskva—Leningrad: izd. Akad. nauk SSSR 1949, S. 86—97.

[7] Barsanov, G. P.: V. M. Severgin i mineralogija ego vremeni v Rossii. — Izv. Akad. nauk SSSR, ser. geol., Moskva (1949) 5.

[8] BARSANOV, G. P.: K istorii razvitija russkoj mineralogii konca XVIII veka. — Trudy mineral. muzeja Akad. nauk SSSR, (1950) 2, S. 3—32.
[9] ŠAFRANOVSKIJ, I. I.: V. M. SEVERGIN. Sozdanie russkoj kristallografo mineralogičeskoj terminologii. In: Istorija kristallografii v Rossii. — Moskva—Leningrad: izd. Akad. nauk SSSR 1962. S. 97—115.
[10] IVANOV, A. N.: VASILIJ MICHAJLOVIČ SEVERGIN. In: Ljudi russkoj nauki. Geologija i geografija. — Moskva: Gos. izd. fiz.-mat. lit. 1962. S. 7—15.

Manuskripteingang: 24. Januar 1977

Übersetzung aus dem Russischen von Dipl.-Min. A. KRÜGER, Berlin

Anschrift der Autoren:

Prof. Dr. I. I. ŠAFRANOVSKIJ, Leningrader Berginstitut, Lehrstuhl für Kristallographie
UdSSR - 199026 Leningrad, Vasilevskij Ostrov, 21, Linija Nr. 2
Prof. Dr. D. P. GRIGOR'EV, Leningrader Berginstitut, Lehrstuhl für Mineralogie
UdSSR - 199026 Leningrad, Vasilevskij Ostrov, 21, Linija Nr. 2

Schriftenr. geol. Wiss. · Berlin 14 (1979) · S. 27—35

Karl Francevič Rouillier*) (1814—1858)

Von Aleksandra Iosifovna Ravikovič, Moskau

Mit einer Abbildung

Karl Francevič Rouillier war ein hervorragender Naturwissenschaftler, der die transformistischen Ideen in der Biologie erarbeitete, die Grundlagen der Biostratigraphie des oberen Jura der Russischen Tafel legte und der als Begründer der ökologischen Richtung an der Moskauer Zoologenschule gelten muß.

Карл Францевич Рулье — выдающийся естествоиспытатель, разрабатывавший трансформистские идеи в области биологии, заложивший основы биостратиграфии верхней юры Русской равнины, основоположник московской школы зоологов экологического направления.

Karl Francevich Rouillier was an eminent naturalist who elaborated transformistic ideas in biology, laid the foundations of the biostratigraphy of the Upper Jurassic of the Russian platform, and must be regarded as founder of the ecological line of thought at the Moscow School of Zoologists.

Karl Francevič Rouillier wurde am 20. April 1814 in Nishnij Nowgorod (heute Gorki) in der Familie des französischen Emigranten Francois Rouillier geboren. Nach dem Schulbesuch in seiner Heimatstadt wurde er im Jahr 1829 Student an der Moskauer Abteilung der medizinisch-chirurgischen Akademie. Mit 19 Jahren (1833) schloß Rouillier seine Ausbildung mit dem Titel „Arzt" ab.

Zu dieser Zeit stand der bedeutende Zoologe und Paläontologe Fischer von Waldheim (1771—1853) an der Spitze der Moskauer Abteilung der Akademie, der einen großen Einfluß auf die Herausbildung der wissenschaftlichen Neigungen Rouilliers ausübte.

Ein weiterer bekannter Professor der Akademie, I. E. Djad'kovskij (1784—1841), regte ohne Zweifel ebenfalls das wissenschaftliche Interesse Rouilliers an. Djad'kovskij war Arzt, ein vielseitiger Gelehrter und Philosoph, dabei ein vorzüglicher Redner, der nachdrücklich auf die Bedeutung des wissenschaftlichen Experiments und der Beobachtungen am gegebenen Objekt hinwies. Er betonte immer wieder, daß der Organismus stets im untrennbaren Zusammenhang mit seiner Umgebung betrachtet werden muß.

Nach Abschluß seiner Ausbildung hatte Rouillier nicht den Wunsch, sich ausschließlich der medizinischen Praxis zu widmen. Dies konnte den jungen Mann mit seinem stark ausgeprägten Streben zur wissenschaftlichen Tätigkeit nicht befriedigen. Deshalb nahm er den Vorschlag Fischer von Waldheims an, dessen Vorlesungsassistent zu werden. Gleichzeitig begann er seine Verteidigung der Dissertation zur Erlangung des Grades „Doktor der medizinischen Wissenschaften" vorzubereiten. Ohne akademischen Grad war es nicht gestattet, selbständig Vorlesungen an der Akademie zu halten. Im Jahre 1837 verteidigte Rouillier erfolgreich seine Dissertation, erhielt den erforderlichen Grad, wurde 1838 als Adjunkt-Professor bestätigt und begann an der Akademie Vorlesungen über Mineralogie und Zoologie zu halten. Gleichzeitig gab er

*) In der deutschsprachigen — insbesondere biologischen — Literatur findet sich häufig die Schreibweise K. F. Ruhle;

Unterricht in Naturgeschichte und Physik an mittleren Lehranstalten (beim Moskauer Kadetten-Korps und anderen). Diese pädagogische Tätigkeit regte sein Interesse an der Popularisierung wissenschaftlicher Kenntnisse wesentlich an. Die ersten Schritte in dieser Richtung unternahm Roullier bereits im Jahre 1835, als er begann, an der gesellschaftswissenschaftlichen Zeitschrift „Živopisnoe obozrenie“ (Malerische Rundschau) mitzuarbeiten, die unter der Leitung von N. A. Polevoj, einer derzeit gut bekannten fortschrittlichen Persönlichkeit des öffentlichen Lebens, herausgegeben wurde.

Allmählich gelangte Roullier zu der Überzeugung, daß man für Rußland eine spezielle populärwissenschaftliche Zeitschrift naturwissenschaftlich-historischen Inhalts

schaffen müsse. Sie wurde dann von ihm im Jahre 1854 als „Vestnik estestvennych nauk“ (Bote der Naturwissenschaften) gegründet. Er wurde ihr Redakteur und die „Moskauer Gesellschaft der Naturforscher“ fungierte als Herausgeber. Innerhalb kurzer Frist erzielte Rouillier mit dieser allgemein zugänglichen naturwissenschaftlichen Publikationsreihe große Erfolge.

Daneben bahnte Rouillier Verbindungen zur Moskauer Universität an. Im Jahre 1837 erhielt er, parallel zu den Vorlesungen an der Akademie, die Stelle eines Kustos am Zoologischen Museum der Universität. Inhaber des Lehrstuhls für Zoologie war damals Professor A. L. Loveckij, der Lehrer Rouilliers. Nach dessen Tode (1840) beauftragte der Rat der Universität Rouillier mit den Vorlesungen. Dieses Angebot erhielt er als Auszeichnung für seine intensive Tätigkeit am Museum, das Dank seiner Bemühungen neue interessante Exponate erwerben konnte.

Um sich mit dem Stand der Zoologie an ausländischen Universitäten bekannt zu machen, reiste ROUILLIER nach Deutschland. In Königsberg (Kaliningrad) begegnete er dem Physiologen BURDACH und dem Embryologen RATKE, der ihm den seinerzeit gerade entdeckten Lanzettfisch zeigte. In Berlin besichtigte er das zoologische Kabinett der dortigen Universität sowie das mineralogische Kabinett. Er hörte Vorlesungen bei J. MÜLLER und G. ROSE und weiteren hervorragenden Naturwissenschaftlern. ROUILLIER wurde mit CH. EHRENBERG bekannt, gemeinsam führten sie einige Exkursionen durch. Von Berlin aus reiste er nach Göttingen, Heidelberg und Darmstadt. In Heidelberg hatte ROUILLIER Gespräche mit G. BRONN, dem späteren Übersetzer von CH. DARWINS „Entstehung der Arten" in das Deutsche.

Nach seiner Rückkehr wurde er am 26. Februar 1842 als außerordentlicher Professor am Lehrstuhl für Zoologie bestätigt. Damit begann die fruchtbarste Etappe in seinem Leben.

In der wissenschaftlichen Entwicklung kann man im Leben ROUILLIERS zwei Perioden unterscheiden. In der ersten, die bis in die vierziger Jahre reicht, beschäftigte er sich vorwiegend mit geologischen Forschungen. In der zweiten jedoch, bis zu seinem Lebensende, war seine Aufmerksamkeit fast ausschließlich auf Probleme der Biologie der Tiere konzentriert.

Die Geologie und Paläontologie der Moskauer Umgebung waren die wichtigsten Studienobjekte ROUILLIERS und seiner Schüler. Sie führten Exkursionen in die Umgebung Moskaus durch und besuchten Aufschlüsse, insbesondere solche mit jurassischen Gesteinen, aus denen sie reiche Kollektionen von Fossilien (Ammoniten, Belemniten, Zweischaler, Brachiopoden usw.) bargen. Viele der von ROUILLIER beschriebenen Profile erlangten klassischen Charakter (Choroschowo, Tatarowo und andere). Seine Vierteilung der Oberjura-Sedimente der Moskauer Umgebung diente lange Zeit zum Vergleich mit analogen Sedimenten der Russischen Ebene. ROUILLIER wurde auch auf die Steinkohlenkalke der Moskauer Umgebung aufmerksam, die er in dem Steinbruch von Dorogomilowo, im Dorf Mjatschkowo und an anderen Stellen untersuchte. Interessante Beobachtungen machte er an den Quartärablagerungen (in der Umgebung des Dorfes Troickoje), die zu dieser Zeit mit dem unbestimmten Terminus „Schwemmland" bezeichnet wurden. Mit den geologischen waren seine paläontologischen Studien eng verknüpft, die sich durch das biologische Herangehen vorteilhaft von früheren Arbeiten unterscheiden.

Ungeachtet seiner Erfolge in der Geologie bricht ROUILLIER diese Arbeiten Ende der vierziger Jahre plötzlich ab. Bedingt war dies durch eine tiefgreifende Meinungsverschiedenheit mit seinem ehemaligen Schüler I. B. AUERBACH, der aus Neid und Mißgunst ROUILLIER der Aneignung wissenschaftlicher Entdeckungen seiner Kollegen beschuldigte. ROUILLIER wies diese Beschuldigungen öffentlich zurück, jedoch der Streit, der sich über ein halbes Jahr hinzog, traf ihn zutiefst. So beschäftigte er sich während seiner letzten Lebensjahre fast ausschließlich mit Untersuchungen zur Biologie der Tiere. Mit diesem Gebiet hat er sich zwar während seiner gesamten wissenschaftlichen Tätigkeit beschäftigt, doch besonders intensiv nach dem erwähnten Streit bis zu seinem plötzlichen Tode am 10. April 1858. Mit dem von ihm geschaffenen Lehrbuch der Zoologie wurde praktisch die Moskauer Biologenschule begründet, deren Hauptrichtung die Ökologie der Tiere wurde.

ROUILLIER nimmt einen Ehrenplatz nicht nur in der Geschichte der Naturwissenschaften, sondern in der Entwicklung der russischen Kultur insgesamt ein. A. I. HERZEN und V. G. BELINSKIJ erklärten, daß die populärwissenschaftliche Tätigkeit ROUILLIERS durch seine vorzüglichen akademischen und öffentlichen Vorlesungen, seine Beiträge zu naturgeschichtlichen Themen in den Tageszeitungen, seine Exkursionen zur Erforschung der Natur der Moskauer Umgebung wesentlich zur Verbreitung wissenschaftlicher Erkenntnisse beitrug.

In diesem Überblick wird die Hauptaufmerksamkeit auf die geologischen Forschungen Rouilliers gelenkt. Jedoch sind diese Forschungen untrennbar mit seinen Anschauungen über allgemeine Probleme der Naturwissenschaften, insbesondere der Biologie, verbunden. Rouillier erarbeitete keine umfangreiche Monographie; er trat hauptsächlich als Philosoph und Theoretiker in Erscheinung. In vielen seiner Werke, oft nur in kleinsten Anmerkungen, finden wir Gedanken über die Methoden zur Erkenntnis natürlicher Erscheinungen und Vorgänge, über die Prinzipien biologischer und geologischer Konzeptionen, über Ziele und Aufgaben wissenschaftlicher Forschung, über die praktische Anwendung theoretischer Schlußfolgerungen im alltäglichen Leben des Menschen und vieles andere.

Roullier war ein konsequenter Anhänger des induktiven Herangehens an die Naturwissenschaften; er bezog sich häufig auf F. Bacon, darauf hinweisend, daß „... der wissenschaftliche Weg die experimentelle Erforschung eines Gegenstands oder einer Erscheinung in der fortlaufenden Entwicklung ist, nicht abgetrennt, isoliert, sondern notwendigerweise mit den anderen, relativ äußeren Erscheinungen verknüpft ist" [13, S. 5]. In diesem Zitat ist die Grundidee enthalten, die Rouillier vertrat: die Idee der Entwicklung. Durch alle seine Werke zieht sich der Gedanke, daß sich in der Natur alles verändert, sich alles in Bewegung befindet: „In der Natur herrscht eine allgemeine, ununterbrochene Bewegung und ein absoluter Tod ist nicht möglich. Das kleinste Stäubchen, das in der Tiefe des Festlands oder des Wassers liegt, wirkt auf seine Umgebung und ist ihrer Rückwirkung ausgesetzt" [5, S. 2].

In der Geologie nahm damals gerade der Entwicklungsgedanke der uniformistischen Lehre von Ch. Lyell Gestalt an: Alle Veränderungen der Erde und ihrer Bewohner verliefen in der Vergangenheit gleichförmig, ununterbrochen und in der gleichen Richtung, was bis in die heutige Zeit gilt (Aktualismus). Lyell begründete die These von der Einförmigkeit der irdischen Veränderungen, die den strengen Gesetzen der Natur unterliegen. Rouillier stimmte damit insoweit überein, als alle Erscheinungen den Naturgesetzen unterliegen [13, S. 27], doch nahm er nicht an, daß die Veränderungen einförmig verlaufen und die Gegenwart als angeblich absoluter Standard dient. Die Bewegung in der Natur betrachtete er als „... allmähliche Herausbildung der Mannigfaltigkeiten und Gegensätze; die allmähliche Entwicklung eines Gegenstands und das Anwachsen seiner Mannigfaltigkeit sind identisch" [13, S. 40]. In bezug auf die organische Welt verstand Rouillier diese Folgerung als die Herausbildung einer komplizierteren Organisation in der Geschichte des Lebens (Fortschritt). Damit ist für ihn das Prinzip des Historismus Grundlage des methodologischen Herangehens an die Analyse natürlicher Erscheinungen und Vorgänge.

Obwohl Rouillier die Nützlichkeit der vergleichenden (aktualistischen) Methode nicht leugnete, nahm er doch an, daß es notwendig sei, sie durch ihren historischen Gehalt zu vervollständigen. Er schrieb: „Häufig urteilen wir so: wir sehen, die Tiere leben so, folglich haben sie immer so gelebt. Zwischen dem Einfachen gibt es nichts Komplizierteres" [Vorwort zu dem Artikel Müllers „Das ursprüngliche Leben der Tiere", „Vestn. estestv. nauk" (1857, 25, S. 790)]. Bei einem solchen Herangehen wird die vergleichende zur vergleichend-historischen Methode. Diesen Terminus schlug Rouillier in seinem Aufsatz „Die Belemniten" [14, 1854] vor. Diese Methode darf nach seiner Ansicht nicht nur von Vergleichen zwischen den Erscheinungen und den Vorgängen in der Natur ausgehen, sondern auch von den sich vervollkommnenden historischen Veränderungen.

Auf der Basis seiner Konzeption zog Rouillier, im Gegensatz zu vielen seiner Zeitgenossen (d'Orbigny, L. Agassiz und andere), die von der Unveränderlichkeit der Arten überzeugt waren, diese in Zweifel. Noch während seiner Reisen durch Deutschland veröffentlichte er den Beitrag „Zweifel an der Zoologie als Wissenschaft" [1], in dem er die Ansichten der Vertreter verschiedener Schulen darlegte und zu den Meinungen solcher Gelehrter wie J. B. LAMARCK und E. GEOFFROY SAINT-HILAIRE tendierte, die eine Umwandlung (Transmutation) der Arten der Organismen einräumten. Er brachte Zweifel an der „Unveränderlichkeit" zum Ausdruck und wies z. B. darauf hin, daß in der Paläontologie die Gattungen und Arten auf der Grundlage unvollständig erhaltener Skelette einzelner Exemplare bestimmt werden: „,... beschreiben die Paläontologen die Gattungen und Arten der vorweltlichen Tiere, von denen sie oft nur ein Knöchelchen eines Exemplars vor sich haben auf einer ausreichenden Grundlage?" [17, S. 22]. Er erkannte bereits, daß es oft schwer ist, bei den heutigen Tieren die Grenzen zwischen den Arten festzustellen.

Er vertrat die Ansicht, daß die Art eine räumlich-zeitliche Kategorie ist, deren Leben eng mit den jeweiligen Existenzbedingungen verknüpft ist. Dieser Gedanke ist mit großem Nachdruck in seinen Vorlesungen dargelegt, die er unter dem Titel „Das Leben der Tiere in Beziehung zu den äußeren Bedingungen" publizierte. Nach seiner Hypothese fällt das am deutlichsten bei der Entartung der Haustiere ins Auge [13, S. 113]. Die Wechselwirkung zwischen Lebensmilieu und Art verstand ROUILLIER als dynamischen Prozeß: „,... immer in Wechselwirkung mit ihnen stehend" (d. h. den äußeren Bedingungen. — A. R.) „und nur darin befindlich die Quelle des Lebens ..., die Tiere verändern sich unaufhörlich, sowohl in stofflicher, wie in nichtstofflicher Beziehung" [13, S. 105]. Diese Veränderungen verlaufen langsam, dabei zwei Gesetzen unterliegend — der schrittweisen Realisierung aller tatsächlich existierenden (genetisches Gesetz) und der Herausbildung neuer, aufeinanderfolgender Veränderungen, in der die nächstfolgende stets vollkommener ist als alle vorherigen (geologisches Gesetz) [13, S. 101 bis 102]. In diesen „Gesetzen" formulierte ROUILLIER in allgemeinster Form die Idee von der Transmutation der Organismenarten, dabei ihre progressive Entwicklung in der Zeit betonend. Die Konzeption von der evolutionären Entwicklung der Organismen, die er seinen Schülern darlegte, stand der Theorie der natürlichen Auslese so nahe, daß, als die „Entstehung der Arten" von DARWIN erschien, ROUILLIERS Schüler JA. A. BORZENKOV schrieb: „Wir lasen das Buch DARWINS ..., als bei uns die Erinnerung an die Gespräche ROUILLIERS noch frisch war. Dieses Buch war ... so ähnlich, so verwandt mit dem, was uns KARL FRANCEVIČ gelehrt hatte, daß die neue Lehre uns irgendwie längst bekannt vorkam". (BORZENKOV: Historischer Abriß der in den zoologischen Wissenschaften des 19. Jahrhunderts existierenden Richtungen. — Moskva: 1881. S. 43.)

ROUILLIER äußerte sich in seinen Vorlesungen und Publikationen zu zahlreichen biologischen Problemen. Vor allem aber widmete er sich ökologischen Fragen, der Wechselwirkung von Organismus und Umwelt. Diese ökologische Richtung blieb der Moskauer Zoologenschule bis heute traditionell erhalten. Es muß ebenfalls bemerkt werden, daß er sich als einer der ersten in Rußland mit Zoopsychologie beschäftigt hat, wobei er die Verdienste LAMARCKS auf diesem Gebiet hervorhob.

Mit seinen geologischen Arbeiten begann ein neuer Abschnitt in der Erforschung von Stratigraphie und Geomorphologie des Moskauer Beckens. Am vollständigsten hat er seine Schlußfolgerungen zur Geologie der Moskauer Umgebung in einem Vortrag dargestellt, den er am 16. Juni 1845 hielt und dessen Inhalt im gleichen Jahr unter dem Titel „Über die Lebewesen des Moskauer Gouvernements" [5] veröffentlicht wurde. Auf dem Titelblatt ist ein Motto aus dem OVID angeführt: „Lerne dein Vaterland kennen, und dann gehe auf Reisen". ROUILLIER wandte sich häufig an die Leser, die heimische Natur gut zu beobachten, an dem reichen und vielfältigen Leben, das einem bei jedem Schritt entgegentritt, nicht vorüberzugehen.

Er selbst förderte nicht wenig die Entwicklung der Methoden zur Beobachtung und Beschreibung natürlicher Objekte. Dabei arbeitete ROUILLIER niemals als Einzelgänger. Er war stets von Schülern und Naturfreunden umgeben, mit denen er seine Gedanken und Schlußfolgerungen austauschte. Auf geologischem Gebiet sind seine wesentlichen methodischen Ergebnisse in seinen „Geologischen Exkursionen" enthalten [4]. Das ist das erste Werk in der russischen Geologie, in dem wissenschaftlich Exkursionsrouten dargestellt sind. Viele der von ihm beschriebenen Aufschlüsse in den Gebieten von Choroschowo, Tatarowo, Mjatschkowo, Dorogomilowo, Lytkarino, Kolomenskoje und andere werden seit über einhundert Jahren von den Studenten der Moskauer Hochschulen aufgesucht. Cephalopoden und zweischalige Mollusken aus den Ablagerungen dieser Gebiete finden sich in zahlreichen Museen der Welt.

Bei allen seinen Studien hatte ROUILLIER immer ein sicheres Gefühl für das Neue. In ihm verbanden sich der Verstand des Theoretikers mit der Gabe eines hervorragenden Beobachters, der es beispielsweise vorzüglich verstand, sich über die komplizierten Details eines Profils Klarheit zu verschaffen und folglich die Lagerungsverhältnisse bestimmter Bildungen zu deuten. Sachkundig gruppierte er Fakten und zog daraus allgemeine Schlüsse. Seine Interpretation zur Genese des Reliefs der Moskauer Umgebung (Arbeit der Flüsse, Entstehung der Erhebungen usw.) bestimmten weitreichend die diesbezüglichen Vorstellungen seiner Zeitgenossen. Der Geologe S. N. NIKITIN schrieb in den achtziger Jahren des vorigen Jahrhunderts [18], daß die Schlußfolgerungen ROUILLIERS über die Bildung des Reliefs der Russischen Ebene entschieden höher standen, als die phantastischen Äußerungen etlicher seiner Zeitgenossen.

In seinen Untersuchungen erfaßte ROUILLIER alle Ablagerungen des Moskauer Beckens — von den karbonischen bis einschließlich der quartären. Doch sein bester Beitrag war die Erarbeitung der Stratigraphie der jurassischen Sedimente, einschließlich der jüngsten Gesteine. In den vierziger Jahren, als ROUILLIER sich mit diesem Problem beschäftigte, setzte in der Stratigraphie eine der erfolgreichsten Etappen ihrer Entwicklung ein, die von K. v. ZITTEL als die „heroische" bezeichnet wurde. In Rußland trugen dazu die russischen Forscher selbst bei, ferner eine internationale Gruppe von Gelehrten unter der Leitung von R. I. MURCHISON. In einer Zusammenstellung durch letztere (R. MURCHISON; ED. VERNEUIL; A. KEYSERLING, The Geology of Russia in Europe and the Ural-mountains. London and Paris: 1845. 2 Teile, 724 + 544 S.) erscheinen die jurassischen Ablagerungen der Moskauer Umgebung ungegliedert. Diese Lücke füllt ROUILLIER aus, der zuerst eine Drei- später eine Vierteilung vorschlug, die sich als so gelungen erwies, daß sie zum Standard wurde, und die jurassischen Gesteine der anderen Gebiete der Russischen Tafel mit ihr verglichen wurden.

Die wissenschaftlichen Erfolge ROUILLIERS erklären sich aus seinem gründlichen methodischen Herangehen. Er wandte die biostratigraphische Arbeitsweise an, eine genauere Methode der zonalen Aufgliederung, wie sie von D'ORBIGNY vorgeschlagen wurde. Dabei ging er von der richtigen Voraussetzung aus, daß im Jura deutlich eine klimatische Zonalität auftritt und die Komplexe der fossilen Organismen innerhalb der einzelnen Zonen deshalb verschieden sein müssen. Hierin kann man den Ansatz zu einer wissenschaftlichen, faziellen Arbeitsweise in der russischen Stratigraphie sehen. Auf dieser Erkenntnis beruht die Überzeugung ROUILLIERS, daß die westeuropäischen jurassischen Ammoniten, Belemniten, Lamellibranchiaten, Brachiopoden usw., die die charakteristischen Organismen dieser Epoche sind, sich von den russischen unterscheiden. Er betonte, daß die Moskauer Juraformation ein selbständiger Typ sei. Dieser Gedanke wurde in der Tat später bestätigt. M. NEUMAYR, N. S. NIKITIN und A. P. PAVLOV haben den Moskauer Jura als eigenständigen borealen Typ abgetrennt.

Etwas näher sei noch auf die Schlußfolgerungen in ROUILLIERS Arbeiten eingegangen, die ihre Bedeutung bis in die heutige Zeit nicht verloren haben. So bewahrheitete sich seine These, daß im Moskauer Becken keine Sedimente des unteren Jura auftreten. Die von ihm vorgeschlagenen Stufen des oberen Jura sind denen der internationalen stratigraphischen Skala sehr ähnlich. Seine dritte Stufe mit *Ammonites carinati* entspricht dem unteren und oberen Oxford mit *Cardioceras cordatum* und *Cardioceras alternans*. Die zweite mit *A. virgatus* ist die heutige untere Wolgastufe mit Virgatiten. Die erste Stufe mit *A. catenulatus* fällt mit der oberen Wolgastufe mit *Craspedites subdites* und *Craspedites nodiger* zusammen. In den Sandsteinen von Tatarowo und Lytkarino, die MURCHISON für Tertiär hielt, fand ROUILLIER jurassische Pflanzenreste. Nach seiner Ansicht schließen diese das Profil der Juragesteine ab, was nachfolgende Untersuchungen bestätigten, sie werden heute in die oberen Schichten der oberen Wolgastufe gestellt.

ROUILLIER leitete die systematische Erforschung der Quartärablagerungen der Russischen Tafel ein. In der Umgebung des Dorfs Troickoje entdeckte er limnische Süßwassersedimente, in denen er Diatomeen nachwies.

Besonders interessante Gedanken wurden von ihm hinsichtlich der Genese des Geschiebelehms geäußert. Als einer der ersten in Rußland wandte er seine Aufmerksamkeit der petrographischen Zusammensetzung der Geschiebe zu und wies auf ihre skandinavische Herkunft hin. Ursprünglich, im Jahre 1845 [5, S. 61], hielt er ihr Vorhandensein im Moskauer Becken für das Ergebnis der Verbreitung schwimmender Eisberge (Drift). Doch schon bald, bereits 1851, begann ROUILLIER sich der Theorie einer Festlandsvereisung zuzuwenden, worüber zu dieser Zeit L. AGASSIZ zahlreiche Publikationen vorlegte. So schrieb ROUILLIER in dem Buch „Das Leben der Tiere", daß „... die Eisberge oder Gletscher (die aus Skandinavien kamen — A. R.) allmählich nach Südosten vorrückten, und die Gesteine auf ihrem Wege zerschrammten und teilweise zerstörten" [13, S. 90]. Diese Ansicht wurde von Schülern ROUILLIERS (N. A. SEVERCEV und anderen) übernommen und hatte gewissen Einfluß auf die Ansichten P. A. KROPOTKINS, der bedeutendes Material zur Theorie der quartären Festlandsvereisung beitrug.

Die Untersuchung der Karbonkalke des Moskauer Beckens führte ROUILLIER hauptsächlich aus praktischen Erwägungen durch, da mit ihnen Braunkohlenlagerstätten verknüpft sind. Er berichtigte das stratigraphische Schema MURCHISONS, indem er darauf hinwies, daß die untere Stufe durch das Auftreten von *Productus gigas*, die obere von *Spirifer mosquensis* gekennzeichnet ist. (MURCHISON vermutete das umgekehrte Verhältnis.) ROUILLIER betonte, daß die Braunkohlenschichten an die untere Stufe gebunden sind und gab damit die Orientierung für die Sucharbeiten auf deren Lagerstätten. Herkunft und Zusammensetzung der Kohleschichten interessierten ROUILLIER lebhaft. Er war bestrebt, das russische Publikum mit diesen Problemen bekannt zu machen und schrieb populärwissenschaftliche Artikel zum genannten Thema [15].

Mit den geologischen Arbeiten sind seine paläontologischen Untersuchungen eng verknüpft. Es sei daran erinnert, daß es in jener Epoche eine strenge Differenzierung zwischen diesen beiden Disziplinen nicht gab; fast alle damaligen Geologen beschäftigten sich mit irgendeiner Gruppe (oder Gruppen) von Fossilien, hauptsächlich solchen, die größeren stratigraphischen Wert besitzen. Cephalopoden (Ammoniten, Belemniten), Zweischaler und Brachiopoden, die in großer Fülle in den jurassischen Gesteinen der Moskauer Umgebung gefunden wurden, waren die diesbezüglich wichtigsten Forschungsobjekte für ROUILLIER, da sie ihm in ihrer Gesamtheit die Grundlage für stratigraphische Gliederungen gaben. Etliche der von ihm eingestuften Arten und Gattungen gingen in die Literatur ein.

Solchermaßen beschreibende Arbeiten waren seinerzeit weitverbreitet und für gewöhnlich ohne „biologischen Geist". ROUILLIER sah entsprechend seinen Interessen in den Fossilien nicht einfach geochronologische Dokumente, sondern zugleich Denkmäler eines früheren Lebens. Das wurde von ihm besonders klar in dem Buch „Das Leben der Tiere" [13] gezeigt. In großen Zügen zeichnete er dort die Geschichte der organischen Welt von ihren ältesten Etappen bis in die Gegenwart. Er verstand sie vor allem als Prozeß der Anpassung der Tiere und Pflanzen an ihre Umwelt. Dieses Milieu änderte sich in der geologischen Vergangenheit ständig. In der genannten Arbeit schrieb er über die kontinuierliche Verbindung des heutigen Lebens mit dem vergangenen, über die Rolle des äußeren Milieus für die Entwicklung der Organismen.

Er nahm an, daß es nicht genügt, die Morphologie der Arten zu untersuchen, sondern daß es erforderlich ist, ihre Lebensweise zu rekonstruieren, ihr Verhältnis zu anderen Arten usw. „Das Leben der Tiere“ kann man als das erste russische Werk betrachten, in dem in allgemeiner Form die historische Geologie dargestellt wurde.

Rouillier hinterließ meisterhaft geschriebene paläobiologische Studien über das Mammut [7], den *Ichthyosaurus* [10], über Belemniten [14]. Je ein Mammutskelett wurde in den limnischen Ablagerungen beim Dorf Troickoje sowie im Stadtgebiet von Moskau gefunden. An Hand letzteren Fundes gelangte Rouillier zu dem Ergebnis, daß das System des Moskwa-Flusses zu Lebzeiten der Mammute bereits angelegt war und daß das Mammut selbst in einer besonderen präglazialen Epoche lebte.

In einem Artikel über *Ichthyosaurus* führte er eine vergleichende anatomische Analyse des Skeletts dieses Fossils durch und stützte sich dabei auf das Prinzip von Korrelation und Analogie. Diese Arbeit stellt eine hervorragende Illustration der Methode Cuviers dar.

Eine paläobiologische Skizze, die die aufeinanderfolgenden Etappen bei der Rekonstruktion eines Belemnitenkörpers beschreibt, widerspiegelt seine Ansichten über die Macht der wissenschaftlichen Methode, die imstande ist, nach unbedeutenden Merkmalen das Äußere einer längst verlorenen Form wiederherzustellen. In diesem Beitrag betonte er besonders, daß die vergleichende Methode für sich allein nicht ausreichend ist, sondern daß es notwendig ist, sie durch historischen Inhalt zu vervollkommnen.

Zum Abschluß des Abrisses über die wissenschaftliche Tätigkeit Rouilliers sei ein Zug seines Schaffens hervorgehoben. Er hatte klar erkannt, daß die naturhistorischen Wissenschaften gerade die ersten Schritte auf dem Wege ihrer Herausbildung taten, daß ihnen noch eine allgemeine Theorie fehlte, mit einem Wort, daß vor den Naturwissenschaftlern eine langdauernde, beharrliche Arbeit auf dem Wege zur Erkenntnis lag und liegt. Deshalb wiederholte er gern die Sätze: „Wir gingen lange, und am äußersten Rand, wo man die Hand nicht vor den Augen sehen konnte, brachen sich zwei, drei Sonnenstrahlen Bahn, die sich durch Himmelsgewölbe stahlen; und dann trat die Sonne hervor. Der Tag bricht an, es ist Zeit, sich auf den Weg zu machen.“

Bibliographie

Ausgewählte Arbeiten

[1] Somnenija v zoologii kak nauke. — Otečestv. zap., **XIX** (1841) 2, S. 1—13.

[2] Naturhistorische Notiz über die Umgegend von Moskau. Aus einem Brief an Herrn Professor Ehrenberg. — Bull. soc. nat. Moscou, **XVII** (1844) 3, S. 625—635.

[3] Les principales variations de *Terebratula acuta* dans l'oolite de Moscou. — Bull. soc. nat. Moscou, **XVII** (1844) 4, S. 889—894.

[4] Geologičeskie ekskursii v okrestnostjach Moskvy. — Mosk. vedomosti, (1845) 51, 92, 93, 128, 133, 134.

[5] O životnych Moskovskoj gubernii. — Moskva: 1845. 96 S.

[6] Explication de la coupe géologique des environs de Moscou. — Bull. Soc. Nat. Moscou, **XIX** (1846) 2, S. 444—485; 4, S. 359—467.

[7] Ostov mamonta pod Moskvoj. — Mosk. vedomosti, (1846) 52, S. 1050—1051.

[8] Études paléontologiques sur les environs de Moscou. „Jubilaeum semiseculare Doctoris medicinae et philosophie Gotthelf Fischer von Waldheim“. — Moskva: 1847. S. 1—35.

[9] Otkrytie v Moskovskom pesčanike. — Mosk. vedomosti, (1847) 76, S. 595—596.

[10] Ryba-jaščerica (ichtiozaur). — Živopisn. enciklopedija, (1847), S. 15—17.

[11] Études progressives sur la paléontologique des environs de Moscou. — Bull. soc. Moscou, **XX** (1847) 2, S. 371—447; **XXI** (1848) 1, S. 263—268; **XXII** (1849) 1, S. 3—14; 2, S. 337—399.

[12] Issledovanija v Moskovskoj kotlovine. — Mosk. vedomosti, (1848) 107, 116, 118, 144.

[13] Žizn' životnych po otnošeniju k vnešnim uslovijam. — Moskva: 1852. 121 S.

[14] Belemnity. — Vestn. estestv. nauk, (1854) 23, S. 353—366.
[15] Obrazovanie kamennogo uglja. — Vestn. estestv. nauk, (1857) 3, S. 65—83; 4, S. 97—108.
[16] ALEKSANDR FON GUMBOLDT. — Vestn. estestv. nauk, (1857) 23, S. 716—722.

Neuauflagen

[17] Izbrannye biologičeskie proizvedenija. Redakcija, stat'ja i kommetari L. S. DAVITASVILI i S. R. MIKULINSKOGO. — Moskva: Akad. nauk SSSR 1954. 688 S.

Literatur über K. F. ROUILLIER

[18] BOGDANOV, A. P.: KARL FRANCEVIČ RUL'E i ego predšestvenniki po kafedre zoologii v Moskovskom universitete. — Moskva: 1885. 215 S.
[19] PETROV, V. S.: Vydajuščijsja russkij biolog K. F. RUL'E (1814—1858). — Moskva: 1949. 82 S.
[20] RAJKOV, B. E.: Russkij biolog-evolutionist KARL FRANCEVIČ RUL'E, ego žizn' i dejatel'nost'. In: Russkie biologi-evolutionisty do DARVINA Bd. III. — Moskva: izd. Akad. nauk SSSR 1955. 644 S.
[21] MIKULINSKIJ, S. R.: K. F. RUL'E i ego učenie o razvitii organičeskogo mira. — Moskva: izd. Akad. nauk SSSR 1957. 354 S.

Manuskripteingang: 22. März 1977

Übersetzung aus dem Russischen von Dipl.-Min. A. KRÜGER, Berlin

Anschrift der Autorin:

Dr. A. I. RAVIKOVIČ, Akademie der Wissenschaften der UdSSR, Geologisches Institut
UdSSR - 109017 Moskau 17, Pyshevskij per. 7

Schriftenr. geol. Wiss. · Berlin 14 (1979) · S. 37—44

Nikolaj Ivanovič Kokšarov (1818—1892)

Von Ilarion Ilarionovič Šafranovskij; Dmitrij Pavlovič Grigor'ev,
Leningrad

Mit 2 Abbildungen

In der russischen Wissenschaft war N. I. Kokšarov Ende der ersten Hälfte des 19. Jahrhunderts ein Pionier der fortschrittlichen Richtung der beschreibenden Mineralogie, der die einfachen Mineralschilderungen durch Daten genauester kristallographischer Messungen, quantitativ-chemische Analysen und physikalische Untersuchungen ersetzte.

Seine schöpferischen Arbeiten sind der streng wissenschaftlichen Untersuchung zahlreicher Minerale aus Rußland und deren kristallmorphologischen Charakterisierung gewidmet. Die Forschungsergebnisse auf dem Gebiet der Mineralogie verallgemeinerte Kokšarov in seinen klassischen elfbändigen „Materialien zur Mineralogie Rußlands" (1852—1892), die bis heute eine wertvolle Quelle sicherer Zahlenwerte sind, die durch goniometrische Vermessung vollkommener Kristalle gewonnen wurden.

В русской науке Н. И. Кокшаров явился в конце первой половины XIX столетия пионером передового течения описательной минералогии, заменившей качественные словесные описания минералов, данными точнейших кристаллографических измерений, количественного химического анализа и физических исследований.

Его научное творчество всецело посвящено строго научному изучению многочисленнейших русских минералов и их кристалломорфологической характеристике. Свои научные труды в области минералогии Н. И. Кокшаров обобщил в своих классических многотомных „Материалах для минералогии России" (1852—1892), являющихся и до сих пор ценнейшим источником непогрешимо точных числовых характеристик, полученных в результате гониометрических измерений наиболее совершенных кристаллических образцов русских минералов.

At the end of the first half of the 19th century, N. I. Koksharov was a pioneer of the progressive line of thought within the descriptive mineralogy by substituting most accurate crystallographic measured values, quantitative-chemical analyses and physical studies for simple mineral discriptions.

His creative work was devoted to a strictly scientific investigation of numerous Russian minerals and to their crystal-morphological characterization. In his classical "Materials on the Mineralogy of Russia" (1852—1892) in eleven volumes Koksharov generalized research results obtained in the field of mineralogy, which up to the present are a valuable source of reliable numerical values obtained by goniometric survey of perfect crystals of Russian minerals.

Nikolaj Ivanovič Kokšarov wurde am 23. November 1818 bei Ust-Kamenogorsk im Altai in der Familie eines Bergingenieurs geboren. Im Jahre 1822 wurde sein Vater zum Leiter der Goldgruben in Berjozowka im Ural ernannt. Die Kinderjahre, die Kokšarov dort verbrachte, die Natur des Ural und dessen Mineralreichtum kamen seinen Neigungen und Interessen sehr entgegen.

Im Jahre 1830 trat Kokšarov in das Bergkadettenkorps im damaligen St. Petersburg ein (das heutige Leningrader Bergbauinstitut) und beendete dort 1840 sein Studium. Während dieser Zeit widmete sich Kokšarov besonders der Mineralogie und Kristallographie, ungeachtet dessen, daß die Leitung des Korps, die sein außergewöhnliches Talent bemerkt hatte, nachdrücklich darauf bestand, daß er den Beruf eines Geologen mit paläontologischer Spezialrichtung wähle. Während der Exkursionen in die Um-

gebung Petersburgs und nach Finnland besucht Kokšarov unter anderen die Kupfergrube Orijärvi, die Mineralgruben auf der Insel Pargas und die Grube Kimito.

Nach Beendigung des Studiums wurde der junge Bergingenieur in die „Hauptstadt des Urals" Jekaterinenburg, zum Dienst am Münzhof geschickt, was ihm die Möglichkeit bot, die Erzbergwerke im Südural zu besuchen und eine Sammlung mit zahlreichen prachtvollen und seltenen Stufen anzulegen. In den Jahren 1840 und 1841 nahm er an zwei Expeditionen teil, die zur Aufnahme einer geologischen Karte des europäischen Rußlands unternommen und von dem englischen Geologen R. I. Murchison geleitet wurden. Anschließende Reisen nach Deutschland, Frankreich und England bestimmten seine Interessen endgültig. Der Besuch der Vorlesungen bei den deutschen Kristallographen und Mineralogen Ch. S. Weiss und G. Rose, die auf seine Fähigkeiten aufmerksam wurden, beeinflußte wesentlich seine zukünftige wissenschaftliche Tätigkeit.

Nach seiner Rückkehr in die Heimat wird Kokšarov Repetitor im Bergbauinstitut, er unterrichtet Metallurgie und Bergbaukunst an der Bergschule am Petersburger Technologischen Institut und gibt Unterricht in physischer Geographie an mittleren militärischen Lehranstalten. Ungeachtet der schwierigen materiellen Lage, die sich aus dem von ihm gewählten Beruf ergab, der damals keine praktische Anwendung bot, begann der junge Gelehrte zielstrebig mit der präzisen kristallographischen Untersuchung russischer Minerale. Im Jahre 1847 werden seine ersten Arbeiten über Bagrationit (eine Orthit-Varietät) und über Magnetit aus dem Ural veröffentlicht. Die folgenden regelmäßigen Publikationen seiner goniometrischen Untersuchungen, die Entdeckung neuer Mineralarten in Rußland und weiterer Formen von bereits früher bekannten Mineralen stellen Kokšarov in eine Reihe mit den berühmten Mineralogen seiner Zeit. Seit 1851 arbeitet der Gelehrte an der Herausgabe seiner „Materialien zur Mineralogie Rußlands" in russischer und deutscher Sprache; es ist das Hauptwerk seines Lebens. Parallel zu den intensiven wissenschaftlichen Untersuchungen leistet Kokšarov eine umfassende pädagogische Arbeit, hält Vorlesungen am Bergbauinstitut (1847 bis 1855), an der Petersburger Universität (1847), am Forst- und am Vermessungsinstitut (1854—1862) sowie dem Institut für die Ingenieure des Nachrichtenwesens (1854—1862). Im Ergebnis seiner pädagogischen Tätigkeit erschienen die „Vorlesungen über Mineralogie" (1863 russische Ausgabe, 1865 deutsch), die großen Erfolge bei den Studenten hatten.

Im Jahre 1855 wurde Kokšarov für seine kristallographischen Arbeiten zum Adjunkten der Petersburger Akademie der Wissenschaften gewählt, 1858 zum außerordentlichen und 1865 zum ordentlichen Mitglied. Daneben war er Mitglied von etwa 60 russischen und ausländischen wissenschaftlichen Gesellschaften und wissenschaftlichen Einrichtungen, darunter allein von neun Akademien.

Von 1872—1881 war Kokšarov Direktor des Petersburger Bergbauinstituts. Von 1865—1892 war er zunächst Direktor und anschließend Direktor Ehrenhalber der Petersburger Mineralogischen Gesellschaft (der heute ältesten mineralogischen Gesellschaft der Welt, gegründet im Jahre 1817). Im Jahre 1881 wurde das 50. Jubiläum der wissenschaftlichen Tätigkeit Kokšarovs mit großer Feierlichkeit begangen. Anläßlich dieses Jubiläums überreichte die Mineralogische Gesellschaft ihm eine Medaille, auf der der Gelehrte persönlich dargestellt war.

N. I. Kokšarov verstarb am 21. Dezember 1892 an den Folgen einer Lungenentzündung im Alter von 74 Jahren.

Gegen Ende der ersten Hälfte des vergangenen Jahrhunderts, in den Jahren der industriellen Revolution, bahnte sich in der Mineralogie eine weitreichende Krise an. Die Methode der qualitativen Beschreibung der Minerale war veraltet und neue Methoden, wie die mathematisch exakte Untersuchung, die quantitative chemische Analyse und physikalische Untersuchungen, setzten sich durch. Der Begründer dieser wissenschaftlichen Richtung war in Rußland N. I. Kokšarov. Da er eine hervorragende wissenschaftliche Stellung innehatte, erhielt er durch seine Schüler und Mitarbeiter aus abgebauten oder neu aufgeschlossenen Bergwerken Mineralproben in Überfluß und er konnte so die Mineraliensammlung des Museums des Bergbauinstituts mit vorzüglichen Belegstücken ausstatten.

Seine wissenschaftlichen Aktivitäten auf mineralogischem Gebiet verallgemeinerte er und faßte sie zusammen: fast alle seine Arbeiten wurden in den periodisch erscheinenden Bänden der „Materialien zur Mineralogie Rußlands" (sechs Bände in russischer Sprache,

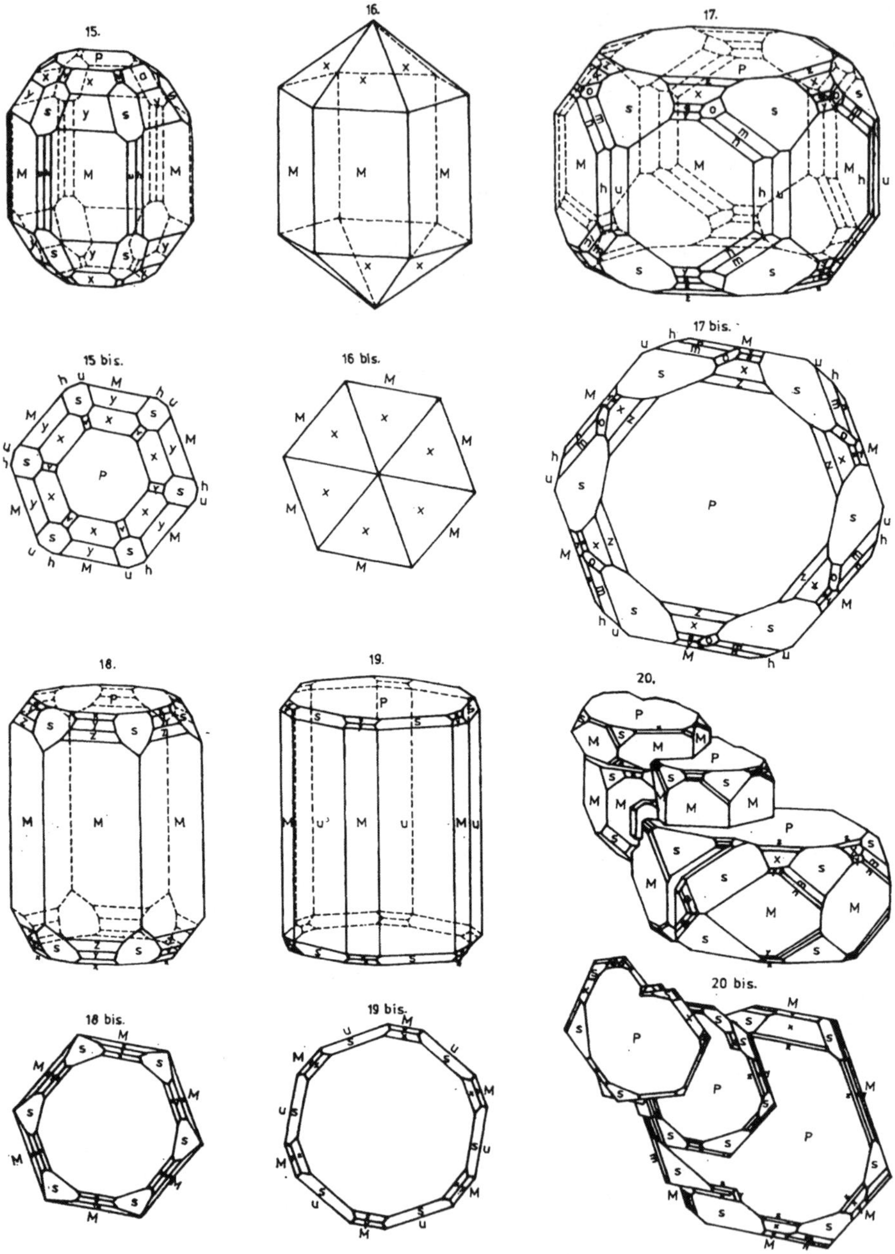

Abbildung. Eine Seite aus den „Materialien zur Mineralogie Rußlands" von N. I. Kokšarov

1852—1878; 11 Bände in deutscher Sprache, 1853—1892) veröffentlicht. Dieses vielbändige Werk verblüfft vor allem durch die grandiose Menge von über 400 Mineralen, die sämtlich von Kokšarov beschrieben wurden. Die „Materialien" sind bis in die heutige Zeit ein unersetzliches Handbuch beim Studium der Kristallographie russischer Minerale. Darin finden wir nicht nur Mineralbeschreibungen mit einer langen Liste von Winkelwerten, vom Autor selbst gemessen, sondern ebenso einen umfassenden Atlas mit

Kristalldarstellungen in orthogonaler Projektion, die von ihm selbst projiziert wurden. Nach seiner Auffassung sollte dieser Atlas „ein vollständiges Bild der Kristallisation der russischen Minerale geben". Dank der „Materialien" Kokšarovs wurden die russischen Minerale, die durch Ausstellungen in den Museen der verschiedensten Länder bekannt wurden, zu Standards, die berühmt wurden. Letzteres erklärt sich vor allem aus der erstaunlichen Vollkommenheit der Stufen, die sorgfältig ausgesucht und auf das Exakteste kristallographisch untersucht und beschrieben wurden. Zahlreiche Minerale waren in Rußland von Kokšarov selbst entdeckt worden. Hierzu gehören: Euklas, Brookit, gelber Cancrinit, Wollastonit, Chalkophyllit und Chalkolith. Außerdem machte der Wissenschaftler mit einigen neuen Mineralarten und Varietäten bekannt. Zu ihnen zählen: Ilmenorutil, Klinochlor, Kotschubeyit (chromhaltiger Klinochlor), Waluewit (gut kristallisierter Xanthophyllit), Bagrationit (flächenreiche Kristalle des Orthits). und andere. Seine Goniometermessungen besitzen bis heute von allen Arbeiten Kokšarovs den höchsten Wert. Die Exaktheit seiner Angaben betonten wiederholt zahlreiche Autoren. Vernadskij (1915) schreibt in diesem Zusammenhang folgendes. „Kokšarov erreichte das Resultat nicht nur durch seine ausgezeichneten Erfahrungen in der Arbeit mit unvollkommenen Geräten, sondern auch durch die sorgfältige Auswahl gut ausgebildeter Kristalle für die Messungen, die er nicht selten aus vielen hunderten eines gegebenen Minerals aussuchte." Im Grunde genommen spricht der folgende Ausschnitt aus dem Buch Fersmans (1945) ebenfalls davon: „Akademiemitglied N. I. Kokšarov arbeitete während nahezu 40 Jahren an den einzelnen Bänden seines Werks ‚Materialien zur Mineralogie Rußlands'; stundenlang vermaß er an einem einkreisigen Goniometer gut ausgebildete Kristalle verschiedener Lagerstätten, und bis heute sind diese Angaben in der Wissenschaft die richtigsten und genauesten." Diese Meßwerte von Kokšarov gehören heute noch zum wissenschaftlichen Fond in aller Welt. Sich über Kokšarov äußernd schrieb der Verfasser von „A system of Mineralogy", der amerikanische Mineraloge J. D. Dana:

„Mein Sohn Eduard, der viel an einer neuen Veröffentlichung zur Mineralogie arbeitet, überrechnete die Winkel von Kristallen aller Mineralarten wegen der Fehler, die sich in den Angaben fast aller guten Wissenschaftler eingeschlichen haben. Er sagte mir jedoch vor einigen Wochen, daß die Berechnungen Kokšarovs alle durchweg richtig sind" (1888).

A. v. Humboldt bemerkte bereits 1857, daß die Arbeiten Kokšarovs „zu den besten und genauesten gehören; sie werden in Europa sehr geschätzt". Man darf das eigene Verhältnis Kokšarovs zu seinen Vermessungen nicht unerwähnt lassen. Er vertrat die Meinung, daß „der Wissenschaft exakte Größen zu geben sind, auf deren Grundlage es möglich sein wird, in Zukunft die wesentlichen Gesetze der Kristallographie abzuleiten."

In einem Brief an Akademiemitglied A. Ja. Kupfer vom 15. Mai 1858 legt Kokšarov diese Ansicht dar und schreibt über die von ihm durchgeführten Messungen:

„Ich bin nicht nur bestrebt, zufriedenstellende Resultate zu erhalten, die die Kristallformen eines Minerals definieren (d. h. ich messe nicht nur den oder die Winkel, die der primitiven Form angehören), sondern versuche mit Hilfe der Vermessung die Abweichungen zu berücksichtigen, die bei den verschiedenen Individuen der einen oder anderen Mineralart auftreten. Die Ursachen dieser Abweichungen erklären sich dadurch, daß in einem Kristall mehrere Individuen vereinigt sind, oder dadurch, daß in ein und demselben Mineral isomorphe Verbindungen in unterschiedlichen Mengen vorkommen. Mir scheint, daß man mittels zahlreicher Beobachtungen und genauer Messungen viele Dinge deuten kann, die bis jetzt noch nicht geklärt wurden. Zugleich erhält man den Schlüssel zum Verständnis einiger Gesetze, denen Kristallform, chemische Zusammensetzung und spezifisches Gewicht in ihren gegenseitigen Beziehungen unterworfen sind. So gelang es mir z. B. zu zeigen, daß der Winkel, der von der Fläche der hexagonalen Pyramide des Apatits mit der Vertikalachse gebildet wird, bei den Apatiten, die nur Fluor, aber kein Chlor enthalten 49° 42′ entspricht, während in Apatiten, die kein Fluor, sondern nur Chlor enthalten, dieser Winkel 49° 51′ beträgt."

Aus diesem, zu seinen Lebzeiten nicht veröffentlichten Dokument erfahren wir gleichzeitig die Ideen, die Kokšarov leiteten, die seiner unermüdlichen Tätigkeit ein festes Ziel gaben. Beim Untersuchen der kaum meßbaren Winkeldifferenzen versuchte er einmal, die Winkel zu bestimmen, die für die Kristallindividuen charakteristisch sind, und zum anderen die Abweichungen solcher Winkel durch den Chemismus der Minerale zu deuten.

Die vielfach gemessenen und sorgfältig überprüften Winkelwerte wurden von ihm als Grundlage für den Aufbau einer zukünftigen Kristallographie und mineralogische Kristallchemie der Minerale betrachtet. Der Vorstellung Kokšarovs vom Einfluß der chemischen Zusammensetzung auf die Geometrie der Minerale hat sich als richtig bestätigt. Heute unterstreichen die Daten der präzisierten röntgenometrischen Vermessungen, die die Abweichungen der Strukturparameter (in Ångström) in Abhängigkeit von der chemischen Zusammensetzung erfassen, dies anschaulich. So wird das, was Kokšarov einst mit Hilfe seines alten einkreisigen Goniometers zu erfassen versuchte, jetzt auf dem Wege exaktester röntgenometrischer Untersuchung nicht der äußeren (Flächen-), sondern der inneren (strukturellen) Geometrie der Kristalle fixiert.

Heute wissen wir zwar, daß Kokšarov den Wert der Genauigkeit seiner goniometrischen Messungen überschätzte. Dennoch führte sein Bestreben, nur ganz hervorragend ausgebildete Kristalle zu verwenden und seine Methode, die auf der vielfach wiederholten Messung ein und desselben Winkels beruhte, dazu, daß seine Winkelmessungen die genauesten Werte geben, bezogen sowohl auf Arbeiten, die vor seinen erschienen als auch auf die geometrischen Konstanten der Minerale, die später ermittelt wurden. Noch heute werden die Werte Kokšarovs als sicherste Charakteristik der kristallmorphologischen Geometrie des einen oder anderen Minerals verwendet.

Verweilen wir ausführlicher dabei, wie Kokšarov den Begriff Kristallindividuum definierte. Seine Meinung dazu formulierte er in dem Artikel „Der Gegenstand der Mineralogie, ihre kurzgefaßte Geschichte, die Kristalle als tatsächliche Individuen der anorganischen Natur". Als Grundthese findet sich folgende Verallgemeinerung: „Wenn Tiere und Pflanzen als Individuen der organischen Welt angesehen werden, so muß man die Kristalle als Individuen der anorganischen Welt betrachten." Eine Bestätigung dafür sieht er darin, daß die Kristalle „... in sich wesentliche Bedingungen jedes Individuums einschließen — eine regelmäßige äußere Form, die sich in enger Verbindung zu allen ihren inneren Eigenschaften befindet. Dabei berücksichtigt er die „Phänomene" des komplizierten inneren Aufbaus der Kristallgitter, die mit der äußeren Form verknüpft sind. Besonders betont wird die Fähigkeit des Kristalls, „in einen anormalen Zustand zu geraten" (als ob er „krank" wäre) und schließlich vollkommen zu verschwinden, „wenn man seinen Zustand mit dem Tod der organischen Individuen vergleicht."

Alle diese Aussagen erinnern uns lebhaft an heutige Ansichten über „Mineralindividuen", die dem neuen Zweig der genetischen Mineralogie, der Ontogenie der Minerale, zugrunde liegen sowie Ansichten über die „Anatomie" realer kristalliner Körper (erinnert sei an Mosaik-Kristalle, subparallele Verwachsungen usw.).

Durch Kenntnis dieser Gedankengänge des Forschers gewinnen wir eine Vorstellung von seinem Herangehen an das zu studierende kristalline Material. Für seine Untersuchungen wählte Kokšarov nur vollkommen ausgebildete Kristalle aus. Jedoch wußte er, daß auch solche, wie es schien, tadellosen Exemplare sämtlich Verwachsungen aus kleinsten Individuen sind, und daß die an ihnen gemessenen Winkel mit den idealen Winkeln nur angenähert identisch sind. Daher stellen die Meßergebnisse Kokšarovs Mittelwerte aus zahlreichen Daten, gewonnen an außerordentlich sorgfältig ausgewähltem Material dar.

Mit seinen „Materialien" legt Kokšarov gleichsam die Standards der am vollkommensten ausgebildeten Kristallindividuen eines Minerals (häufig auch eines Minerals von der einen oder anderen Lagerstätte) vor. Seine Genauigkeit der Untersuchungsmethodik garantiert, daß die gewonnenen Werte eine präzise Definition solcher mehr oder weniger idealen Individuen liefern. Indem KOKŠAROV exakte Angaben über die Lagerstätten der beschriebenen Kristalle macht und sorgfältig die Winkelwerte für die einzelnen Lagerstätten mitteilt, gibt er die Möglichkeit, durch spätere Untersuchungen die veröffentlichten Werte zu überprüfen und sie darüber hinaus mit modernen chemischen Untersuchungsergebnissen in Zusammenhang zu bringen. Die erhaltenen geometrischen Charakteristika (Winkel) illustriert KOKŠAROV anschaulich mittels vorzüglich ausgeführter Zeichnungen, die in den meisten Fällen außerdem ideale Kristallpolyeder darstellen (an solchen Polyedern müssen die Flächen, die zu derselben einfachen Form gehören, gleich und einheitlich umgrenzt sein. Diese ideal ausgebildeten Kristalle können nur unter den Bedingungen gleichmäßiger Stoffzufuhr gebildet werden). Dabei ignorierte KOKŠAROV keineswegs das Vorhandensein verzerrter Kristallformen, die für natürliche Bildungen eigentlich charakteristisch sind. In seinem Atlas finden wir die genaue Darstellung von zahlreichen natürlichen Beryllen, Topasen, Euklasen und anderen, die von ihm bestimmt wurden; dabei handelt es sich um an Größe und Entwicklung einzigartige Exemplare, die mit allen ihren Abweichungen von den idealen Modellen auf die Zeichnungen übertragen wurden.

Von seiner besonderen Aufmerksamkeit gegenüber der äußeren Form der natürlichen Kristalle spricht sehr eindeutig ein spezielles Kapitel in den „Vorlesungen zur Mineralogie“: „Über die Unvollkommenheiten der äußeren Form natürlicher Kristalle.“ In ihm spiegelt sich die große Erfahrung KOKŠAROVS auf dem Gebiet der Kristallmorphologie der Minerale wider.

Unter den verschiedensten Unvollkommenheiten fällt KOKŠAROV vor allem die unregelmäßige Entwicklung gleichnamiger Flächen, die ungleichmäßige Verzerrung der Kristallformen nach den einzelnen Richtungen, die Abweichungen der natürlichen von den idealen Flächen usw. auf. Die meisten Zeichnungen, die von ihm aus seinen anderen Werken übernommen und für die „Vorlesungen“ verwendet wurden, zeigen deutlich alle diese „Unvollkommenheiten“.

Daraus ist zu ersehen, daß KOKŠAROV die Abweichungen der realen Kristallkörper von den idealisierten Standardindividuen, die seinen „Materialien ...“ zugrunde liegen, sehr wohl kannte und er berücksichtigte sie! Doch wurden von ihm nur die letzteren als einzig mögliches und zuverlässiges Fundament für den Aufbau einer unfehlbar exakten, wirklich wissenschaftlichen Kristallographie der Minerale anerkannt.

War ein solches Herangehen nicht ein ernster Fehler? War die Gefahr einer absoluten Idealisierung nicht zu groß? Mit Entschiedenheit müssen wir unserem Kristallographen und Mineralogen Gerechtigkeit widerfahren lassen, der seinen Weg als historisch richtig erkannte und zahlreiche Möglichkeiten für die weitere Entwicklung der Wissenschaft aufdeckte.

Wir erinnern an die Geschichte der Physik. Zur Erkennung der realen Flüssigkeiten und Gase mußte die theoretische Physik vor allem die entsprechenden Gebiete über ideale Flüssigkeiten und ideale Gase erarbeiten. Darin dann fanden sich die verallgemeinernden Gesetze, denen unvermeidlich die realen Objekte unterworfen sind.

Auf demselben Wege verlief die Entwicklung der Wissenschaft von den Kristallen als festen natürlichen Körpern. Moderne Kenntnisse wären undenkbar ohne die zuvor erarbeiteten exakten Vorstellungen über die Eigenschaften idealer Kristalle. Genaugenommen arbeitete KOKŠAROV mit der Modell-Methode, die bis in unsere Zeit in der Wissenschaft verbreitet ist. Für zahlreiche Minerale wurden eben diese Angaben durch ihn erarbeitet. Immer werden wir beim Studium der Besonderheiten realer Kristalle mit all ihren Abweichungen von den idealen Prototypen auf die grundlegenden Gesetzmäßigkeiten zurückgreifen müssen, die untrennbar an diese Prototypen gebunden sind. Leider vergessen heute nicht wenige Autoren, die die Unvollkommenheiten realer Materie beschreiben, nur zu oft die allgemeinen Grundlagen, ohne die eine genaue Interpretation des Kristalls nicht möglich ist. Hier müssen wir stets die prinzipiell richtige Methodik KOKŠAROVS sehen; diese ist der erste Schritt auf seinem Forschungsgebiet, und ohne diesen entfällt die Möglichkeit zur weiteren vertieften Erforschung der natürlichen Körper.

Als Vertreter und Wortführer der Prinzipien der Mineralogie an der Bergtechnischen Hochschule, die eng mit ingenieurmäßigen Untersuchungen und Berechnungen verbunden war, stellte sich KOKŠAROV die Aufgabe, ein umfassendes Wissen über die Minerale für praktische Belange zu gewinnen, was zu seiner Zeit nur auf dem Wege genauer Messungen und Berechnungen erreichbar war. Schließlich gehört das Schaffen des bedeutenden Mineralogen und Kristallographen in die Periode der beschreibenden Mineralogie, als die Forscher zahlreicher Länder Wissen anhäuften über die äußeren Formen der Minerale, der Kristalle allgemein. Doch diese umfassende, langwierige Arbeit war historisch notwendig. Nur auf ihre Grundlage konnte später im Ergebnis der Verallgemeinerungen insbesondere durch O. BRAVAIS und L. SOHNCKE die Theorie vom Aufbau der kristallinen Stoffe durch E. S. FEDOROV und A. SCHOENFLIES entwickelt werden.

In den Errungenschaften der modernen Kristallchemie dürfen wir die Widerspiegelung der Kenntnisse über die Kristallformen sehen, zu denen N. I. KOKŠAROV der Wissenschaft durch die Erforschung der Minerale als natürliche Polyeder einen bedeutenden Anteil beitrug.

Bibliographie

Ausgewählte Arbeiten

[1] Materialy dlja mineralogii Rossii. — St. Petersburg. Bd. I. 1852—1855. [4] + [IV] + 412 + [5] S.; Bd. II. 1854. [4] + 339 + [6] S.; Bd. III. 1858. [8] + 426 + [8] S.; Bd. IV. 1862. [4] + 515 + [5] S.; Bd. V. 1870. 231 S.; Bd. VI. 1877. [2] + 32 + CVIII S.; Atlas. 1855. 1—4. 22 Tab.

[2] Lekcii Mineralogii. — St. Petersburg: 1863. 226 S.

[3] Predmet mineralogii, kratkaja ee istorija, kristally kak nastojaščie individuumy neorganičeskoj prirody. — Zap. mineral. obšč., 2 ser., **XXIII** (1887), S. 139—158.

[4] Materialien zur Mineralogie Rußlands. — St. Petersburg. Bd. I. 1853. VIII + 226 S.; Bd. II. 1854. 373 + I S.; Bd. III. 1858. [2] + 394 + [5] S.; Bd. IV. 1862. 400 + [4] S.; Bd. V. 1866. 397 + [4] S.; Bd. VI. 1870. 408 S.; Bd. VII. 1875. 384 S.; Bd. VIII. 1878. 432 + [1] S.; Bd. IX. 1884. 365 + [3] S.; Bd. X. 1888. 350 + [2] S.; Bd. XI. 1891. 138 + [3] + XI S.

[5] Vorlesungen über Mineralogie. Aus dem Russischen übersetzt mit einigen Veränderungen und Zusätzen. Bd. I. — St. Petersburg: 1865. 6 + 344 + 1 S.

Literatur über N. I. KOKŠAROV

[6] KOKŠAROV, N. I.: Vospominanija (1818—1859). — Russk. starina, **65** (1890) 3, S. 606—628; **66** (1890) 4, S. 1—23; 5, S. 249—270; 6, S. 505—574.

[7] VERNADSKIJ, V. I.: KOKŠAROV NIKOLAJ IVANOVIČ. In: Materialy dlja biograficeskogo slovarja dejstvitel'nych clenov imp. Akademii nauk. I. — St. Petersburg: 1915. S. 329 — 338.

[8] GRIGOR'EV, D. P.; ŠAFRANOVSKIJ, I. I.: N. I. KOKŠAROV. In: Vydajuščiesja russkie mineralogi. — Moskva—Leningrad: izd. Akad. nauk SSSR 1949. S. 98—118.

[9] ŠAFRANOVSKIJ, I. I.: NIKOLAJ IVANOVIČ KOKŠAROV. — Moskva—Leningrad: izd. Nauka 1964. 216 S.

[10] POGGENDORFF, J.: Biographisch-literarisches Handwörterbuch. — Bd. I. 1863. S. 1300; Bd. III. 1898. S. 738.

Manuskripteingang: 24. Januar 1977

Übersetzung aus dem Russischen von Dipl.-Min. A. KRÜGER, Berlin

Anschrift der Autoren:

Prof. Dr. I. I. ŠAFRANOVSKIJ, Leningrader Berginstitut, Lehrstuhl für Kristallographie
UdSSR - 199026 Leningrad, Vasilevskij Ostrov 21, Linija Nr. 2

Prof. Dr. D. P. GRIGOR'EV, Leningrader Berginstitut, Lehrstuhl für Mineralogie
UdSSR - 199026 Leningrad, Vasilevskij Ostrov 21, Linija Nr. 2

Schriftenr. geol. Wiss. · Berlin 14 (1979) · S. 45—52

Vladimir Onufrievič Kovalevskij (1842—1883)

Von Aleksandra Iosifovna Ravikovič, Moskau

Mit einer Abbildung

Vladimir Onufrievič Kovalevskij ist der Schöpfer der evolutionären Paläontologie, der Begründer einer neuen paläobiologischen Forschungsmethode und der Autor von Monographien über die Stratigraphie und Paläogeographie von Jura und Kreide.

Владимир Онуфриевич Ковалевский — основоположник эволюционной палеонтологии, создатель нового метода палеобиологических исследований, автор монографий по стратиграфии и палеогеографии юрского и мелового периодов.

Vladimir Onufrievich Kovalevsky is the creator of evolutionary palaeontology, the founder of a new palaeobiological research method, and the author of monographs on the Jurassic and Cretaceous stratigraphy and palaeogeography.

Vladimir Onufrievič Kovalevskij wurde am 14. August 1842 auf dem Gut seiner Mutter im Kreis Dünaburg, Gouvernement Witebsk, geboren. Seit dem neunten Lebensjahr besuchte er den Unterricht in der Pension Megin im damaligen St. Petersburg; ab 1855 mußte er eine rechtswissenschaftliche Lehranstalt besuchen, die er im Mai 1861 abschloß. Im Jahre 1855 verlor er seine Mutter; zwei Jahre später war er infolge der verschlechterten materiellen Lage der Familie gezwungen, um ein Stipendium nachzusuchen.

In jungen Jahren war sein ältester Bruder Aleksandr der ihm am nächsten stehende Mensch. Letzterer studierte an der naturwissenschaftlichen Abteilung der Petersburger Universität. Bei dem Bruder begegnete Kovalevskij bekannten Persönlichkeiten des öffentlichen Lebens wie L. P. Selgunov, dem Dichter M. I. Michajlov, einem Freund N. G. Černyševskijs, S. N. Lamanskij, dem späteren Professor für Physiologie, und vielen anderen. Nach Abschluß des Studiums wurde Kovalevskij im Heraldik-Departement des Regierenden Senats angestellt. Sehr bald jedoch reichte er ein Gesuch zur Gewährung eines Genesungsurlaubs ein und im Juli 1861 verläßt er Rußland zusammen mit seinem Freund A. I. Jazykov, einem später angesehenen Juristen. Sie besuchten Heidelberg und Paris und ließen sich in Nizza nieder, wohin ihnen Aleksandr Onufrievič folgte, der sich mit der Biologie wirbelloser Meerestiere beschäftigte. Von Nizza aus reiste Kovalevskij nach London, wo er mit A. I. Herzen bekannt wurde.

Sein Gesuch um Verlängerung des Urlaubs um zwei Monate wurde abgelehnt, und er wurde im März 1862 aus dem Dienst entlassen. Im Jahre 1863 kehrt er nach Petersburg zurück. Hier nun entschließt er sich, die Rechtswissenschaft aufzugeben und sich mit der Herausgabe von naturwissenschaftlicher Literatur zu befassen. Dank seiner Bemühungen wurde das russische Publikum innerhalb kurzer Frist mit dem Wirken von Ch. Lyell, T. Huxley, L. Agassiz, A. Kölliker, J. S. Mill, dem „Tierleben" von A. Brehm und mit anderen Naturforschern bekannt. Besonders hervorzuheben ist die Übersetzung des Buches von Ch. Darwin „Das Variieren der Tiere und Pflanzen im Zustande der Domestikation". In den sechziger Jahren des 19. Jahrhunderts hatte diese Literatur bei der russischen Intelligenz, in deren Kreisen ein Erwachen des gesellschaftlichen Bewußtseins zu verzeichnen war, großen Einfluß.

Im September 1868 heiratet Kovalevskij Sofia Vasil'evna Korvin-Krukovskaja, die später berühmte Mathematikerin S. V. Kovalevskaja.

Die verlegerischen Verhältnisse Kovalevskijs verschlechterten sich sehr und er geriet verstärkt in Schulden. Deshalb reiste er im April 1869 mit einem Gefühl der Erleichterung gemeinsam mit seiner Frau über Wien nach Heidelberg. Offenbar bewirkte das Beispiel seiner Frau, die sich zielstrebig der wissenschaftlichen Arbeit widmete, daß er sich intensiver mit der Wissenschaft zu befassen begann; er wählte die Geologie und Paläontologie, die ihn schon lange interessierten.

Die nun folgenden fünf Jahre im Ausland (1869—1874) waren für Kovalevskij Jahre angespannter Arbeit und wissenschaftlichen Suchens, die ihn zu Verallgemeinerungen

führten und ihm Weltruhm brachten. Aus der Geschichte der Mathematik und der theoretischen Physik sind uns Beispiele bekannt, wo junge Wissenschaftler in kurzer Zeit erstaunliche Ergebnisse erzielten. Doch bei anderen Naturwissenschaften, die einen gewaltigen Arbeitsumfang zur Sammlung und Beschreibung von Faktenmaterial erfordern, muß fast immer ein langer Weg zurückgelegt werden, um eine neue Methode zu entwickeln oder eine neue Konzeption zu erarbeiten. Kovalevskij bietet das seltene Beispiel eines Naturforschers, der ohne spezielle Ausbildung einen neuen Wissenschaftszweig — die evolutionäre Paläontologie — in insgesamt nur vier bis fünf Jahren geschaffen hat. Während der ersten zwei Jahre beschäftigte sich Kovalevskij intensiv mit der Vervollkommnung seiner Ausbildung. Er widmete dem Studium der Stratigraphie der Jura- und Kreideablagerungen im Süden Frankreichs, in England, Italien und anderen Gebieten Westeuropas im Gelände viel Zeit. Nicht weniger eifrig arbeitete er an der Paläontologie; er hörte Vorlesungen an verschiedenen Universitäten

Deutschlands, Österreichs und Frankreichs. Dort lernte er K. v. Zittel, E. Suess, F. Sanderberg und andere hervorragende Geologen persönlich kennen. Recht schnell erkannte Kovalevskij, daß er ohne Kenntnisse in Zoologie und vergleichender Anatomie keine Fortschritte erzielen würde. Deshalb besuchte er die Vorlesungen des berühmten Anatomen K. Hegenbauer, unter dessen Leitung er über die vergleichende Anatomie der Beuteltiere zu arbeiten begann.

Der engere, zum Teil freundschaftliche Kontakt überzeugte die Wissenschaftler, daß Kovalevskij ein hervorragender Fachkollege war. So äußerte sich z. B. T. Huxley mit Begeisterung über die neue, von Kovalevskij unterbreitete Methode der adaptiven und inadaptiven Evolution und wandte sie sogar selbst an. Es darf angenommen werden, daß Huxley Darwin auf die Arbeiten Kovalevskijs aufmerksam machte. Es gibt Beweise dafür, daß letzterer mindestens einmal in Down bei Darwin zu Gast war. Seine Monographie über das *Anchitherium* widmete Kovalevskij z. B. diesem großen Naturforscher.

Mit der systematischen Erforschung der tertiären Säugetiere begann Kovalevskij im April 1871 in Paris. In den Sammlungen von E. Lartet sah er zum ersten Mal ein Skelett von *Anchitherium.* Zur Bestätigung seiner Idee, daß das *Anchitherium* eine der Vorformen der Equiden sei, begann er zielstrebig das Museumsmaterial in Paris (wo von G. Cuvier bearbeitete Stücke aufbewahrt wurden), später dann in anderen Städten (London, Berlin, Jena, Wien, München, Zürich, Lyon, Puy und Bonn) zu untersuchen. Die Ergebnisse dieser gewaltigen Arbeit, die während des Jahres 1872 und in der ersten Hälfte des Jahres 1873 durchgeführt wurde, waren geradezu frappierend. Er schrieb alle seine bekannten Arbeiten in diesem Zeitabschnitt.

Die Erfolge Kovalevskijs waren so groß, daß er bereits am 11. März 1872, d. h. drei Jahre nach Beginn seiner Beschäftigung mit der Geologie, das Examen bestand und den Grad eines Doktors der Philosophie an der Jenaer Universität erlangte. Bei den Prüfungen war E. Haeckel anwesend.

Kovalevskij sandte seine erste Monographie über das *Anchitherium* nach Rußland, wo sie 1873 in den Memoiren der Petersburger Akademie der Wissenschaften gedruckt erschien [1]. Nicht zuletzt die Anerkennung seiner wissenschaftlichen Verdienste im Ausland weckten in ihm den Wunsch, um eine Professur in der Heimat nachzusuchen. Dazu mußte er das Magisterexamen ablegen, um dann den Magister- und den Doktortitel in Rußland zu erhalten. Kovalevskij reiste im Februar 1873 nach Odessa, doch der dortige Professor für Geologie, I. F. Sincov, ließ ihn durch das Examen fallen. Das war ein schwerer Schlag für den ungerecht behandelten, begabten Forscher durch einen Gelehrten, der dem Fachkollegen die wissenschaftlichen Erfolge mißgönnte.

Den Winter 1873/1874 verlebten die Kovalevskijs in Berlin; hier beschäftigte er sich mit der Vorbereitung seiner Arbeiten zum Druck. Im August 1874 kehrte er mit seiner Frau nach Rußland zurück, sie ließen sich in Petersburg nieder. In diesem letzten Abschnitt seines Lebens hat sich Kovalevskij leider nicht mehr mit wissenschaftlichen Forschungen beschäftigt. Zwar legte er bald nach seiner Ankunft in Petersburg die Magisterexamen ab, verteidigte im März 1874 die Dissertation über das *Anchitherium* und erhielt den Titel eines Magisters der Geognosie und Mineralogie, doch auf irgendeine Anstellung hatte er keine Aussicht. Im Jahre 1878 wurde er zum (unbezahlten) Oberstaatskonservator des Zootomischen Kabinetts der Petersburger Universität ernannt.

Im Januar 1881 bestätigt der Rat der Moskauer Universität Kovalevskij als Dozenten am Lehrstuhl für Geologie. Hier schienen sich ihm großartige Möglichkeiten wissenschaftlicher Tätigkeit zu eröffnen. Leider brachten seine Versuche, die paläontologischen Forschungen fortzusetzen, keine entsprechenden Ergebnisse. Seine Vorlesungen hatten nicht den erwünschten Erfolg. Außerdem verließ ihn Sofia Vasil'evna und ging nach Berlin. Alles das untergrub die physischen und moralischen Kräfte Kovalevskijs, und in der Nacht vom 27. zum 28. April 1883 setzte er seinem Leben selbst ein Ende.

In der Periode seiner intensiven wissenschaftlichen Tätigkeit (1869—1874) war Kovalevskij häufig im Gelände anzutreffen. In England folgte er Exkursionsrouten von Mitgliedern des Britischen Geologischen Dienstes. Er betonte, daß er besonders viel Nützliches sah, als er eine Exkursion auf die Insel Wight unternahm, um dort den bekannten Aufschluß vom Wealden bis zum Eozän zu besichtigen. Es fällt schwer, alle die Orte aufzuzählen, an denen Kovalevskij zu Feldbeobachtungen weilte. So sind zu nennen das Anglo-Pariser und das Aquitanische Becken, die Alpen, die Pyrenäen, Bayern und viele andere. Offensichtlich besaß Kovalevskij die Voraussetzungen zu einem echten Geologen, da er mit Geduld und Erfolg Fossilien suchte und bestimmte, unermüdlich die stratigraphischen Beziehungen der Gesteine untersuchte, ein gut entwickeltes räumliches Vorstellungsvermögen besaß und überzeugende Profile für Gebiete mit kompliziertem geologischem Bau konstruierte. Man ist geneigt zu sagen, er besaß ein „photographisches" Gedächtnis, da er die damalige geologische und paläontologische Literatur vorzüglich kannte. Sein Sinn für synthetische Fragen ließ ihn immer um die Formulierung allgemeiner Probleme bestrebt sein. Er verurteilte solche Wissenschaftler, die sich auf die formale Beschreibung von Gesteinen und Fossilien beschränkten, und die die Geologie in einen Katalog von fossilen Tier- und Pflanzenarten verwandelten. Ihn interessierten insbesondere die geochronologische Korrelation der Gesteine, ihr fazieller Charakter sowie die Paläogeographie und die eng damit verknüpfte Paläoklimatologie. Kovalevskij konzentrierte sich auf das Studium der kontinentalen Ablagerungen von Jura und Kreide [6, 8]. Diese Thematik lehnte eng an seine Arbeiten über die Paläontologie der tertiären Wirbeltiere an. In der Tat hat die Korrelation der Sedimente engste Verbindung zu den Schichtenfolgen und damit zur geologischen Aufeinanderfolge der organischen Formen. Die kontinentalen Ablagerungen der Kreidezeit sind die Denkmäler der Epoche, in der die Entwicklung der zahlreichen Säugetierarten vor sich ging, die scheinbar plötzlich in den ältesten Tertiärablagerungen auftauchen.

Das beschreibende Material in den Monographien Kovalevskijs [6, 8] ist heute vielfach nur noch von historischem Interesse. Doch sein methodologisches Herangehen hat seine Bedeutung bis in unsere Zeit nicht verloren. Er schätzte die biostratigraphische Methode richtig ein, die von Oppel, den er als begabten Vertreter der neuen Richtung in der Geologie bezeichnete, theoretisch begründet wurde. Er empfahl den russischen Wissenschaftlern dringend, tiefer in die Methode der zonalen Gliederung einzudringen, die durch Oppel so überzeugend ausgearbeitet worden war. Kovalevskij vertrat die Ansicht, daß diese Methode unbedingt auch in Rußland angewendet werden müsse. Seine Einschätzung bestätigte sich, als in den achtziger Jahren des vorigen Jahrhunderts S. N. Nikitin, A. P. Pavlov, A. P. Karpinskij und andere damit begannen, die biostratigraphische Methode zielstrebig zu entwickeln.

Bei der Analyse der stratigraphischen Bedeutung verschiedener fossiler Organismengruppen verglich Kovalevskij die zonale Gliederung mit Hilfe schnell evolutionierender Formen (z. B. der Ammoniten) bildlich mit dem Minutenzeiger der Uhr, die sich langsam verändernden Formen (Brachiopoden) mit dem Stundenzeiger.

Die von Kovalevskij durchgeführte Korrelation der Gesteine des Tithongürtels Südeuropas mit analogen Sedimenten Zentral- und Westeuropas genügt in methodischer Hinsicht noch vielfach heutigen Ansprüchen. Seine Folgerung über das Vorhandensein von zwei Horizonten in den Süßwassersedimenten der Kreide Südfrankreichs wurde später als richtig bestätigt. Als zutreffend erwies sich ferner, daß er die Süßwasser-Kreide der Pyrenäen zur Oberkreide rechnete.

Die Ansicht Kovalevskijs, daß es beim Auftreten durchgängiger Sedimentserien schwer sein kann, die Grenze zwischen den geologischen Formationen zu ziehen, behält auf Grund der kontinuierlichen Reihe der sich entwickelnden Organismen ihren praktischen Wert. Daraus leitet sich nach seiner Ansicht die eindeutige Bedingtheit bei der Grenzziehung zwischen stratigraphischen Einheiten ab.

In der Frage der Methoden der geochronologischen Untergliederung der Gesteine folgte KOVALEVSKIJ der Schule OPPELS. Zum Problem der faziellen und paläogeographischen Charakteristik der mesozoischen Ablagerungen Europas äußerte er eigenständige Gedanken und traf etliche fundamentale Verallgemeinerungen, die in den Arbeiten der nachfolgenden Geologengenerationen fortgesetzt wurden.

KOVALEVSKIJ betont, daß in der Geologie die These, nach der überall gleichzeitig die gleichen Sedimente abgelagert wurden, die auch dieselben Organismen enthalten, keine Gültigkeit mehr besitzt. Er wies immer wieder auf die Notwendigkeit hin, die fazielle Zusammensetzung der Ablagerungen zu untersuchen und bezog sich dabei auf die Arbeiten von A. GRESSLY, E. FORBES und A. OPPEL. In jener Epoche betonte man bei der faziellen Charakteristik vor allem den bathymetrischen Faktor. SUESS z. B. bestätigte in seinen Beschreibungen der fossilen Brachiopoden, daß letztere ausschließlich Tiefwasserbewohner waren, während die Zweischaler und Gastropoden in geringen Tiefen lebten. Die Ansicht von SUESS wurde von vielen Geologen, auch von den russischen, vorbehaltlos übernommen. KOVALEVSKIJ kritisierte diese vereinfachte Betrachtungsweise und forderte erstens die Folgerung von SUESS durch Beobachtung an rezenten Formen zu belegen und zweitens, daß sich die Wissenschaftler nicht auf nur einen bathymetrischen Faktor einengen. Er betonte, daß die Eigenschaften des Meeresbodens, ferner die Richtung und Geschwindigkeit von Strömungen eine große Rolle bei der Verbreitung der Organismen spielen. Er untermauerte seine Vorstellungen durch Beobachtungen der Ökologie heute lebender Formen. So beschrieb er sorgfältig, wie rezente Cephalopoden schwimmen und ihre Beute fassen. Seinen Beschreibungen wurde von Seiten der Zoologen zugestimmt. Er wies darauf hin, daß die These von SUESS über die Lebensweise der Brachiopoden im tiefen Wasser durch die Zoologen nicht bestätigt wurde. Darin zeigt sich das aktualistische Herangehen KOVALEVSKIJS, der hier CH. LYELL folgte.

Den Höhepunkt seiner geologischen Arbeiten bilden die paläogeographischen Gliederungen. Er unterschied im Jura (oberer Jura) drei paläozoologische Provinzen — die mitteleuropäische, die mittelmeerische und die russische [6] und trug auf einer Karte ihre vermutlichen Umrisse ein. Obgleich diese Karte als Ganzes nur historisches Interesse besitzt, wurden einige ihrer Strukturen in der Folgezeit doch übernommen. Die Vorstellung einer breiten Verbindung des russischen Meeres mit dem borealen Becken erwies sich als richtig. Ausgehend von den Darstellungen KOVALEVSKIJS konnte man ausgedehnte Klimazonen nachweisen: eine mittelmeerische, die sich im Gebiet des heutigen Alpengürtels erstreckte, eine mitteleuropäische und eine boreale Zone. Jede dieser Zonen ist durch ihren Komplex fossiler Cephalopoden, Zweischaler, Brachiopoden und andere Vertreter der marinen Fauna dieser Periode charakterisiert. KOVALEVSKIJ verwies auf Angaben über Funde von *Aucella nosquensis*, einen typischen Zweischaler aus dem Jura der Moskauer Umgebung, in gleichaltrigen Ablagerungen Grönlands, womit ein Austausch der Fauna durch das polare Becken jener Epoche bestätigt wurde.

Ohne auf weitere paläogeographische Verallgemeinerungen KOVALEVSKIJS einzugehen, unter denen sich interessante Überlegungen über Schwankungen der Küstenlinien des Meeres im oberen Jura und in der Unterkreide, über die Verteilung von Inseln in diesen Becken usw. finden, sei hier nur an seine Vorstellungen von einer ausgedehnten Transgression im Cenoman erinnert. KOWALEVSKIJ schrieb „... der Eintritt der Epoche des oberen Cenoman wird durch eine außerordentlich weitgreifende Ausdehnung der Kreidemeere charakterisiert, die offensichtlich infolge einer allgemeinen Senkung des europäischen Festlands über ihre ehemaligen Grenzen traten und einen bedeutenden Teil des Gebiets von Zentraleuropa überfluteten, der bis dahin Festland gewesen war“ [13, Bd. I, S. 236]. Analoge Äußerungen kann man bei SUESS finden.

Die Arbeiten über tertiäre Säugetiere sind der wichtigste wissenschaftliche Nachlaß KOVALEVSKIJS, und sie verschafften ihm weithin Anerkennung [1—5 und weitere].

Seine Forschungen beruhen auf detaillierten Untersuchungen an Skelettelementen ausgestorbener Vertreter der Paarhufer und Unpaarhufer aus dem Paläogen und Neogen Europas. Ohne auf Details zur Anatomie der Skelette, die von Kovalevskij untersucht wurden, einzugehen — das ist lediglich für einen engen Kreis von Spezialisten von Interesse — sei hier von der methodischen Bedeutung seiner Studien gesprochen.

Als Kovalevskij seine Arbeiten schrieb (1872—1873), herrschte in der Paläontologie der Wirbeltiere eine formale Richtung vor, die auf die bis ins Detail gehende Beschreibung einzelner Knochen und letztlich auf die Bestimmung neuer Arten hinauslief. Wie Kovalevskij bewies, war man bestrebt, die Bezeichnungen von Fossilien zu vermehren, ohne zu einem erweiterten Wissen in der Paläontologie zu gelangen. Die Monographie Cuviers über die Huftiere galt als Musterbeispiel und war der Standard sowohl in bezug auf die Untersuchungsmethodik als auch der Klassifizierungsprinzipien. Daneben diente die vergleichende anatomische Methode, die ebenso von Cuvier erarbeitet worden war, lediglich zur Erklärung des morphologischen Baus der Fossilien, ohne eine Antwort auf die Frage ihrer genetischen Beziehungen, der Entwicklungsgeschichte usw. zu geben. Das ist nicht verwunderlich, wenn man bedenkt, daß Cuvier ein Anhänger von der Unveränderlichkeit der Arten und konsequenter Gegner ihrer Transmutation war.

Darwins Theorie von der natürlichen Auslese brachte erneut das Problem der Klassifizierung in die Diskussion, die von nun an auf den Verwandtschaftsbeziehungen zwischen den verschiedenen Organismen aufgebaut werden mußte. Darwin selbst betonte mehrfach, daß die Paläontologie die Sachbeweise für die Evolution erbringen müsse, da in den Schichten der Erde vergangene Formen, die in ihrem Bau Übergänge aufweisen, gefunden werden würden. Diese Voraussage Darwins demonstrierte erstmals Kovalevskij mit seinen Untersuchungen. Ihm gelang dies, weil er die vergleichende anatomische Methode Cuviers durch die historische Methode Darwins ergänzte. Obgleich einige seiner Folgerungen und Klassifizierungen sich nicht bewahrheiteten, erwies sich seine Forschungsmethode dennoch als so fruchtbar, daß nach einer Äußerung Abels in den Aufsätzen Kovalevskijs „die wissenschaftliche Paläozoologie geboren wurde". L. Dollo bezeichnete die Arbeiten Kovalevskijs als „ein Traktat über die Methode in der Paläontologie".

Für Kovalevskij ist jeder, auch der kleinste gefundene Knochen Teil eines lebenden Organismus, der in Zusammenhang mit den Funktionen des gegebenen morphologischen Elements zu betrachten ist. Die Faktoren, die nach Ansicht Kovalevskijs Veränderungen an der äußeren Gestalt der Knochen hervorgerufen haben, waren eng mit Veränderungen im Lebensmilieu der Organismen verknüpft. Er verfolgte detailliert und an sehr zahlreichen Einzelstücken die Entwicklung der Extremitäten, Zähne und Schädel innerhalb der damals bekannten Gruppe der Huftiere. Das so gewonnene reiche Faktenmaterial war für Kovalevskij die Basis, auf der er die Prinzipien der Evolution der Huftiere formulierte. Verweilen wir bei einigen von ihnen. Sein Prinzip der Reduktion der Extremitätenknochen der Huftiere durch Verringerung ihrer Anzahl, und damit die Vereinfachung ihres Baus beruhte auf einer physiologischen und mechanischen Erklärung. Je weniger Knochen, um so weniger Kraftaufwand für den Organismus infolge Verkürzung der Muskeln, Nerven und Gefäße. Die Reduktion der Knochen bedeutete zugleich eine Erhöhung der mechanischen Festigkeit, die auf der besseren Verteilung der Schwerkraft auf nur einen einzigen Knochen beruhte. Solche Extremitäten erbrachten beim schnellen Lauf Vorteile.

Parallel verlief eine Veränderung des Zahnapparats dahingehend, daß hohe Zähne (hypsodont) mit ständigem Wachstum erworben wurden. Kovalevskij unterschied bei den Paarhufern zwei Zahntypen: die selenodonten und die bunodonten, die ein Beispiel paralleler Entwicklung geben.

Besonders interessiert verfolgte Kovalevskij die Evolution des Equidenskeletts.

Er stellte zum erstenmal eine genealogische Reihe auf und zeigte, daß in alten Schichten Übergangsformen erhalten geblieben sind.

Die Besonderheiten der Evolution der Paarhufer erklärte Kovalevskij mit ihrer Anpassung an das Leben in offenen Steppengebieten mit Grasbedeckung. Bei einer solchen Lebensweise ist die Fähigkeit zu raschem Lauf — wohl als Flucht vor Raubtieren — sehr nützlich. Der Bau der Zähne entsprach ebenfalls den Anforderungen der harten Grasnahrung, die eine Abnutzung der Zähne hervorrief, so daß sie ständig nachwachsen mußten. Erwähnenswert ist, daß die paläobotanischen Forschungen die Vorstellungen Kovalevskijs bestätigten. Man erkannte, daß seit dem Miozän die Grasvegetation sich weit ausbreitete und annähernd seit dieser Zeit eine reiche Entfaltung der Paarhufer (Wiederkäuer) einsetzte.

Das von Kovalevskij aufgestellte Prinzip der Evolution betrifft die adaptive und die inadaptive Entwicklung. Am Beispiel der Huftiere wies er nach, daß die Reduktion der Extremitätenknochen auf verschiedenen Wegen vor sich gehen konnte. So verloren einige Vertreter die seitlichen Zehen ohne eine bessere Anpassung an die veränderten mechanischen Bedingungen der Bewegung und der Stütze des Körpers als eine Verdickung der verbleibenden Zehen zu erlangen. Das ist die inadaptive Entwicklung. Bei anderen Huftieren hingegen wuchsen die mittleren Zehen in Dicke und Breite, wodurch der Knochen in allen Teilen einen besseren Halt erhielt. Die seitlichen Zehen wurden dabei an den Rand verdrängt. Dies ist die adaptive Entwicklung.

Kovalevskij verwies darauf, daß nicht wenige Huftiere (z. B. *Xiphodon*, *Anaplotherium*) deshalb ausstarben, weil sie sich nach dem Prinzip der inadaptiven Anpassung entwickelt hatten. Jene Formen mit adaptiven Veränderungen erwiesen sich als besser angepaßt, und sie nehmen bis in die Gegenwart eine vorherrschende Stellung ein. So erklärte Kovalevskij erstmals das Aussterben von Organismen in vergangenen geologischen Epochen einerseits und das Überleben der am besten an veränderte Umweltbedingungen angepaßten Formen andererseits.

Es sei noch an den Gedanken Kovalevskijs erinnert, daß die Entwicklung der Huftiere nicht in einer Linie verlief, sondern strahlenförmig auseinanderging (sogenannte Irradiation). Er zeigte, daß im Organismus verschiedene Möglichkeiten liegen, die in Abhängigkeit von den Einflüssen des umgebenden Milieus unterschiedlich zur Wirkung kommen.

Auf die in den paläontologischen Werken Kovalevskijs dargelegten Fragen sei hier nicht eingegangen, da sich ein Teil von ihnen (Klassifizierung und phylogenetische Zweige) als unexakt erwies, während andere (Tempi der Evolution, morphologische und funktionelle Analyse des Skeletts der Huftiere usw.) sehr spezielle Interessen voraussetzen. Seine Arbeiten sind mit theoretischen Überlegungen und empirischen Verallgemeinerungen buchstäblich gesättigt. Das ist der charakteristische Zug seines wissenschaftlichen Schaffens. Ihn interessierten die allgemeinen Probleme der Entwicklung der organischen Welt und er versuchte sie zu lösen, indem er die Kategorien des Darwinismus anwendete. In der Widmung seiner Monographie über *Anthracotherium* [5] an Darwin schrieb Kovalevskij: „Die weitere Entwicklung und Vereinbarung der von Ihnen dargelegten Grundprinzipien, ihre faktische Begründung durch Vermittlung klarer, eindeutiger Beispiele müssen unvermeidlich die Richtung der paläontologischen Wissenschaft auf neue Wege führen, und ich blicke mit Zuversicht in die nahe Zukunft, da die Entstehung aller Geschöpfe ebenso klar und einfach wiedergegeben werden kann, wie die Entstehung der Gruppe, mit der ich mich hier beschäftigt habe.“

Bibliographie

Ausgewählte Arbeiten

[1] Sur l'*Anchitherium aurelianense* Cuv. et sur l'histoire paléontologique des chevaux. — Mém. Acad. sci. Pétersbourg (VII) **XX** (1873) 5, S. 1—73.
[2] Osteologija *Anchitherium aurelianense* Cuv. kak formy, vyjasnjajuščej genealogiju tipa lošadi (*Equus*). Rassuždenija dlja polučenija stepeni magistra po geologii i paleontologii. — Kiev: 1873.
[3] On the osteology of the Hyopotamidae. — Proc. roy. soc., London **XXI** (1873), S. 147—165.
[4] On the osteology of the Hyopotamidae. — Phil. trans. roy soc., London **CLXIII** (1873), S. 19—94.
[5] Monographie der Gattung *Anthracotherium* Cuv. und Versuch einer natürlichen Classification der fossilen Hufthiere. — Palaeontographica, Stuttgart. 3. Lief. (September 1873), S. 131—210; 4. Lief. (Januar 1874), S. 211—290; 5. Lief. (März 1874), S. 291—346.
[6] Neskol'ko slov o granicach meždu jurskoj i melovoj formacijami i o roli kotoroju mogut igrat' jurskie otloženija Rossii v rešenii etogo voprosa. — Izv. obšč. ljubitelej estestvozn., antropol. i etnograf., **XXIV** (1874), S. 41—75.
[7] Osteologija dvuch iskopaemych vidov iz gruppy kopytnych. — Izv. obšč. ljubitelej estestvozn., antropol. i ethnograf., **XXV** (1875), S. 1—59.
[8] O presnovodnych otloženijach melovogo perioda. — Zap. Peterb. mineral. obšč., ser. 2, Teil 10 (1875), S. 32—132 (na titule — 1876).
[9] Osteologie des Genus *Entelodon* Aym. — Palaeontographica, Stuttgart **XXIII** (1876), S. 415—450.
[10] Osteologie des Genus *Gelocus* Aym. — Palaeontographica, Stuttgart **XXIV** (1877), S. 145 bis 162.
[11] [E. D. Cope]: Kowalevsky on *Elasmotherium*. — Amer. natural., **XVII** (1883), S. 72.

Neuauflagen

[12] Paleontologija lošadej. — Moskva: izd. Akad. nauk SSSR 1948. 252 S. (ser. „Klassiki nauki").
[13] Sobranie naučnych trudov. — Moskva: izd. Akad. nauk SSSR. Bd. I, 1950, 478 S.; Bd. II, 1956, 300 S.; Bd. III, 1960, 350 S.

Literatur über V. O. Kovalevskij

[14] Borisjak, A. A.: V. O. Kovalevskij, ego žizn' i naučnye trudy. — Leningrad: izd. Akad. nauk SSSR 1928. 134 S. (Trudy Komissii po istorija znanij, Bd. 5).
[15] Davitašvili, L. S.: V. O. Kovalevskij, 2. Aufl. — Moskva: izd. Akad. nauk SSSR 1951. 578 S.

Manuskripteingang: 22. März 1977

Übersetzung aus dem Russischen von Dipl.-Min. A. Krüger, Berlin

Anschrift der Autorin:

Dr. A. I. Ravikovič, Akademie der Wissenschaften der UdSSR, Geologisches Institut
UdSSR - 109017 Moskau 17, Pyshevskij per. 7

Schriftenr. geol. Wiss. · Berlin 14 (1979) · S. 53–61

ALEKSANDR PETROVIČ KARPINSKIJ (1846–1936)

Von IRINA VASIL'EVNA BATJUŠKOVA, Moskau

Mit einer Abbildung

ALEKSANDR PETROVIČ KARPINSKIJ war ein Wissenschaftler mit breitem Profil und als Persönlichkeit des öffentlichen Lebens der erste gewählte Präsident der Akademie der Wissenschaften. Ihm verdanken wir klassische Arbeiten zur Tektonik, Paläogeographie, Stratigraphie, Regionalen Geologie, Paläontologie sowie zur Geologie der Erzlagerstätten. Die Arbeiten KARPINSKIJS auf jedem dieser Gebiete waren von großem Einfluß auf die geologischen Wissenschaften.

КАРПИНСКИЙ АЛЕКСАНДР ПЕТРОВИЧ, — русский и советский геолог, ученый широкого профиля, общественный деятель, первый выборный президент Академии наук. А. П. КАРПИНСКОМУ принадлежат классические труды в области тектоники, палеогеографии, стратиграфии, региональной геологии, палеонтологии и геологии рудных месторождений. Работы А. П. КАРПИНСКОГО каждой из этих областей оказали большое влияние на развитие геологической науки.

ALEKSANDR PETROVICH KARPINSKY is a Russian-Soviet geologist, a scientist with a wide horizon, who as a personality of public life became the first elected President of the Academy of Sciences. To him we are indebted classical studies in the fields of tectonics, palaeogeography, stratigraphy, regional geology, palaeontology, and geology of ore deposits. KARPINSKY's studies in each of these fields exerted a great influence on the geological sciences.

ALEKSANDR PETROVIČ KARPINSKIJ wurde am 7. Januar 1847 in der Siedlung des Bogoslowsker Werks im Ural (heute Karpinsk) in der Familie eines Bergingenieurs geboren, deren Vorfahren als Bergleute bereits Ende des 18. Jahrhunderts im Ural lebten. Zwischen 1823 und 1873 wurden elf Angehörige dieser Familie Bergingenieure. Im Jahre 1858, nach dem Tode des Vaters, schickte die Mutter ihre drei Söhne (Alexandr war der jüngste) zusammen mit anderen Kindern von Ural-Bergleuten nach dem damaligen St. Petersburg in das Institut des Bergingenieurkorps (1866 umbenannt in Bergbauinstitut). Seine Lehrer, die in vielem seine künftige Tätigkeit bestimmten, waren neben anderen Professoren der Paläontologie V. G. EROFEEV sowie der Mineraloge und Kristallograph P. V. EREMEEV. KARPINSKIJ war ein vorbildlicher Schüler; er beendete 1866 das Institut mit einer Goldmedaille und erhielt das Diplom eines Bergingenieurs. Danach arbeitete er zwei Jahre im heimatlichen Ural und kehrte anschließend nach St. Petersberg zurück, um eine Lehrtätigkeit am Bergbauinstitut aufzunehmen, die er fast 30 Jahre lang inne hatte. Nach Verteidigung seiner Dissertation „Über Augitgesteine des Dorfs Muldakaeva und des Kačkanar-Gebirges (im Ural)" wurde er 1869 als Adjunkt bestätigt. 1877 hielt er als Professor des Bergbauinstituts am Lehrstuhl für Geologie, Geographie und Erzlagerstätten für das 4. Studienjahr Vorlesungen über Historische Geologie, Petrographie und Erzlagerstätten. Seine umfassenden, man kann sagen enzyklopädischen Kenntnisse über jeden Gegenstand schrieb er in Form „kollegialer Gespräche" nieder, indem er die Vorgeschichte des Problems, den gegenwärtigen Wissensstand, den Meinungsstreit und die Richtung, in der seiner Ansicht nach weiter gearbeitet werden mußte, darlegte. Die Vorlesungen KARPINSKIJS wurden von den Studenten gern besucht, sie orientierten sie auf die zukünftige praktische Arbeit in der Geologie. KARPINSKIJ zeichnete sich durch große Bescheidenheit aus — viele der von ihm zu den Vorlesungen mitgebrachten Materialien, Karten, Schemata und anderes waren Ergebnisse seiner persönlichen Arbeit, jedoch betonte er dies niemals.

Im Jahre 1882 wurde in Rußland das Geologische Komitee gegründet, das bald zur zentralen geologischen Einrichtung wurde. Hauptaufgabe des Komitees war die Erarbeitung einer geologischen Karte des Landes.

Seit 1882 war Karpinskij Hauptgeologe, von 1885—1903 Direktor dieses Komitees und ab 1903 Direktor Ehrenhalber. Zu dieser Zeit war Karpinskij bereits ein bekannter Gelehrter. Im Jahre 1886 wurde er einstimmig zum Adjunkten der Petersburger Akademie der Wissenschaften gewählt und im selben Jahr zum Akademiemitglied. Im

Jahre 1916 wurde er Vizepräsident und von 1917 bis zum Ende seines Lebens war er Ständiger Präsident der Akademie der Wissenschaften der UdSSR. Seit 1881 nahm Karpinskij an den Internationalen Geologischen Kongressen teil. So wurde ihm im Jahre 1881 auf der zweiten Tagung in Bologna für eine Arbeit über die Vereinheitlichung geologischer Bezeichnungen ein Preis verliehen. Karpinskij wurde zum Vizepräsidenten des VI. Internationalen Geologischen Kongresses in Zürich 1894 gewählt. Hier wurde der Beschluß zur Durchführung des ordentlichen VII. Kongresses 1897 in Rußland gefaßt. Karpinskij war Präsident dieses Kongresses, er stellte einen Exkursionsführer für die geologischen Exkursionen durch den Ural zusammen, deren Leiter er selbst war.

Während vieler Jahre (ab 1899) war Karpinskij Präsident der Russischen Mineralogischen Gesellschaft, Vorsitzender der Abteilung Mineralogie und Geologie der Forscher-Gesellschaft bei der Petersburger Universität, Mitglied verschiedener Kommissionen und Teilnehmer an Konferenzen, die von der Akademie der Wissenschaften zu Beginn der sowjetischen Ära zur Untersuchung der Produktivkräfte des Landes organisiert wurden.

KARPINSKIJ wurde ferner in zahlreiche wissenschaftliche Institutionen anderer Länder gewählt: er war Ehrenmitglied der Belgischen Gesellschaft für Geologie und Paläontologie (1897), Ehrenmitglied der Schweizerischen Gesellschaft für Naturwissenschaften (1897), Mitglied der Belgischen Akademie der Wissenschaften (1892), Mitglied der Londoner Geologischen Gesellschaft (1902) und anderer wissenschaftlicher Vereinigungen.

KARPINSKIJ war ein charmanter, verständnisvoller Mensch, der trotz seiner außerordentlichen Inanspruchnahme niemals jemandem Rat und wissenschaftliche Hilfe versagte und sich bei seinen Zeitgenossen großer Autorität erfreute. Er war ein sehr guter Familienvater, der seine vier Kinder sehr liebte. Nach Aussagen seiner Tochter E. A. KARPINSKAJA störten ihn die Spiele der Kinder nie bei der Arbeit. Zu Hause arbeitete er gewöhnlich stehend, legte Karten und Zeichnungen auf dem Flügel aus, und die Kinder (später auch die Enkel) spielten rings um ihn, doch ihr Lachen und der Lärm lenkten ihn keineswegs von der Arbeit ab. KARPINSKIJ war ein Kenner und Liebhaber der Musik. Er sang selbst gut, in seinem Hause wurden Musikabende veranstaltet, bei denen die Komponisten A. K. GLASUNOV, M. P. MUSSORGSKIJ und andere Künstler anwesend waren.

Die wissenschaftliche Tätigkeit KARPINSKIJS war äußerst vielseitig. Zu Beginn seiner Forschungen beschäftigte er sich vorwiegend mit Petrographie, später überwog in seinen Arbeiten die geologisch-paläontologische Richtung.

In seiner Dissertation wandte er als einer der ersten die mikroskopische Methode zur Untersuchung von Grünsteinen an, die im Ural in der Nähe des Dorfs Muldakaewa gefunden und von ihm als „Muldakait" bezeichnet wurden, desgleichen bei der Bearbeitung von Pyroxenit aus dem Mittelural. Weiter widmete KARPINSKIJ den metamorphen Gesteinen des Urals große Aufmerksamkeit. Bei der Untersuchung des metamorphen Gesteins „Beresit" aus dem Ural mittels chemischer Analyse und unter dem Mikroskop gelang es ihm, dessen Ähnlichkeit mit Greisen festzustellen, und das Gestein „Listvenit" im Südural erwies sich als Umwandlungsprodukt von Kalkstein. Eine Beschreibung der Pegmatite und Alkaligesteine des Urals und ihre Systematik wurde von KARPINSKIJ im Exkursionsführer durch den Ural für den VII. Internationalen Geologischen Kongreß (1897) gegeben.

KARPINSKIJ studierte eingehend die Nephelinsyenite des Ilmengebirges, die aus Orthoklas, Nephelin und farbigen Mineralen bestehen (Miaskite); er untersuchte das an Syenite gebundene seltene Ural-Gestein Kyschtmit, das aus Plagioklas und Korund zusammengesetzt ist. Er beschrieb daneben Uralit- und Aktinolithgesteine, Effusiva, Tuffe und Serpentinite des Südurals sowie Gesteine aus anderen Gebieten so z. B. Brekzien diabasischer Zusammensetzung aus dem Olonecker Kreis (1882), kristalline Schiefer des Kaninsker Gebirges (1892), einen Diorit vom Jenissei, Basalte und Porphyre des Fernen Ostens (1897).

Das Studium der Gesteine führte KARPINSKIJ zu einigen theoretischen Schlußfolgerungen. Schon seit langem versuchte die Wissenschaft die Gesetze zu erkennen, nach denen sich die Minerale zu den verschiedensten Assoziationen vereinen, die die Gesteine bilden. Es wurden mehrere Theorien entwickelt, die nicht selten durch neue Untersuchungsergebnisse widerlegt wurden. KARPINSKIJ unterwarf diese „Gesetze" seiner Kritik, betonte aber, daß sie das Material für weitere richtigere Schlußfolgerungen liefern. Er publizierte auf der Basis der von ihm untersuchten Mineralparagenesen in Gesteinen die „Gesetze des gemeinsamen Auftretens von Feldspäten" (1874). Er betonte z. B., daß Plagioklase, die sich in ihrem Anorthitgehalt unterscheiden, nicht in ein und derselben magmatischen Gesteinsart auftreten können.

KARPINSKIJ interessierte sich daneben für petrographische Probleme (1885) und führte einige neue Untersuchungsverfahren ein. Er beschäftigte sich mit dem Phänomen flüssiger und gasförmiger Einschlüsse in Mineralen und Gesteinen.

Gegen Ende des 19. Jahrhunderts prägte sich bei den Petrographen ein besonderes Interesse am Chemismus der magmatischen Gesteine heraus, das sich in der chemischen Klassifikation dieser Gesteine widerspiegelte. Einige Wissenschaftler bemühten sich, über die chemische Zusammensetzung der magmatischen Gesteine die Hauptmerkmale des Magmas zu bestimmen und entwickelten künstliche Einteilungen. Karpinskij unterbreitete in seinen Vorlesungen eine Gesteinsklassifikation nach der mineralischen Zusammensetzung und der Struktur. Ein Vortrag über die Prinzipien zur Klassifizierung von Gesteinen wurde von Karpinskij auf dem VIII. Internationalen Geologischen Kongreß in Paris (1900) gehalten.

Ungeachtet der Bedeutung seiner petrographischen Untersuchungen muß betont werden, daß die wissenschaftlich hervorragendsten Arbeiten Karpinskijs Paläogeogaphie, Tektonik und Paläontologie betreffen.

Die diesbezüglich erste Arbeit „Bemerkungen über die sedimentären Bildungen im Europäischen Rußland" erschien im Jahre 1880, die zweite „Abriß der physiko-geographischen Bedingungen des Europäischen Rußlands in den vergangenen geologischen Perioden" (1887) war die Wiedergabe der Ansprache, die er im Dezember 1886 aus Anlaß seiner Wahl zum ordentlichen Akademiemitglied gehalten hatte; die dritte Studie „Der allgemeine Charakter der Bewegungen der Erdkruste innerhalb des Europäischen Rußlands" wurde schließlich 1894 publiziert. Diese, ihrem Umfang nach kleinen Arbeiten stellten Verallgemeinerungen des umfangreichen, zu jener Zeit zur Geologie Rußlands gesammelten Materials dar. In der ersten genannten Arbeit wurde der Versuch unternommen, auf der Grundlage einer faziellen Analyse von Proben, graphisch die Umrisse von Land und Meer auf dem Territorium des europäischen Rußlands für Karbon, Devon, Perm und Trias darzustellen. In den folgenden Arbeiten, die paläogeographische Karten enthalten, wurde eine Rekonstruktion der Verteilung von Festland und Meer auf dem gleichen Territorium für alle geologischen Perioden vorgelegt. Karpinskij nahm an, daß in der Erdgeschichte zwei große Perioden unterschieden werden können: eine „vorgeschichtliche" (vorpaläozoische), die nicht entschlüsselt werden kann, und eine „historische", vom Kambrium bis in die Gegenwart, für die die genannte Rekonstruktion erarbeitet wurde. Nach Ansicht Karpinskijs wurden die kristallinen Gesteine vor Ablagerung der kambrischen Tone zu Falten zusammengepreßt und unterlagen anschließend der Denudation. Im Kambrium senkte sich der Westabschnitt des Baltischen Massivs und Skandinavien mit dem nördlichen Teil des Europäischen Rußland wurde überflutet. Im Untersilur erstreckte sich das Meer bis zum Ural, im Obersilur war seine Größe bedeutend reduziert und es verblieben lediglich Buchten im Nordwesten und Südwesten des Europäischen Rußlands. Im Unterdevon hob sich das Baltische Massiv erneut, das Territorium des Europäischen Rußland wurde zu Festland, was zur Ablagerung kontinentaler roter Sandsteine führte; Meer existierte nur im heutigen Uralgebiet. Im Mitteldevon setzte eine Transgression vom Ural und dem Nördlichen Ozean her ein, im Oberdevon wurde das Meer erneut eingeengt, es verwandelte sich in ein geschlossenes Salzwasserbecken. In den Buchten dieses Devonmeeres reicherten sich organische Reste an, die Ausgangspunkt der großen Erdöllagerstätten wurden. Unter warmen und feuchten Klimabedingungen entwickelte sich am Rand des Karbonmeeres, das sich etwas nach Osten verlagert hatte, eine tropische Vegetation. Hier bildeten sich Steinkohlenlagerstätten. Zu Ende des Karbons hob sich zum ersten Mal der Ural heraus, er bildete die Küste des inneren Permmeeres, das nur über Meerengen mit anderen Becken verbunden war. Die Umrisse dieses Meeresbeckens sind von der Streichrichtung des Urals abhängig — sie sind meridional angeordnet. In den salzigen Lagunen und Buchten des abgeschlossenen Perm-Beckens, die auf der Karte Karpinskijs dargestellt sind, lagerten sich Gips, Stein- und Kalisalze ab. Die Trias wird durch ein kontinentales Regime charakterisiert. Fast die gesamte Fläche des untersuchten Territoriums war Festland. Im unteren Jura setzte eine

Transgression von Süden herein. Im oberen Jura und in der Kreide existierte ein ausgedehntes Becken, das sich Ost—West erstreckte, in der Oberkreide vereinigte sich der südliche Teil des Beckens mit dem Mittelmeerbecken. Im Tertiär war nach Ansicht KARPINSKIJS das nordwestliche Territorium Festland.

Im Quartär war der Norden des Europäischen Rußlands mit Eis bedeckt, nur im Südosten existierte ein Süßwasserbecken. Das Abtauen des Eises war mit einer Transgression verbunden. Für das Quartär wird auf der Karte KARPINSKIJS eine Verbreitung der Vereisung gezeigt, die nahezu 50 parallele Vereisungslinien aufweist. Nach Abtauen des Eises und Rückgang der borealen Transgression nahm, wie KARPINSKIJ betonte, das Territorium des Europäischen Rußlands annähernd seine heutige Gestalt an.

Ein Vergleich seiner Karten und die Analyse des Materials waren für KARPINSKIJ die Basis für umfassende paläogeographische Verallgemeinerungen. Nach seiner Ansicht kann eindeutig festgestellt werden, daß im Südabschnitt des untersuchten Gebiets parallel zum Äquator gerichtete Senken überwiegen, im östlichen dagegen meridionale. So sieht er einen direkten Zusammenhang zwischen der Verlagerung der marinen Becken und den gebirgsbildenden Prozessen.

Zum größten Teil wurden die paläogeographischen Schlußfolgerungen KARPINSKIJS durch die Untersuchungen sowjetischer Geologen bestätigt. Bisher mußte nur die Karte des Silurs entsprechend den Daten einer Tiefbohrung bedeutend verändert und überarbeitet werden.

Seine paläogeographischen Gliederungen führten KARPINSKIJ zu tektonischen Schlußfolgerungen. Sie sind in den genannten Arbeiten dargelegt. Das Ende des 19. Jahrhunderts, dem diese Arbeiten angehören, war die Blütezeit der Kontraktionshypothese, deren Thesen von einer Schrumpfung der Erdkruste verbunden mit Faltenbildungen, so schien es, durch die Untersuchungen der Gebirgssysteme von Alpen und Appalachen bestätigt wurden. KARPINSKIJ nahm an, daß diese Hypothesen zu den „glücklichsten wissenschaftlichen Errungenschaften" gehören. Mit der Kontraktionshypothese war eine der wichtigsten wissenschaftlichen Verallgemeinerungen in der Geologie verbunden — die Theorie von der Geosynklinalbildung, die in ihrer ursprünglichen Form in der zweiten Hälfte des 19. Jahrhunderts von amerikanischen Geologen formuliert wurde. Die Lehre von den Geosynklinalen, nach der man sich den Ablauf der Entwicklung der Erdkruste als eine gesetzmäßige Evolution vorstellen kann, wurde nur allmählich allgemein anerkannt. Die Weiterentwicklung dieser Lehre förderte die Arbeiten KARPINSKIJS, obgleich es darin keine direkten Hinweise darauf und seine Beziehungen zu ihr gibt. Zu jener Zeit, da sich die meisten Geologen mit der Erforschung der Faltengebiete befaßten, um die Gesetzmäßigkeiten von Lage und Entwicklung dieser beweglichen Abschnitte der Erdkruste zu bestimmen, beschäftigte sich KARPINSKIJ mit der Untersuchung der konsolidierten, der „ruhigen Gebiete" der Erdoberfläche, die von ihm, nach der Terminologie der französischen Geologen, als „Plattformen" bezeichnet wurden.

Die wichtigste Beobachtung, die von KARPINSKIJ beim Studium der Plattformen verzeichnet wurde, ist die Verknüpfung der gebirgsbildenden Prozesse in den Geosynklinalen mit den Schwingungsbewegungen auf den Plattformen. Er betonte, daß innerhalb der Erdkruste zwei unterschiedliche Schwingungsbewegungen existieren. Die einen, von größerem Maßstab, bedingen die Tiefseegräben und die Heraushebungen des Festlands, die anderen, von kleinerem Ausmaß, sind Ursache für Hebungen und Senkungen auf den Plattformen. An Hand einer Analyse der von ihm für die Russische Tafel erarbeiteten paläogeographischen Karten zeigte KARPINSKIJ, daß sich die marinen Becken während verschiedener geologischer Epochen bald in Ost—West-Richtung, bald meridional erstreckten. Folglich verliefen die örtlichen Schwingungsbewegungen innerhalb der Russischen Tafel bei der Hebung des Urals meridional, bei der des Kaukasus Ost—West. Derartige wellenförmige Bewegungen berührten den äußersten

Nordwesten des Europäischen Rußlands nicht, wo ein Massiv alter kristalliner Gesteine gleichsam als Puffer diente, als unbewegliche Achse, neben der die Hebungen und Senkungen abliefen.

Karpinskij zeigte, daß im Bau der Plattformen deutlich zwei Strukturtypen zu unterscheiden sind: der erste Typ sind „plikative" und „disjunktive" Gebiete, in denen sich noch Falten, Verschiebungen und Senken bilden. Das sind vorwiegend Gebirgsgebiete. Der zweite Strukturtyp sind die Plattformen mit der ruhigen Lagerung ihrer Schichten. Bei der Analyse des geologischen Baus des Europäischen Rußlands (1880, 1883) kam Karpinskij zu dem Schluß, daß sich die Plattformen ihrerseits in zwei Strukturelemente gliedern lassen: das gefaltete Fundament der kristallinen Gesteine, das sich, wie er annahm, in der prähistorischen Periode der Erde gebildet hatte, und die Decke sedimentärer Ablagerungen, die sich in der historischen Periode bildete. Das gründliche Studium der Arbeiten über die Ablagerungen des Devons zwischen dem Moskauer Gebiet und dem Donez-Becken, die von R. Murchison beschrieben worden waren, zeigte Karpinskij, daß die Schichten hier keine antiklinale Biegung, „Devonische Achse", bilden, wie Murchison annahm. Die richtige Deutung der Lagerung der devonischen Schichten erlangte später für die Ermittlung der Lagerungstiefe des Kursker Magnetiterzes große Bedeutung. Im Bereich des Donez-Beckens wurde von Karpinskij (1883) eine Zone dislozierter sedimentärer Gesteine ausgehalten, die orographisch nicht ausgeprägt ist und parallel zum Kaukasusgebirge verläuft. Dieser neue Typ einer tektonischen Struktur wurde von ihm als „Keim-Gebirge" bezeichnet und der Begriff wurde von E. Suess in seinem „Antlitz der Erde" in die Weltliteratur eingeführt; er bezeichnete die Linien, die diese Struktur begrenzen als „Karpinskijsche Linien".

In den Arbeiten aus dem Jahre 1919 entwickelte Karpinskij seine Vorstellungen über die Tektonik der Russischen Tafel auf der Basis neuer, während dieser Zeit gewonnener Daten. Er stellte das Vorhandensein von Horsten fest, die als Widerlager bei tangentialen Bewegungen fungieren und unterstrich nochmals, daß im Altai-Ural- und im Krim-Kaukasus-Gebiet, die die Russische Tafel im Osten bzw. Süden begrenzen, orogene Bewegungen vor sich gehen.

Die ihrem Umfang nach kleinen Artikel Karpinskijs enthielten nicht nur die Synthese, sondern auch zugleich die Methodologie zur Erforschung der Plattformen. Die Ideen Karpinskijs fanden bei den Geologen der ganzen Welt weite Verbreitung.

Nicht unerwähnt bleiben dürfen seine Arbeiten zur theoretischen Tektonik, insbesondere die Untersuchung der Gesetzmäßigkeiten der Umrisse und der Lage von Festland und Ozeanen (1888). Er erarbeitete Darstellungen aller Festländer in polarer Projektion. Dabei zeigte es sich, daß die Festländer mit der rechten unteren und der linken oberen Ecke aneinander grenzen. An der oberen Grenze jedes Festlands befindet sich ein „Nebenland", das um so größer ist, je größer der Kontinent ist.

Mit diesen Arbeiten zur Tektonik hingen Studien zur Stratigraphie eng zusammen. In seinem Artikel „Bemerkungen über die sedimentären Bildungen des Europäischen Rußlands" (1888) wurde das Profil der karbonatischen Schichten aus dem Karbon präzisiert und für Ablagerungen im Ostabschnitt der Russischen Tafel triassisches Alter bewiesen. Untersuchungen zur Stratigraphie des Urals wurden bei der Erarbeitung der geologischen Karte durchgeführt und 1886 veröffentlicht. Im Jahre 1909 publizierte er zum Abschluß seiner mehrjährigen Untersuchungen eine allgemeine Beschreibung der mesozoischen Ablagerungen des Urals. Die wichtigste Arbeit Karpinskijs zur Stratigraphie ist jedoch die Erforschung des Artinsk als Übergangsstufe zwischen Karbon und Perm (1874—1891).

Nicht weniger wichtig als zur Paläogeographie und Tektonik waren seine Studien mit paläontologischer Problemstellung. Hier wurden von ihm umfassende, verallgemeinernde Werke geschaffen.

Als klassisch gelten die Veröffentlichungen KARPINSKIJS zur Erforschung der Ammoneen, besonders die „Über die Ammoneen der Artinsker Stufe und einige ihnen ähnliche karbonische Formen" (1891) und andere, später veröffentlichte Arbeiten über dieses Thema (1896, 1922, 1928, s. „Gesammelte Werke"). Nach dem Studium des Baus der Ammonitengehäuse wies KARPINSKIJ als erster darauf hin, daß die Entwicklungsstadien eines Ammoniten-Individuums häufig die Entwicklungsstadien der gesamten Art wiederholen. Sorgfältige Untersuchungen führten ihn zu einem Stammbaum der Ammoniten und ließen ihn ihre phylogenetischen Beziehungen definieren. So wurden durch KARPINSKIJ die Beziehungen zwischen Ontogenese und Phylogenese in Anwendung auf die historische Entwicklung der Organismen erstmals richtig dargestellt. Diese Untersuchungsmethode der Ontogenese von Ammonoideen zur Klärung ihrer Abstammung an sich war nicht neu, sie wurde bereits vor KARPINSKIJ angewandt. Jedoch benutzte er sie zur Überprüfung eines geologischen Horizonts insgesamt (der Artinsker Stufe), was im Vergleich zu den Studien seiner Vorgänger einen Schritt vorwärts bedeutete. Die Bearbeitung der Fazies eines geologischen Horizonts in ihrer Gesamtheit gestattet nach Meinung KARPINSKIJS, Schlußfolgerungen hinsichtlich solcher Erscheinungen zu ziehen, die infolge der Unvollständigkeit der geologischen Chronik sonst nicht verstanden werden könnten.

KARPINSKIJ beschäftigte sich ferner mit Fragen der Entstehung von geometrischen Regelmäßigkeiten der spiraligen Gehäuse der Foraminiferen, Cephalopoden und anderer Organismen, wobei er zu dem Schluß kam, daß diese Formen durch die Ökonomie des Materials oder die der Energie bedingt sind. Dies entspricht den DARWINschen Vorstellungen von der Evolution.

Bei der Untersuchung der Artinsker Fauna bemerkte KARPINSKIJ, daß etliche Formen mit komplizierten Strukturen, die plötzlich in den Ablagerungen auftauchten, autochthoner Herkunft sind. Sie konnten sich aus Formen entwickeln, die in vorangegangenen Epochen existierten. Daraus schlußfolgerte er, daß die Artinsker Stufe stratigraphisch zwischen den karbonischen und den permischen Ablagerungen steht. Die Arbeiten KARPINSKIJS zur Untersuchung der Ammonoideen wurden hoch eingeschätzt. Im Jahre 1921 verlieh ihm die Pariser Akademie den CUVIER-Preis.

Bedeutend waren daneben seine Untersuchungen über die oberpaläozoischen haifischähnlichen Fossilien der Familie Edestidae, und besonders an ihrer Art *Helicoprion*. Die erste Arbeit zu diesem Thema „Über Reste von Edestiden und ihre neue Art *Helicoprion*" wurde im Jahre 1899 veröffentlicht, danach folgten noch etliche Artikel, deren letzter 1930 herausgegeben wurde. Fossile Reste der Art *Helicoprion*, die in Form bilateraler symmetrischer Spiralen erhalten sind, wurden von vielen westeuropäischen und amerikanischen Paläontologen untersucht. Sie hielten sie bald für Kiefer irgendeines Haifischähnlichen, bald für eigenartige Stacheln, „Ichthyodorulithen". KARPINSKIJ bewies an Hand sorgfältiger Untersuchungen, daß diese Spiralen der Zahnapparat der Edestiden ist. Dabei fielen beim Wachsen des Tieres die Zähne nicht aus, sondern wurden durch die von hinten nachwachsenden, ständig größer werdenden Zähne allmählich verdrängt. So bildete sich die Zahnspirale, die sich über die Grenzen des Kiefers hinaus vorschob und als Organ zur Verteidigung oder zum Angriff diente.

Die Untersuchungen KARPINSKIJS sind ein Beispiel für das allseitige Studium an fossilen Resten. Neben der Erforschung vom vergleichend-morphologischen und vom anatomischen Standpunkt aus, klärte er die Biologie und die Ökologie dieser Formen. Er studierte die Zusammensetzung und die faziellen Besonderheiten sowie die stratigraphische Stellung der Sedimente, die die Versteinerungen enthalten, die geologische Geschichte einer Epoche, die Prozesse der Fossilbildung und die Paläogeographie des Abschnitts, in dem die Versteinerungen gefunden wurden. Durch diese allseitigen umfassenden Untersuchungen werden die Erkenntnisse KARPINSKIJS in der internationalen Wissenschaft bis heute anerkannt.

Karpinskij liebte es, rätselhafte, problematische Formen der organischen Welt zu erforschen, wobei er an die Lösung dieser Aufgaben als konsequenter Darwinist heranging. Ein Beispiel dieser Forschung ist seine Arbeit über devonische Wasserpflanzen, die Trochilisken. Diese Fossilien stellen sphärische kalkige Körperchen mit spiraligen Rippen auf der äußeren Oberfläche dar. Sie waren zwar bereits vor den Arbeiten Karpinskijs bekannt, jedoch ihre Herkunft war unklar. Man hatte sie als Samen, Foraminiferen, Stachelhäuter oder ähnliches beschrieben. Karpinskij führte allseitige sorgfältige Untersuchungen an diesen Fossilien durch, indem er die vergleichende Morphologie, ökologische Besonderheiten, die Gesetzmäßigkeiten der evolutionären Entwicklung usw. studierte. Im Ergebnis gelang es ihm festzustellen, daß diese Fossilien kalkige Schalen der Sporenknospen (Oogonien) devonischer Wasserpflanzen, ähnlich den rezenten Charophyten sind. Er zeigte ebenfalls, daß die rezenten und die devonischen Charophyten von gemeinsamen Vorfahren stammten, die sehr vielgestaltige Formen besaßen. Die rezenten Charophyten leben im Süß- und Salzwasser, die Trochilisken dagegen in Brack- und Meerwasser. Die Entwicklung der kalkigen Hüllen der fossilen Oogonien war, wie Karpinskij betonte, mit der Anpassung an die Umgebung und der natürlichen Auslese verknüpft, weil unter dem Schutz der festen Hülle, die Frost und Trockenheit standhält, die befruchteten Oosporen lange erhalten bleiben konnten, was das Überleben und die weite geographische Verbreitung dieser Art bestimmte.

Die Monographie Karpinskijs „Über die Trochilisken" wurde 1906 veröffentlicht. Karpinskij interessierte sich noch weiterhin für Trochilisken, in den letzten Jahren seines Lebens (1932) veröffentlichte er eine zweite Arbeit zu diesem Problem.

Mehrere Arbeiten Karpinskijs sind Minerallagerstätten und theoretischen Fragen der Erzbildung gewidmet. Im Jahre 1870 veröffentlichte er einen Artikel, in dem er die Möglichkeit der Entdeckung von Steinsalzlagern im Gebiet des Donez-Steinkohlenbeckens bewies. In der Folgezeit bestätigte sich die Annahme Karpinskijs. Doch seine bedeutendsten Arbeiten über Erzlagerstätten waren mit dem von ihm geliebten Ural verbunden.

Im Jahre 1881 veröffentlichte er die große zusammenfassende Arbeit „Die Minerallagerstätten im Ural". Später erschienen einzelne Arbeiten über Lagerstätten von Nickelsilikaterzen, Eisenerzen, über die Entstehung von Platinlagerstätten und über Steinkohlenlagerstätten im Ural. Die Arbeiten Karpinskijs zur Paläogeographie, Tektonik und Stratigraphie der Russischen Tafel dienten ebenfalls als Grundlage für die Suche nach Bodenschätzen.

Die wissenschaftliche und gesellschaftliche Tätigkeit Karpinskijs setzte sich bis zu den letzten Tagen seines Lebens fort. Seine Arbeiten erfuhren Anerkennung in der Welt. Bis heute studieren sowjetische und ausländische Gelehrte sein wissenschaftliches Erbe.

Bibliographie

Ausgewählte Arbeiten

[1] Avgitovye porody drevni Muldakevoj i gory Kačkanar. — Gorn. ž., **II** (1869) 5.
[2] O petrografičeskich zakonach. — Gorn. ž., **II** (1870) 4.
[3] O vozmožnosti otkrytija zaležej kamennoj soli v Char'kovskoj gub. — Gorn. ž., **III** (1870) 9.
[4] Zakony sovmestnogo nachoždenija polevych špatov. — Gorn. ž., **III** (1874) 7.
[5] Zamečanija ob osadočnych obrazovanijach Evropejskoj Rossii. — Gorn. ž., **IV** (1880) 11—12.
[6] Zamešanija o charaktere dislokacij porod v Južnoj polovine Evropejskoj Rossii. — St. Petersburg: 1883.
[7] Geologičeskaja karta vostočnogo sklona Urala. — St. Petersburg: 1884.
[8] Materialy dlja izučenija sposobov petrografičeskich issledovanij. (Sistematičeskoe sopostavlenie literaturnych istočnikov). — St. Petersburg: 1885.

[9] Očerk fiziko-geografičeskich uslovij Evropejskoj Rossii v minuvšie geologičeskie periody. — Zap. Akad. nauk, **55** (1887) 3.
[10] Ob Ammonejach artinskogo jarusa i nekotorych schodnych s nimi kamennougol'nych formach. — Zap. St.-Petersb. mineral. obšč., II ser., **27** (1891).
[11] Obščij charakter kolebanij zemnoj kory v predelach Evropejskoj Rossii. — Zap. Akad. nauk, V ser., **I** (1894) 1.
[12] Ob ostatkach ėlestid i novom ich rode *Helicoprion*. — Zap. Akad. nauk, **VIII** (1899) 7.
[13] O zamečatel'noj tak nazyvaemoj groruditovoj gornoj porode iz Zabajkal'skoj oblasti. — Izv. Akad. nauk, V ser., **XIX** (1903) 2.
[14] O trochiliskach. — Trudy geol. komit., n. s., **27** (1906).
[15] Mezozoiskie otloženija vostočnogo sklona Urala. — Gorn. ž., **III** (1909) 7.
[16] O problematičeskich otpečatkach, izvestnym pod nazvaniem *Paleodyction menegini*. — Izv. Akad. nauk SSSR, otd. mat.-est. nauk, (1932).
[17] Ob izučenii problematičeskich ob-ektov i javlenij; issledovanie ostatkov *Helicoprion*. — Dokl. Akad. nauk SSSR, (1930).
[18] K tektonike Evropejskoj Rossii. — Izv. Akad. nauk, IV ser., **VIII** (1919), 12—15.
[19] Očerk geologičeskogo proslovo Evropejskoj Rossii. — Petrograd: 1919.
[20] Sobranie sočinenij. Bd. 1—4. — Moskva—Leningrad: 1939—1949.

Literatur über A. P. KARPINSKIJ

[21] LIČKOV, B. L.: KARPINSKIJ i sovremennost'. — Moskva—Leningrad: 1946.
[22] Izvestija Akademii Nauk SSSR, serija geologičeskaja, Nr. 1, 1947 (Žurnal posvjaščen A. P. KARPINSKOMU).
[23] ALEKSANDR PETROVIČ KARPINSKIJ. Bibliografičeskij spisok trudov. — Moskva—Leningrad: 1947.
[24] OBRUČEV, V. A.: Akademik ALEKSANDR PETROVIČ KARPINSKIJ. — Izv. Akad. nauk, ser. geol., (1951) 3.
[25] BORISJAK, A. A.: A. P. KARPINSKIJ. In: Ljudi russkoj nauki. Geologija i geografija. — Moskva: 1962.
[26] Problemy mineralogii i petrologii (Sbornik Statej). K 125-letiju so dnja roždenija akad. A. P. KARPINSKOGO. — Moskva: izd. Nauka 1972.

Manuskripteingang: 8. August 1977

Übersetzung aus dem Russischen von Dipl.-Min. A. KRÜGER, Berlin

Anschrift der Autorin:

I. V. BATJUŠKOVA, Institut für Geschichte der Naturwissenschaften und Technik
UdSSR - Moskau 103012, Staropanskij per. 1/5

Schriftenr. geol. Wiss. · Berlin 14 (1979) · S. 63—77

Evgraf Stepanovič Fedorov (1853—1919)

Von Peter Krüger, Berlin

Mit 4 Abbildungen

1978 jährte sich zum 125. Male der Geburtstag von E. S. Fedorov, eines der berühmtesten Kristallographen seiner Zeit, der durch die Berechnung der 230 Symmetrie-Raumgruppen, die Erfindung des zweikreisigen Goniometers und des nach ihm benannten Universaldrehtischs für die Mineral- und Gesteinsmikroskopie sowie durch die Einführung der kristallchemischen Analyse Bleibendes für die Mineralogie, Kristallographie und Petrographie geleistet hat. Er gehörte den fortschrittlichen Kreisen der russischen Intelligenz an, nahm aktiv an der Volkstümlerbewegung teil und blieb bis zu seinem Tode ein unbeugsamer Kämpfer für den Fortschritt.

В 1978 г. отмечается 125-ая годовщина со дня рождения Е. С. Федорова, одного из самых знаменитых кристаллографов того времени. Он вложил большой вклад в развитие минералогии, кристаллографии и петрографии: определил 230 пространственных групп симметрии кристаллов, создал двукружный отражательный гониометр и пятиосный универсальный столик для микроизмерений минералов и горных пород, а также разработал кристалло-химический метод определения состава минералов. Он был представителем прогрессивной русской интеллигенции, активно содействовал революционному народническому движению и до последных дней своей жизни был непреклонным борцом за прогресс науки в России.

In 1978 the birthday of E. S. Fedorov comes round for the 125th time. He is one of the most famous crystallographers of his time, who acquired reputation by calculating the 230 symmetry lattice groups, by inventing the two-circle goniometer and the universal stage named after him for mineral and petrographical rock microscopy, as well as by introducing the crystallochemical analysis. By these inventions he has made lasting contributions to mineralogy, crystallography and petrography. He was a member of progressive circles of the Russian intelligentzia, actively participated in the national movement, and up to his death was an unbending fighter for progress.

Evgraf Stepanovič Fedorov wurde am 10. (22.) Dezember 1853 in Orenburg geboren, wo sein Vater als Generalmajor der Ingenieurtruppen diente. Die Kindheit und Jugend verlebte er in Petersburg. Seine außergewöhnliche mathematische Begabung wurde sehr zeitig erkannt und von der Familie gefördert. Die Mutter erzog ihn außerdem zu Disziplin und Arbeitseifer, was für sein späteres Leben von Bedeutung werden sollte.

Mit zehn Jahren wurde Fedorov in die zweite Klasse der Petersburger Annen-Schule aufgenommen, mußte aber 1866 infolge des Todes seines Vaters und der dadurch verschlechterten wirtschaftlichen Lage der Familie in das 2. Militär-Gymnasium eintreten. Bereits hier beschäftigte er sich mit Naturwissenschaften und Philosophie. Ohne das Gymnasium beendet zu haben, trat er 1869 nach glänzend bestandener Aufnahmeprüfung in die Petersburger Militäringenieurschule ein, die er 1872 abschloß.

Nach Beendigung der Militäringenieurschule diente Fedorov einige Zeit als Leutnant in einem Pionierbataillon in der Ukraine. Doch schon im Jahre 1874 nahm er seinen Abschied und kehrte nach Petersburg zurück. Er war bestrebt, Hochschulbildung zu erlangen, um sich ganz der wissenschaftlichen Arbeit zu widmen. Ungeachtet der stark ausgeprägten Neigung zur Mathematik fand Fedorov seinen Weg nicht sofort. Zuerst wurde er Gasthörer an der Medizinisch-Chirurgischen Militärakademie, die er aber wegen des fehlenden Gymnasiums-Abschlusses wieder verlassen mußte. Danach trat er in das Technologische Institut ein, wo er einen vollständigen Chemiekurs absolvierte und alle Laborarbeiten durchführte.

In dieser Zeit schloß er sich der revolutionären Bewegung an. Er trat 1876 der Partei „Zemlja i Wolja" bei und stand der revolutionären Gruppe nahe, die die Ermordung des Zaren ALEXANDER II. vorbereitete. Aktiv war er an der Befreiung P. A. KROPOTKINS aus dem Gefängnis beteiligt.

Im Jahre 1877 erhielt FEDOROV von seiner Partei den Auftrag, Verbindung mit ausländischen revolutionären Kreisen herzustellen. Zu diesem Zweck bereiste er Frankreich, Belgien und Deutschland. Nach seiner Ende 1877 erfolgten Rückkehr in die Heimat

heiratete er Ljudmila Vasil'evna PANJUTINA, die später über die revolutionäre Tätigkeit FEDOROVS in Rußland berichtete. Unter dem Einfluß sozialdemokratischer Ideen wandte sich FEDOROV nach 1879 von den Volkstümlern ab. Er gab seine aktive politische Tätigkeit auf und widmete sich ganz der wissenschaftlichen Arbeit.

In diese Zeit fällt seine Beschäftigung mit der Geometrie, woraus sich seine erste Monographie „Grundlage der Formenlehre" entwickelte. Um das Studium der Kristalle intensiv betreiben zu können, wurde er Hörer an der Petersburger Bergbauhochschule, dem „Gornyj Institut". Im Alter von 27 Jahren ließ er sich 1880 als Student des 3. Studienjahres einschreiben, da gerade zu dieser Zeit hier ausführliche Vorlesungen über Kristallographie und in diesem Zusammenhang auch über Mineralogie gehalten wurden.

Nach Abschluß seines Studiums am Gornyj Institut im Jahre 1883 befand sich FEDOROV in sehr bedrängten materiellen Verhältnissen. Zehn Jahre lang übte er nun die äußerst bescheidene Tätigkeit eines Sachbearbeiters und Konservators beim Geologischen Komitee mit einem Monatsgehalt von 75 Rubeln aus [44, S. 140]. In den Sommermonaten führte er unter schwierigen Bedingungen geologische Untersuchungen im nördlichen Ural durch, der damals noch völlig unerschlossen war.

Um seine materielle Lage zu verbessern, verließ FEDOROV im Jahre 1894 Petersburg und übersiedelte mit seiner Familie in den Ural, in den Bogoslowsker Erzbezirk, wo er als Leiter der geologischen Erkundungsarbeiten tätig war. Seine Abreise in den Ural hing nicht zuletzt damit zusammen, daß er bei den Wahlen in die Akademie der Wissenschaften durchgefallen war. Er selbst schrieb aus diesem Anlaß: „Im Ergebnis dieser Ablehnung (in Anbetracht des Heranwachsens der Kinder) konnte ich meine Zeit nicht weiter der Wissenschaft widmen (wir haben nichts, um die Kinder zu ernähren) und 1894, genau im 25. Jahr meiner wissenschaftlichen Tätigkeit, war ich gezwungen, als praktischer Ingenieur in den Ural zu gehen" [44, S. 142]. Im Bogoslowsker Erzbezirk war er als Leiter der geologischen Erkundung tätig und führte die geologische Aufnahme in diesem Gebiet durch. Außerdem baute er bei den Turinsker Erzbergwerken (heute die Stadt Krasnoturinsk) ein Heimatmuseum mit einer großen petrographisch-mineralogischen Sammlung auf.

Durch die Vermittlung des bekannten Geologieprofessors I. V. MUŠKETOV wurde FEDOROV im Jahre 1895 an das neu profilierte Moskauer Landwirtschaftsinstitut (bis 1892 Petrovsk-Razumovsker Akademie) als Professor für Mineralogie, Kristallographie und Geologie berufen. Am Landwirtschaftsinstitut lehrte er 10 Jahre lang; diese Jahre waren ausgefüllt mit einer fruchtbaren wissenschaftlichen Tätigkeit. Hier entstanden seine klassischen Zyklen zur Anwendung der U-Tisch-Methode in der Petrographie und Mineralogie sowie die Theorie der Kristallstrukturen.

Im Jahre 1896 wurde er auf Vorschlag der Kristallographen P. GROTH und L. SOHNCKE aus München zum korrespondierenden Mitglied der Bayerischen Akademie der Wissenschaften gewählt. 1898 besuchte E. S. FEDOROV während der Winterferien Deutschland. In Berlin hatte er eine herzliche Begegnung mit dem bekannten Mineralogen C. KLEIN, ebenso freundschaftlich wurde er in München von P. GROTH empfangen. Diese Reise hinterließ bei FEDOROV, wie aus seiner Autobiographie hervorgeht, einen nachhaltigen Eindruck [51, S. 137/138].

Seine unterdessen auch in Rußland anerkannte wissenschaftliche Autorität veranlaßte das Petersburger Gornyj Institut, FEDOROV um die Übernahme von Vorlesungen an dieser Hochschule zu bitten. Dies führte dazu, daß er von 1896–1900 neben seiner Vorlesungstätigkeit am Moskauer Landwirtschaftsinstitut wöchentlich zweimal nach Petersburg fuhr, um dort ebenfalls seine neuen wissenschaftlichen Erkenntnisse über den Kristallbau und über die Anwendung der Theodolit-Methode in der geologischen Praxis zu verbreiten.

Im Jahre 1901 wurde FEDOROV zum Adjunkten der Akademie der Wissenschaften gewählt. Mit großer Energie organisierte er den Aufbau des Mineralogischen Instituts der Akademie. Jedoch sich mehrende Hindernisse hierbei veranlassen ihn als ausgeprägt prinzipientreuen Menschen, im Januar 1905 aus der Akademie auszutreten. In diesem Zusammenhang schrieb er an den damaligen Präsidenten der Kaiserlichen Akademie der Wissenschaften, den Großfürsten K. K. ROMANOV, einen heftigen und sehr gewagten Brief, in dem er einige führende Vertreter der Akademie hart kritisierte [51, S. 147–150].

Durch die Revolution von 1905 erlangten einige russische Hochschulen das Recht, selbständig einen Direktor zu wählen. So wandte sich im Jahre 1905 der Wissenschaftliche Rat des Petersburger Gornyj Instituts an FEDOROV mit der Bitte, das Amt des Direktors zu übernehmen. Nach einigem Zögern stimmte FEDOROV zu und wurde so der erste gewählte Direktor dieses Instituts. Er übersiedelte im gleichen Jahr mit der Familie nach Petersburg. Die Zeit seines Direktorats war charakterisiert durch ein außerordentliches Anwachsen der wissenschaftlichen Arbeit, nicht allein unter dem

Lehrpersonal, sondern ebenso unter der Studentenschaft. Auf Initiative von Fedorov wurde die Zeitschrift „Zapiski Gornogo Instituta“ (Mitteilungen des Bergbauinstituts) gegründet, in der sowohl seine eigenen Arbeiten, als auch die seiner Mitarbeiter und Schüler abgedruckt wurden.

Nach erfolgreicher dreijähriger Tätigkeit im Amt des Direktors des Gornyj Instituts wurde Fedorov vom Rat des Instituts für die folgenden drei Jahre wiedergewählt. Diese Wiederwahl Fedorovs wurde im Jahre 1910 von dem zaristischen Minister Tumašev anulliert. Tumašev sah in Fedorov einen Hochschullehrer, der die revolutionären Stimmungen unter der Studentenschaft förderte und demzufolge für die zaristische Regierung unzuverlässig war. In diesem Zusammenhang war Fedorov der Verfolgung durch die reaktionären Schwarzhunderter-Organisation ausgesetzt, besonders durch deren Führer Puriškevič. Es gelang ihnen jedoch nicht, Fedorov aus dem Gornyj Institut zu entfernen. Bis zu seinem Tode wirkte er als Leiter des Lehrstuhls für Kristallographie, war er unermüdlich für die Entwicklung dieser Wissenschaft und für den gesellschaftlichen Fortschritt Rußlands tätig. Es ist deshalb nur zu verständlich, daß Fedorov den Sturz des Zarismus durch die Februarrevolution und den Sieg der Oktoberrevolution begrüßte.

Im Jahre 1919 wurde E. S. Fedorov zum ordentlichen Mitglied der erneuerten Akademie der Wissenschaften Sowjetrußlands gewählt. Im Frühjahr 1919 erkrankte er an Lungenentzündung und verstarb am 21. Mai 1919.

E. S. Fedorov war ein überaus arbeitsamer Wissenschaftler. In den vierzig Jahren seiner wissenschaftlichen Tätigkeit veröffentlichte er über 500 Arbeiten, darunter eine große Anzahl Lehrbücher und Monographien. Nach A. K. Boldyrev [zit. in 51, S. 220] beziehen sich 175 Arbeiten auf kristallographische und 130 Arbeiten auf geometrische Probleme; Petrographie und Geologie sind 64 Titel, der Universaldrehtisch-Methode 62 Titel gewidmet, 43 Arbeiten sind mineralogischen Inhalts und 48 Arbeiten behandeln Fragen allgemeinen (darunter philosophischen und methodologischen) Charakters. Sein Schaffen gipfelte in den drei bis in unsere Zeit wirkenden und die damalige mineralogisch-petrographische Wissenschaft sprunghaft weiterführenden Erkenntnissen: in der Ableitung der 230 Raumgruppen, in der Entwicklung und apparativen Anwendung der Theodolitmethode in der Goniometrie und Mikroskopie und schließlich in der Entwicklung der kristallchemischen Analyse.

Den Beginn seiner wissenschaftlichen Tätigkeit datiert Fedorov selbst mit dem Jahr 1869, als er mit den ersten Arbeiten zu seiner umfangreichen Monographie „Die Anfänge der Formenlehre“ begann. Nach 1874 interessierten ihn vor allem die Physik speziell die Elektrizitätslehre, und er verfaßte ein recht umfangreiches Manuskript zur Theorie der Elektrizität. Vor einiger Zeit wurde in der Privatbibliothek des bekannten russischen Chemikers D. I. Mendeleev das Manuskript einer von Fedorov stammenden Abhandlung entdeckt, von der bisher das Resümee in entstellter Form im Jahre 1881 gedruckt worden ist. Aus diesem Manuskript geht hervor, daß der junge Fedorov „mit Hilfe geometrischer Überlegungen eine der Grundvorstellungen der modernen Atomphysik fand, den Begriff der Ordnungszahl, die der Kernladung entspricht“ (Ščukarev & Dobrotin, zit. in 54, S. 4).

1879 beendete Fedorov seine Monographie „Die Grundlagen der Formenlehre“. Diese Arbeit enthält bereits in den Ansätzen die Mehrzahl seiner späteren Forschungsergebnisse auf den Gebieten Geometrie und Kristallographie. Fedorov gibt darin eine Klassifikation der Polyeder, erweiterte die 1867 veröffentlichte Ableitung der 32 Symmetriemöglichkeiten A. V. Gadolins [56] (die bereits 1829 von J. F. Chr. Hessel durchgeführte Ableitung war ihm nicht bekannt, worauf Šafranovskij [51, S. 65/66] und Batjuškova [40, S. 149] hinwiesen), zu einer Ableitung der Symmetriearten für alle Endfiguren der Punktgruppen und beschrieb erstmals die nach ihm später benannten

„Paralleloeder“, d. h. konvexe Polyeder, die unter den Bedingungen der Kongruenz, der Parallelität und der benachbarten Lage aller Flächen einen gegebenen Raum vollständig ausfüllen. Diese Polyeder legte er seiner Theorie des Baus der natürlichen Polyeder, d. h. der Kristalle, zugrunde. Bereits in diesem Buch verwies FEDOROV auf die unvollständige Ableitung des kubischen Punktsystems durch L. SOHNKE, der nur 65 Raumgruppen erhalten hatte [44, S. 148], [51, S. 95–97]. E. S. FEDOROV führte die Untersuchungen dieses Problems weiter, was im Endergebnis zur Ableitung der 230 Raumgruppen führte.

Im Jahre 1881 machte FEDOROV die Mitglieder der Petersburger Mineralogischen Gesellschaft mit der von ihm erarbeiteten Lehre von den Paralleloedern und mit seiner Kristalltheorie bekannt, die sich auf diese Lehre gründet. Mit seiner neuen Theorie konnte er solche Erscheinungen wie Zwillinge, Spaltbarkeit und das Kristallwachstum erklären. Leider vermochten die damaligen führenden Vertreter der Kristallographie und Mineralogie am Gornyj Institut, die Akademiemitglieder KOKŠAROV und EREMEEV, die hervorragende Bedeutung der Arbeiten des jungen Wissenschaftlers nicht einzuschätzen, da sie die beschreibende Richtung vertraten. Bei einem Vortrag FEDOROVS in der Mineralogischen Gesellschaft, den er zu Fragen der Kristallographie hielt, war nun einmal A. V. GADOLIN, Mitglied der Akademie der Wissenschaften und Professor an der Petersburger Artillerie-Schule, anwesend. GADOLIN, ein Spezialist auf dem Gebiet der Waffentheorie und Artillerietechnologie [56], beschäftigte sich in seiner Freizeit mit Mineralogie und Kristallographie. Seine theoretischen Überlegungen legte er 1867 in der Arbeit „Die Ableitung aller kristallographischen Systeme und ihrer Untergliederungen aus einem gemeinsamen Anfang“ dar, die eine genaue mathematische Ableitung der 32 Symmetriemöglichkeiten in der Kristallographie enthielt. GADOLIN erkannte als Erster das hervorragende Talent FEDOROVS und veranlaßte den Abdruck der FEDOROVschen Monographie „Die Grundlagen der Formenlehre“ in den „Zapiski mineralogičeskogo obščestva“ im Jahre 1885 [44, S. 139/140].

Das Unverständnis der damaligen führenden russischen Kristallographen gegenüber den Leistungen FEDOROVS ging leider so weit, daß er nach Beendigung seines Studiums am Gornyj Institut trotz seiner hervorragenden Abschlußprüfungen (als Bester wurde sein Name in eine Marmortafel eingraviert) nicht an dieser Hochschule bleiben durfte, um sich eventuell auf eine Hochschullaufbahn vorzubereiten.

Die zweite, äußerst fruchtbare Schaffensperiode E. S. FEDOROVS ist an seine zehnjährige Tätigkeit im Geologischen Komitee in Petersburg geknüpft. Obwohl die Bedingungen, unter denen er als Sachbearbeiter und Konservator arbeiten mußte, für eine schöpferische Arbeit an Problemen der theoretischen Kristallographie sehr ungünstig waren, entstanden gerade in dieser Periode seine epochemachenden Arbeiten. Von 1885–1887 erschienen seine „Studien zur analytischen Kristallographie“. Daran schlossen Arbeiten an, die sich mit der Symmetrie und der Struktur der Kristalle befaßten und den Abschluß dieses Zyklus bildet das klassische Werk „Die Symmetrie des regulären Systems der Figuren“, die 1890 erschien und in der die Ableitung der 230 Raumgruppen, d. h. der 230 Gesetze, nach denen die Elementarteilchen in den Kristallstrukturen angeordnet sein müssen, enthalten ist [7]. E. S. FEDOROV gelang es in dieser Arbeit, aufbauend auf der bereits früher erfolgten mathematischen Ableitung der 32 Symmetrieklassen, die Bestimmung aller diskreten Verschiebungsgruppen in einem unendlichen Fundamentalbereich durchzuführen. Unabhängig von FEDOROV kam der deutsche Mathematiker und Kristallograph A. M. SCHOENFLIES zu gleichen Ergebnissen die er 1891 veröffentlichte [51, S. 96–102]. SCHOENFLIES schöpfte, wie auch FEDOROV, jedoch zuerst nicht alle Möglichkeiten der Kombination von Symmetrieelementen aus, worauf sich zwischen beiden Wissenschaftlern ein ausführlicher und freundschaftlicher Briefwechsel entspann [51, S. 100–102]. Im Verlauf dieser Korrespondenz wurde der Nachweis von insgesamt 230 Raumgruppen erbracht. Diese fruchtbare Diskussion regte

FEDOROV zu einer Anzahl weiterer Veröffentlichungen an. SCHOENFLIES betonte in mehreren Artikeln [zit. 51, S. 99], die große Bedeutung der FEDOROVschen Forschungen und hob die in der deutschen Literatur oft verschwiegene Priorität FEDOROVS bei der Ableitung der 230 Raumgruppen hervor. FEDOROV schreibt unter anderem in einer Rezension über das 1891 veröffentlichte Buch von SCHOENFLIES „Kristallsysteme und Kristallstruktur" [8]: „Das neue Werk von A. SCHOENFLIES bestätigt weitgehend die Richtigkeit meines Standpunktes. In ihm erweist sich der offenherzige Vertreter der westeuropäischen Wissenschaft als mit der russischen Sprache bekannt, obwohl natürlich nicht vollkommen; er benutzt russische Veröffentlichungen und zitiert daraus sogar einige Titel in russischer Druckschrift. Eine solche Ehre widerfuhr den Arbeiten ‚Grundlage der Formenlehre' und ‚Symmetrie des regulären Systems der Figuren'. SCHOENFLIES gibt unumwunden zu, daß ihm das aus russischen Veröffentlichungen bekannt ist, und sagt mit den auf S. 622 angeführten Worten klar und deutlich, daß in der russischen Veröffentlichung bereits die vollständigen Schlußfolgerungen enthalten waren, die zu ziehen gerade die Aufgabe war, die er sich in seiner Arbeit gestellt hatte" [8, zit. in 51, S. 102].

An dieser Stelle muß kritisch vermerkt werden, daß in deutschsprachigen Veröffentlichungen leider häufig bei der Behandlung der 230 Raumgruppen nur der Name

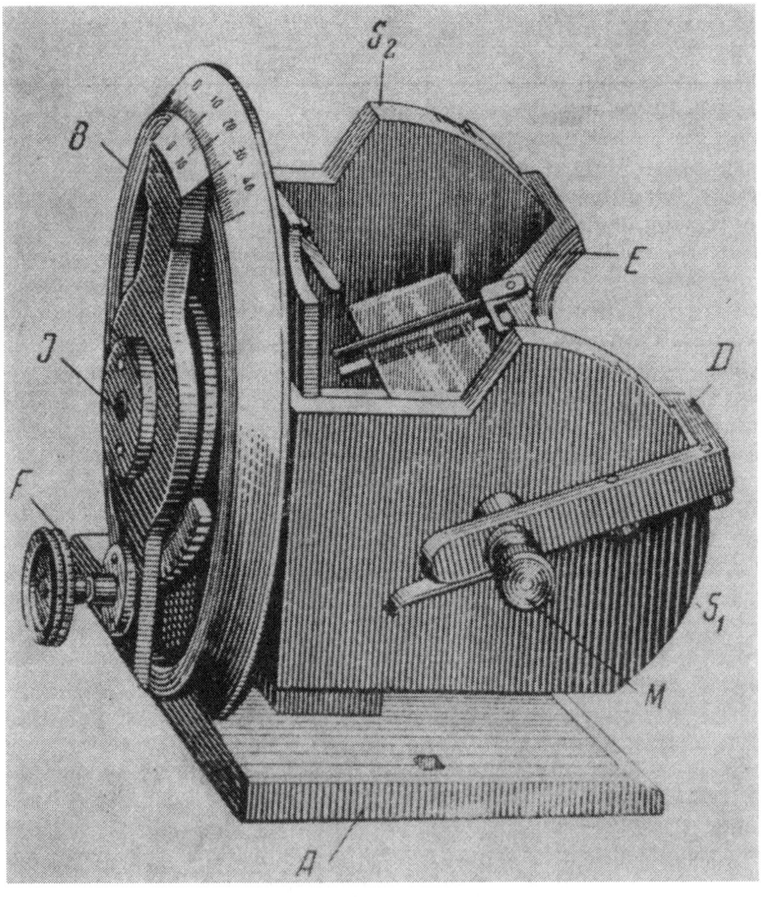

Abb. 1. Das einkreisige Goniometer von FEDOROV

SCHOENFLIES genannt wird und FEDOROV (aus sicher unterschiedlichen Gründen) unterschlagen wird. Als Beispiel hierzu nur das bekannte Lehrbuch der Mineralogie KLOCKMANN-RAMDOHR (1954, Seiten 14, 25, 108!) [55].

Gleichzeitig mit der Ausarbeitung von Fragen der theoretischen Kristallographie beschäftigte sich FEDOROV mit der Schaffung neuer Methoden zur Untersuchung von Kristallen. Speziell interessierten ihn die (damals bei vielen Kristallographen aktuellen) Fragen der universellen Vermessung der Kristallflächen. Am 21. November 1889 trat FEDOROV auf einer Sitzung der Mineralogischen Gesellschaft erstmalig mit der Erklärung des von ihm erfundenen Theodolitgoniometers auf. Im Protokoll der erwähnten Sitzung heißt es dazu: „E. S. FEDOROV wandte sich an die Gesellschaft mit der Bitte um materielle und moralische Unterstützung bei dem unternommenen Bau eines Goniometers, das den Zweck hat, die Manipulationen, die mit der Kristallvermessung zusammenhängen, zu beschleunigen und zu vereinfachen [54, S. 5], [51, S. 112]. Ende des Jahres 1889 wurde von ihm an die Leitung des Geologischen Komitees der Antrag zum Bau eines zweikreisigen Theodolit-Goniometers gestellt. Die Einführung dieses Meßgeräts und die Ausarbeitung entsprechender methodischer Anleitungen führten zu einem Umschwung in der Kristalluntersuchung.

Die schnelle Einführung dieses Goniometers in die mineralogische und petrographische Praxis wurde durch die neue Theorie der stereographischen Projektion und die dadurch mögliche exakte Darstellung von Kristallflächen (selbst bei komplizierten, vielflächigen Kristallen) mittels des stereographischen Netzes vor allem mit dem Namen des russischen Mathematikers und Kristallographen G. W. WULF verbunden, mit dem FEDOROV ebenfalls eine ausführliche Korrespondenz führte und der zahlreiche Arbeiten von FEDOROV für die „Zeitschrift für Kristallographie" in deutscher Sprache referierte und dessen Name so in Westeuropa bekanntmachte [44, S. 151]; [51, S. 91].

Zur Anwendung der Theodolit-Methode bei der Gesteinsmikroskopie entwickelte FEDOROV als Zusatzgerät für das Durchlichtmikroskop den optischen Universal-Drehtisch (heute oft als FEDOROV-Tisch oder U-Tisch bezeichnet). Im Mai 1891 meldete er beim Geologischen Komitee den Universal-Tisch mit der Begründung an, er diene „zur genaueren Untersuchung der optischen Eigenschaften kristalliner Plättchen unter dem Mikroskop". Beide Geräte wurden Ende des gleichen Jahres angefertigt [54, S. 5]; [51, S. 112]. So entstand die bedeutende Theodolit-Methode FEDOROVS, die auf den beiden von ihm entwickelten Geräten, dem zweikreisigen Goniometer und dem Universaltisch für das Mikroskop basiert.

Im Jahre 1893 wurde in den „Arbeiten des Geologischen Komitees" seine klassische Monographie „Die Theodolit-Methode in der Mineralogie und Petrographie" veröffentlicht [9]. Der U-Tisch ermöglichte es erstmalig, unter dem Mikroskop ein beliebiges Kristallkorn in einem entsprechenden Schliff von verschiedenen Richtungen zu betrachten und unterschiedliche Messungen, Bestimmung der Lichtbrechung usw. vorzunehmen. Die Anwendung der neuen Methode ergab über viele Jahre hinweg reichliches Material, was E. S. FEDOROV unter anderem in der Artikelserie „Die Universalmethode und die Untersuchung der Feldspäte" in den Jahren 1896 bis 1898 und in anderen Arbeiten veröffentlichte. Neben der Beschreibung der wichtigsten Anwendungsmöglichkeiten der U-Tisch-Methode veröffentlichte FEDOROV hier Diagramme zur optischen Bestimmung der Plagioklase und weiterer Minerale.

Von allen Leistungen FEDOROVS fand diese Methode die breiteste internationale Anwendung. Sie wurde besonders von den auf petrographischem Gebiet arbeitenden Geologen vieler Länder weiter vervollkommnet und entwickelt [51, S. 126]. Dabei dürfte nicht zuletzt von Bedeutung gewesen sein, daß er einen großen Teil seiner Arbeiten in deutscher Sprache schrieb und in der „Zeitschrift für Kristallographie" (München) veröffentlichte.

Während seiner Tätigkeit im Geologischen Komitee führte FEDOROV bis 1894 in den

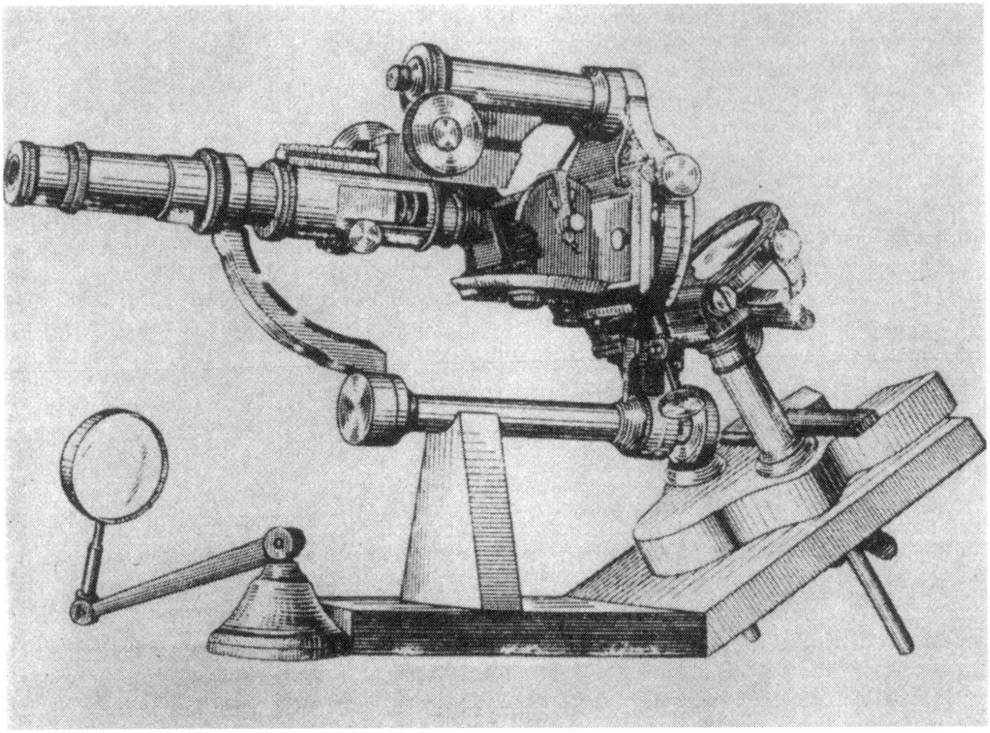

Abb. 2. Der Universaldrehtisch (Fedorovtisch) von FEDOROV

Sommermonaten umfangreiche geologische Kartierungsarbeiten im Nordural durch. Die Ergebnisse dieser unter ausgesprochen schwierigen Bedingungen durchgeführten Expeditionen, bei denen er im Verlaufe von sechs Jahren über 15000 km² unerschlossenes Gebiet kartierte, fanden ihren Niederschlag in mehreren Veröffentlichungen.

Als dritte Periode im Schaffen E. S. FEDOROVS kann man seine Tätigkeit als Leiter der geologischen Erkundungsarbeiten für den Erzbezirk Bogoslowsk (Ostabhang des Urals) in den Jahren 1894—1895 bezeichnen. FEDOROV verließ schweren Herzens und nur wegen seiner komplizierten wirtschaftlichen Lage seine langjährige Wirkungsstätte Petersburg: „1894, im 25. Jahr meiner eigentlichen wissenschaftlichen Tätigkeit war ich wegen Schwierigkeiten gezwungen, Petersburg zu verlassen und übersiedelte (oder, wie ausländische Kollegen schrieben: war in Verbannung) nach den Turinsker Bergwerken“ [zit. in 51, S. 128].

Diese Jahre waren jedoch keine verlorene Zeit, sie brachten für FEDOROV weitere Erfolge in seiner wissenschaftlichen Laufbahn. Er widmete sich intensiv der geologischen und besonders der petrographischen Erforschung der Kupfererze dieses Erzbezirks und konnte nachweisen, daß die Vererzung an ein bestimmtes Augit-Granat-Gestein geknüpft war. Dadurch vermochte er die Vorratslage der Kupfergruben wesentlich zu verbessern. Sein Ruf als erfolgreicher Wissenschaftler ging durch alle Zeitungen. Im Bogoslowsker Erzbezirk arbeitete er mit dem jungen Bergingenieur V. V. NIKITIN zusammen, der später als Professor für Mineralogie wesentlich zur Propagierung der U-Tisch-Methode beitrug.

Die angestrengte vielseitige Tätigkeit als Grubengeologe konnte aber FEDOROVS Liebe zur Kristallographie nicht unterdrücken. Eine Anzahl Arbeiten entstand in dieser

Zeit speziell zur Theorie der Kristallstruktur und über die Anwendung des U-Tischs bei petrographischen und mineralogischen Untersuchungen. Dabei veröffentlichte er wiederum den größten Teil seiner Arbeiten in deutscher Sprache.

Die Untersuchungsarbeiten im Ural führte FEDOROV auch nach seiner Übersiedelung nach Moskau weiter. Bis 1899 war er in den Sommermonaten im Bogoslowsker Erzbezirk tätig und veröffentlichte mehrere Arbeiten über seine Untersuchungsergebnisse.

Die Übernahme einer Professur für Mineralogie, Kristallographie und Geologie am Moskauer Landwirtschaftlichen Institut leitete die vierte Schaffensperiode FEDOROVS ein, die sich über zehn Jahre, von 1895—1905 erstrecken sollte. Damit begann für ihn eine äußerst fruchtbare Zeit, da ihm die relativ geringe Belastung durch die Lehrtätigkeit die Möglichkeit gab, sich ungestört und ohne materielle Sorgen dem weiteren Ausbau seiner kristallographischen Theorie und der U-Tisch-Methode zu widmen.

Die grundlegenden Vorstellungen FEDOROVS zur Kristallographie sind in seinem „Lehrbuch der Kristallographie" enthalten, das 1897 und 1901 in erweiterter Fassung erschien, sowie in weiteren Artikeln.

In stärkerem Maße wandte sich FEDOROV petrographischen Fragen zu, was vor allem als Ergebnis seiner praktischen Arbeiten im Nordural gewertet werden muß. Dazu gehören seine „Grundlagen der Petrographie", Arbeiten über die petrographische Nomenklatur, über die Erforschung des Chemismus der Minerale und Gesteine und vor allem die weiterführenden Arbeiten über die Anwendung der U-Tisch-Methode bei der Mineralbestimmung, speziell bei der Bestimmung der Feldspäte.

In diese Schaffensperiode fällt seine internationale Anerkennung als führender Kristallograph und Mineraloge. Eine wichtige Rolle bei der Verbreitung der neuen, Kristallographie, Mineralogie und Petrographie entscheidend beeinflussenden Ideen FEDOROVS außerhalb Rußlands, spielte der bereits genannte Herausgeber der seinerzeit führenden kristallographischen Zeitschrift, Professor PAUL GROTH in München. Das

Abb. 3. Das zweikreisige Goniometer von FEDOROV

wird durch den erst teilweise ausgewerteten Briefwechsel zwischen diesen beiden Wissenschaftlern belegt, der aus einem Zeitraum von 25 Jahren, von 1891—1915, erhalten blieb [52, zit. in 51, S. 136—138]. Man kann ohne Übertreibung feststellen, daß FEDOROV außerhalb Rußlands berühmter war als in seinem Vaterland. Diese Wertschätzung zeigte sich unter anderem in der bereits erwähnten, 1896 erfolgten Wahl zum korrespondierenden Mitglied der Bayerischen Akademie der Wissenschaften. FEDOROV schreibt hierüber in seiner Autobiographie: „Das Ergebnis (seiner Forschungen, P. K.) war überaus merkwürdig. Kaum hatte ich mit der Veröffentlichung einer Serie meiner Arbeiten begonnen, wählte mich unmittelbar nach Veröffentlichung des Teils, der in unserer Akademie nicht die verdiente Beachtung fand, die Bayerische Akademie zu ihrem korrespondierenden Mitglied" [38, zit. in 51, S. 136].

Die letzte Schaffensperiode FEDOROVS umfaßt den Zeitraum von 1905 bis zu seinem Tode im Jahre 1919. Wie bereits erwähnt, wurde FEDOROV im Jahre 1905 zum Direktor des Gornyj Instituts in Petersburg gewählt und erhielt den Lehrstuhl für Mineralogie und Kristallographie. Seine Stellung gestattete ihm, eine umfangreiche und fruchtbringende organisatorische und wissenschaftliche Tätigkeit zu entfalten. Die Vorlesungen wurden von ihm umgestaltet. Für den Lehrstuhl für Mineralogie gewann er seinen ehemaligen Mitarbeiter aus den Turinsker Bergwerken, Professor V. V. NIKITIN. Um die umfangreiche, aber vernachlässigte Sammlung des Gornyj Instituts auf neuesten Stand zu bringen, holte er seinen ehemaligen Gehilfen aus dem Landwirtschaftsinstitut, den Mineralogen A. E. KUPFER, nach Petersburg. Die auf Initiative FEDOROVS gegründeten „Zapiski Gornogo Instituta" waren gefüllt mit seinen Arbeiten, von umfangreichen Aufsätzen bis kurzen Mitteilungen. Das wissenschaftliche Werk dieser letzten Schaffensperiode widerspiegelt sich in mehr als 250 Veröffentlichungen, das sind mehr, als in allen Jahren zuvor. Er vollendete seine Arbeit „Das Kristallreich", die Zusammenfassung seiner Theorie über die kristallchemische Analyse. Mit Hilfe des darin enthaltenen umfangreichen Tabellenwerks ermöglichte diese kristallchemische Analyse, die chemische Zusammensetzung von Kristallen und das Schema ihres inneren Baus an Hand der äußeren Kristallform zu bestimmen. Die Nachteile dieser Methode liegen darin, daß nur solche Minerale bestimmt werden konnten, die im FEDOROVschen Tabellenwerk enthalten waren und die vollständig auskristallisiert sein mußten. FEDOROVS Buch „Das Krystallreich [37]", herausgegeben von seinen Schülern, erschien erst 1920 in deutscher Sprache [51, S. 173—192]. Der graphischen Darstellung petrochemischer Analysenergebnisse widmete FEDOROV ebenso Aufmerksamkeit. Das bekannteste Resultat seiner Überlegungen auf diesem Gebiet sind die „FEDOROVschen Tetraeder", die Darstellung von Vierkomponenten-Systemen in Tetraederform. Während seiner Lehrtätigkeit am Gornyj Institut arbeitete FEDOROV weiter am Ausbau einer neuen, sogenannten „projektiven" Geometrie. Seine Vorlesungen zu diesem Problemkreis erschienen 1907 unter dem Titel „Die neue Geometrie als Grundlage des Zeichnens" [51, S. 193—202].

Das Petersburger Gornyj Institut wurde, dank des Lehrstuhls von FEDOROV, in den Jahren vor dem 1. Weltkrieg noch aus einem anderen Grund zum Anziehungspunkt russischer und ausländischer Wissenschaftler: durch die Möglichkeit, unter FEDOROVS Anleitung die weiterentwickelte U-Tisch-Methode und ihre Anwendung bei der Lösung mineralogischer und petrographischer Fragen zu studieren. Zur Vertiefung ihrer Kenntnisse auf diesem Gebiet kamen zu FEDOROV Wissenschaftler aus England, Deutschland, Japan, der Schweiz und weiteren Ländern [51, S. 166].

In diesem Zeitraum wählte ihn eine große Anzahl ausländischer Akademien und Gesellschaften zu ihrem Mitglied, so die Londoner Mineralogische Gesellschaft und die Italienische Akademie der Wissenschaften zu Rom (1910), ferner die Französische Mineralogische Gesellschaft (1912); im Jahre 1914 verlieh ihm die Genfer Universität den Titel eines Doktors der physikalischen Wissenschaften.

Die beste Bestätigung der Ideen Fedorovs war aber die Entdeckung der Diffraktion des Röntgenlichts in Kristallen im Jahre 1912 durch M. v. Laue und die ersten Bestimmungen von Kristallstrukturen auf der Grundlage der Röntgenanalyse durch W. H. und W. L. Bragg 1913. Sie zeigten, daß alle Kristallstrukturen den 230 Raumgruppen zugeordnet werden können, die 1890 von Fedorov angeführt wurden. „Ich kann mich nicht der Erklärung enthalten", schrieb Evgraf Stepanovič in einem seiner Artikel aus dieser Zeit, „daß ich keinesfalls daran dachte, die tatsächliche Bestimmung der Lage der Atome in den Kristallen, wie sie in meinen früheren Werken vorgesehen war, noch zu erleben. In einem Brief an Prof. Groth schrieb ich, daß wahrscheinlich die detaillierte Anwendung der Systeme, die in diesen Arbeiten vorhergesagt wurde, erst nach 100 Jahren Wirklichkeit werden würde" [20, S. 54–56, zit. bei 51, S. 208].

Über die Weltanschauung Fedorovs, seine philosophischen und sozialpolitischen Ansichten gibt es in der sowjetischen Literatur eine Vielzahl von Untersuchungen. An Hand des umfangreichen Briefwechsels und anderen Archivmaterials, um dessen Erschließung sich besonders der Leningrader Kristallograph I. I. Šafranovskij verdient gemacht hat, ergibt sich ein recht gutes Bild des streitbaren Materialisten Fedorov [51]. Seine oftmals dialektisch-materialistische Grundhaltung [49, S. 13] führte ihn auch auf gesellschaftspolitischem Gebiet zu progressiven Einsichten und entsprechendem Verhalten, das sich in einer oppositionellen Haltung gegenüber dem zaristischen Machtapparat und in der Unterstützung der revolutionären Bewegung äußerte. Die Weltanschauung Fedorovs entwickelte sich unter dem Einfluß der russischen revolutionären Demokraten der sechziger und siebziger Jahre des vorigen Jahrhunderts. Wie der größte Teil der damaligen russischen Intelligenz stand er zunächst völlig unter dem Einfluß der Volkstümlerbewegung. Während seines Auslandaufenthalts im Jahre 1877 kam er mit marxistischen und sozialdemokratischen Ideen in Berührung. In Deutschland machte er die Bekanntschaft von Wilhelm Liebknecht und August Bebel [54, S. 4]. M. M. Sokolov schreibt über die Kontakte Fedorovs mit der marxistischen Bewegung:

„Einfluß auf die Bildung der Ansichten E. S. Fedorovs hatte die Bekanntschaft mit dem ‚Kapital' und einigen anderen Werken von Karl Marx. Dafür spricht überzeugend der Artikel ‚Chronik der sozialistischen Bewegung im Westen', der in der Zeitung ‚Načalo', die 1878 erschien, veröffentlicht wurde. Es besteht Grund zu der Annahme, daß von Fedorov der Versuch unternommen wurde, mit Marx und Engels Verbindung aufzunehmen. Es ist bekannt, daß Evgraf Stepanovič einer der Mitbegründer zur Herausgabe der erwähnten Zeitung war. Gedruckt wurde sie in der Wohnung seiner Bekannten und unter seiner unmittelbaren Beobachtung. Er selbst war Redakteur des internationalen Teils. Und schließlich wurde ‚Načalo' nicht ohne sein Mitwirken an Friedrich Engels mit einem Begleitschreiben gesandt, in dem Engels und Marx ersucht wurden, Artikel zu senden. Es ist charakteristisch, daß vorgeschlagen wurde, die Verbindung über Wilhelm Liebknecht zu halten, der persönlich von allen Redaktionsmitgliedern nur Fedorov bekannt war. Engels kannte ‚Načalo' und bezog sich darauf in Briefen an Freunde. Über den Druck von ‚Načalo', der von Fedorov geleitet wurde, äußerte sich in Briefen an Marx das Mitglied des Generalrats der I. Internationale, German Lopatin" [49, S. 12].

Die Verbindung zu Marx und Engels riß im Zusammenhang mit der Einstellung der Herausgabe der Zeitung infolge Meinungsverschiedenheiten zwischen der Redaktion und der Leitung der Partei „Zemlja i Wolja" ab. Hinzu kam die Abwendung Fedorovs von den Volkstümlern und später von der aktiven politischen Tätigkeit [49, S. 12]. Sokolov betont, daß sich die Weltanschauung Fedorovs nach seinem Rückzug aus der aktiven politischen Tätigkeit im Grunde nicht geändert hat und führt als Beweis den in den siebziger Jahren geschriebenen, jedoch erst 1906 veröffentlichten Aufsatz „Der Perfektionismus" an [49, S. 13].

In seinen soziologischen Arbeiten schätzte er z. B. die Rolle der Volksbewegungen in der Geschichte Rußlands hoch ein und vertrat die Ansicht, daß der Zarismus, der diese

Bewegungen unterdrückte, den gesellschaftlichen Fortschritt bremst. Für Fedorov war das zaristische Rußland ein barbarischer Staat [49, S. 13].

Die Revolution von 1905 in Rußland begrüßte E. S. Fedorov und nahm gegen das zaristische Regime Stellung. In Briefen und anderen Zeugnissen brandmarkte er die Erschießung der Arbeiter am 9. Januar als Verbrechen und rief die russischen Wissenschaftler und die Akademie der Wissenschaften auf, die Stimme des Protestes zu erheben [51, S. 149—153]. Sein Sohn, Student an der Moskauer Universität, trat als revolutionärer Propagandist auf Arbeiterversammlungen auf und wurde nach seiner Verhaftung 1905 nach Sibirien verbannt. Fedorov selbst unterstützte die revolutionäre Studentenbewegung, versteckte gefährdete Studenten des Moskauer Landwirtschaftsinstituts in seiner Wohnung und unterstützte ihre Flucht [51, S. 154].

Nach der Niederschlagung der Revolution und dem Beginn der reaktionären Verfolgungen fortschrittlicher Kräfte bezeichnete er die Revolution als einen Hoffnungsschimmer zwischen den dichten Wolken des russischen sozialen Horizonts, als schnell und vorübergehend aufleuchtenden Sonnenschein [49, S. 13].

Während die Liberalen aller Schattierungen die I. Staatsduma als Beginn einer konstitutionellen Ära priesen, schrieb Fedorov „Wenn man einen Blick in die Zukunft wirft, kann man voraussehen, daß die provisorische Form der Ordnung, die für ein gewisses zeitliches Intervall errichtet wird, sehr instabil sein wird", weil sie nicht den „Elementen der Gesellschaft, denen die Zukunft gehört" entspricht [17, S. 63; zit. 49]. Sehr bemerkenswert sind die Schlußfolgerungen, die Fedorov aus dem 1. Weltkrieg zog. Zwei Wochen vor der Februarrevolution versuchte der Wissenschaftler mit dem Artikel „Natur und Mensch" die internationale politische Lage zu analysieren, die Widersprüche zwischen England und Deutschland aufzudecken, die nach seiner Meinung den 1. Weltkrieg mit seinen Greueltaten und Brutalitäten bedingt haben. Er entlarvte die Agressivität des deutschen Imperialismus und sagte seinen unvermeidlichen Zusammenbruch voraus [17, S. 13].

Den Sturz des Zarismus durch die Februarrevolution begrüßte er enthusiastisch, ebenso die Nachricht vom Ausbruch der Revolution in Deutschland.

Über das Verhältnis Fedorovs zur Oktoberrevolution, das mit dem Verhalten vieler russischer Intellektueller zur proletarischen Revolution übereingestimmt haben dürfte, schreibt Sokolov:

„Fedorov war in der Tat kein proletarischer Revolutionär, kein Marxist, sondern ein volksliebender Demokrat. Sein Traum ist das Wohl des Volkes, eine Welt ohne Unterdrückung und, so fügen wir hinzu, etwa wie Tolstoj, ohne Gewalt. Die Revolution erschien in unverhüllten und schärfsten Formen des Klassenkampfes (Aufstände, Bürgerkrieg), die der jungen Sowjetrepublik durch die Feinde aufgezwungen wurden. Bekanntlich verstanden und akzeptierten viele der besten und progressivsten Wissenschaftler nicht sofort und vollkommen die Oktoberrevolution. Doch das bedeutet nicht, daß die Revolution den großen Wissenschaftler in den vergangenen Idealen enttäuschte. Er entsetzte sich vor den Heimsuchungen des Bürgerkrieges, worüber er in seinem letzten Brief an die Akademie der Wissenschaften sprach, in dem er von den Zeiten träumt, da „unser Vaterland von der Methode geheilt sein wird, soziale Probleme durch ... Gewalt zu lösen" [49, S. 13].

Als patriotischer Wissenschaftler stellte er sich jedoch in den Dienst des jungen Sowjetstaates. Er wurde Chefpetrograph des Geologischen Komitees, die erneuerte Russische Akademie der Wissenschaften wählte ihn zu ihrem Mitglied. Fedorov widmete sich der Ausarbeitung von Plänen für zukünftige Expeditionen. An drei Instituten in Petrograd hielt er Vorlesungen über Kristallographie, kümmerte sich um jüngere Mitarbeiter und schrieb noch eine ganze Serie von Artikeln — wie paßt das zu einem „von seinen Idealen enttäuschten" Menschen? Nicht ein abgekapselter, verbitterter Intellektueller, sondern ein politisch aufgeschlossener, mitten in aktiver wissenschaftlicher und wissenschaftsorganisatorischer Tätigkeit stehender, um die Entwicklung seines Landes und der Wissenschaft besorgter Hochschullehrer — so bietet sich uns das Bild EVGRAF STEPANOVIČ FEDOROVS, eines der hervorragendsten Kristallographen, Petrographen und Mineralogen der Jahrhundertwende.

Bibliographie

Arbeiten in russischer Sprache

[1] Ėtjudy po analitičeskoj kristallografii. Ėtjud pervyj. Suščnost' kristallografičeskoj projektivnosti. — Gorn. ž., St. Petersburg **I** (1885) 4, S. 87—118; 5, S. 222—242.

[2] Načala učenija o figurach. — Zap. S.-Petersb. mineral. obšč., 2. ser., St. Petersburg **21** (1885), S. I—VIII + 1—277.

[3] Svedenija i o Severnom Urale. — Izv. Russk. geogr. obšč., **XXII** (1886), S. 255—298.

[4] Ėtjudy po analitičeskoj kristallografii. Ėtjud četvertyj. Sistema kristallografičeskich vyčislenij, osnovanija na proektinych svojstvach kristallov. — Gorn. ž., St. Petersburg **II** (1887) 4, S. 87—113.

[5] Simmetrija konečnych figur. — Zap. S.-Petersb. mineral. obšč., 2. ser., St. Petersburg **25** (1889) (1888), S. 223—240.

[6] O sooružaemom novom goniometre. — Zap. S.-Petersb. mineral. obšč., 2. ser., St. Petersburg **26** (1890), S. 458—460.

[7] Simmetrija pravil'nych sistem figur. — Zap. S.-Petersb. mineral. obšč., 2. ser., St. Petersburg **28** (1891), S. 1—146.

[8] Po povodu pojavivšegosja sočinenija Šenflisa po teoretičeskoj kristallografii. — Zap. S.-Petersb. mineral. obšč., 2. ser., St. Petersburg **28** (1891), S. 515—519.

[9] Teodolitnyj metod v mineralogii i petrografii. — Trudy geol. kom., **X** (1893) 2, S. 1—191.

[10] Kurs kristallografii. Izd. 2. — St. Petersburg: 1897. XVI + 375 S.

[11] Osnovanija petrografii. — St. Petersburg: 1897. 236 S.

[12] Geologičeskie issledovanija v Severnom Urale v 1887—1889 godach. — St. Petersburg 1898. 216 S.

[13] Ob izučenie chimizma mineralov i gornych porod. — Zap. S.-Petersb. mineral. obšč., 2. ser., St. Petersburg **37** (1899) 2, S. 269—310.

[14] Estestvennaja klassifikacija i simbolizacija chimičeskich sostavov izveržennych gornych porod. — Zap. S.-Petersb. mineral. obšč., 2. ser., St. Petersburg **38** (1900) 2, S. 395—446.

[15] Poslednye šagi v dele universal'no-optičeskich issledovanij. Primenenie k polevym špatom. — Zap. S.-Petersb. mineral. obšč., 2. ser., St. Petersburg **40** (1903) 2, S. 221—261.

[16] Opredelenie pokazatelej prelomlenija v tonkich šlifach. — Zap. S.-Petersb. mineral. obšč., 2. ser., St. Petersburg **40** (1903) 2, S. 305—361.

[17] Perfekcionizm. — Izv. S.-Petersb. biol. labort., **VIII** (1906) 1, S. 25—65; 2, S. 9—67.

[18] Novaja geometrija kak osnova čerčenija. Sostavlena na osnove lekcij, čitaemych v Gornom institute v načale 1906 g. — St. Petersburg: 1907. VIII + 135 S.

[19] Chimičeskie otnošenija gornych porod i ich grafičeskoe izobraženie. — Zap. gorn. inst., St. Petersburg **I** (1907) 1, S. 1—19.

[20] Pervye šagi v dele rasproznavanija raspoloženija atomov v kristallach. — Priroda, Moskva (1915) 3, S. 339—350.

[21] Razum i instinkt. — Priroda, Moskva (1915) 7—8, S. 895—906.

[22] Priroda i čelovek. — Priroda, Moskva (1917), S. 423—432.

[23] Chimičeskij tetraedr v petrografii. — Izv. Akad. nauk, 6. ser., Teil 1, St. Petersburg **XII** (1918) 7, S. 631—644.

[24] Otnositel'naja rol' truda dobyvanija syrogo materiale i dobavočnogo specialisirovannogo truda v nauke. — Priroda, Moskva (1919) 4—6, S. 243—252.

Arbeiten in deutscher Sprache

[25] Über zwei meiner Arbeiten: 1) Die Symmetrie der Endfiguren; 2) Die Symmetrie des regulären Systems der Figuren. — N. Jb. Mineral. etc., Stuttgart (1891) 1, S. 113—116.

[26] Das Zusammenfallen der kristallographischen Resultate des Herrn SCHOENFLIES mit meinen. — Z. Krist. Mineral., München **XX** (1892) 1, S. 25—75.

[27] Über das Universalgoniometer. — N. Jb. Mineral. etc., Stuttgart (1893) 2, S. 69—70.
[28] Die Universal-Theodolit-Methode in Mineralogie und Kristallographie. T. I: Universalgoniometrische Untersuchungen. — Z. Krist. Mineral., München **XXI** (1893) 5/6, S. 574—678; T. II: Kristalloptische Untersuchungen. — Ebenda 3, S. 229—268.
[29] Grundlagen der Formenlehre. — Z. Krist. Mineral., München **XXI** (1893) 5/6, S. 679—694.
[30] Theorie der Kristallstruktur. Einführung. Das reguläre Punktsystem. — Z. Krist. Mineral., München **XXIV** (1895) 3, S. 209—252.
[31] Die Universalmethode und die Untersuchung der Feldspäte. 1. Methodische Grundlagen. — Z. Krist. Mineral., München **XXVI** (1896) 3, S. 225—261; 2. Die Bestimmung der Feldspäte. — Z. Krist. Mineral., München **XXXVI** (1896) 4, S. 337—398.
[32] Einige Überlegungen zu den Grundfragen der Kristallographie. — Sitzungsber. math.-phys. Cl. Bayer. Akad. Wiss., München XXVI (1896) (1897), S. 499—530.
[33] Versuch einer Thermodynamik der Kristalle. — Z. Krist. Mineral., München **XXVII** (1897) 4, S. 483—1501.
[34] Über die reguläre Ausfüllung von Fläche und Raum. — Abh. Bayer. Akad. Wiss., math.-phys. Cl., München **XX** (1899) (1900) 2, S. 465—588.
[35] Über das Universalgoniometer mit mehr als zwei Drehachsen. — Mechaniker, Berlin **IX** (1902) 1, S. 22—49.
[36] Praktica der kristallchemischen Analyse und die Zusammenstellung der dazu notwendigen Tabellen. — Z. Krist. Mineral., München **L** (1912) 6, S. 513—575.
[37] Das Krystallreich. Tabellen zur Krystallchemischen Analyse. Unter Beteiligung von D. Artemjew, T. Barker, B. Orelkin und W. Sokolow. Mit Atlas. — Zap. Akad. nauk, fiz.-mat. otd., Petrograd XXXVI (1920), Text LXXIV + 1050 S., Atlas 213 Bl. Tab.

Selbstzeugnisse Fedorovs

[38] Fedorov Evgraf Stepanovič. Kratkaja avtobiografija. In: Materialy dlja Biograf. slovarja dejst. členov Akad. nauk. Č. II. — Petrograd: 1917. S. 205—215.
[39] L. V. Fedorova: Naši budni, goresti i radosti. Vospominanija Arch. Akad. nauk SSSR, Leningrad, f. 831, op. 2, Nr. 47. Zit. in: Šafranovskij, I. I. 1963, S. 19.

Arbeiten über Leben und Werk von E. S. Fedorov

[40] Batjuškova, I. V.: Istorija geologii. — Moskva: izd. Nauka 1973. S. 148—151.
[41] Bokij, G. B.; Šafranovskij, I. I.: Iz perepiski E. S. Federova s A. Šenflisom. In: Naučnoe nasledstvo, Bd. II. — Moskva: izd. Akad. nauk SSSR, inst. istorii estestvoznanija 1951. S. 314—340 (Faks.!).
[42] Bokij, G. B.; Šafranovskij, I. I.: Iz perepiski E. S. Fedorova s. Ju. V. Vul'fom. In: Naučnoe nasledstvo, Bd. II. — Moskva: izd. Akad. nauk SSSR, inst. istorii estestvoznanija 1951. S. 349—354.
[43] Blodryev, A. K.; Kommentarii k rabote E. S. Fedorova „Das Kristallreich". — Leningrad: izd. Akad. nauk SSSR 1926. S. 4—72.
[44] Grigor'ev, D. P.; Šafranovskij, I. I.: Vydajuščiesja russkie mineralogii. — Moskva—Leningrad: izd. Akad. nauk SSSR 1949. S. 136—161.
[45] Idei E. S. Fedorova v sovremennoj kristallografii i mineralogii. — Leningrad: izd. Nauka 1970. 244 S.
[46] Kristallografija, vyp. 3. In: Sborn. statej, posvjaščennye 100-letiju so dnja roždenija akademika E. S. Fedorova. — Leningrad: Leningr. gorn. inst. 1955. 256 S. (mit zahlreichen Beiträgen über den Briefwechsel Fedorovs).
[47] Sedych, T. B.: E. S. Fedorov — borec za materializm. — Vopr. filos., (1954) 3, S. 151—158.
[48] Sokolov, N. M.: O mirovozzrenii E. S. Fedorova. In: Kristallografija, Teil 5. — Leningrad: izd. Leningr. gorn. inst. 1956. S. 5—23.
[49] Sokolov, N. M.: Social'no-političeskie vzgljady E. S. Fedorova. In Sbd. „Idei E. S. Fedorova v sovremennoj kristallografii i mineralogii. — Leningrad: izd. Nauka 1970. S. 11—16.
[50] Trudy instituta istorii estestvoznanija i technika. Bd. 10. Materialy jubilejnoj sessii, posvjaščennoj stoletiju djna roždenija E. S. Fedorov. — Moskva: izd. Akad. nauk SSSR 1956. S. 1—84.

[51] ŠAFRANOVSKIJ, I. I.: EVGRAF STEPANOVIČ FEDOROV. — Moskva—Leningrad: izd. Akad. nauk SSSR 1963.
[52] ŠAFRANOVSKIJ, I. I.: Perepiska E. S. FEDOROVA s P. GROTOM. In: Kristallografija, Teil 3. — Leningrad; izd. Leningr. gorn. inst. 1955. S. 171—193.
[53] ŠAFRANOVSKIJ, I. I.; RASKIN, N. M.: Pis'ma E. S. FEDOROVA k P. GROTU, F. KLEJNU, N. S. KUSNAKOVU, N. A. MOROZOVU, A. ŠENFLISU, S. ĖRMITU. In: I. I. ŠAFRANOVSKIJ; N. M. RASKIN: Rukopisnye materialy E. S. FEDOROVA v Archive Akademii nauk SSSR. — Trudy Archiva, Moskva 14 (1957), S. 136—143 (hierin noch weitere Artikel über FEDOROV).
[54] TATARINOV, P. M.; SOLOV'EV, S. P.; ŠAFRANOVSKIJ, I. I.: Osnovnye vechi žizni i tvorčestva E. S. FEDOROVA In: Sbd. Idei E. S. FEDOROVA v sovremennoj kristallografii i mineralogii. — Leningrad: izd. Nauka 1970. S. 3—7.
[55] RAMDOHR, P.: KLOCKMANN'S Lehrbuch der Mineralogie. 14. umgearb. Aufl. — Stuttgart: F. Enke Verl. 1954.
[56] LARMAN, E. K.. AKSEL' VIL'GELMOVIČ GADOLIN. — Moskva: izd. Nauka 1969.

Manuskripteingang: 24. Januar 1978

Anschrift des Autors:

Dr. P. KRÜGER, Zentrales Geologisches Institut
DDR - 104 Berlin, Invalidenstraße 44

Schriftenr. geol. Wiss. · Berlin 14 (1979) · S. 79–90

ALEKSEJ PETROVIČ PAVLOV (1854–1929)

Von ALEKSANDRA IOSIFOVNA RAVIKOVIČ, Moskau

Mit einer Abbildung

ALEKSEJ PETROVIČ PAVLOV stellte die genetischen Typen der Kontinentalablagerungen fest, schuf die Grundlage für eine Zonengliederung der mesozoischen Sedimente des europäischen Rußlands, parallelisierte die stratotypen Profile des Quartärs der alpinen Zone und Westeuropas, beschrieb die Dislokationen innerhalb der Russischen Tafel und gliederte sie. Fast ein halbes Jahrhundert lehrte A. P. PAVLOV Geologie an der Moskauer Universität und wurde so zum Lehrer für zahlreiche Geologen.

АЛЕКСЕЙ ПЕТРОВИЧ ПАВЛОВ — знаменитый естествоиспытатель, который установил генетические типы континентальных отложений, заложил основы зонального расчленения мезозойских осадков Европейской России, параллелизовал стратотипические разрезы четвертичной системы Альпийской зоны и Восточной Европы, выделил и описал дислокации в пределах Русской платформы. Почти полвека А. П. ПАВЛОВ преподавал геологию в Московском университете, в стенах которого вырастил плеяду выдающихся геологов.

ALEKSEI PETROVICH PAVLOV is a well-known scientist who stated the genetic types of continental depositions, laid the basis of a zonal division of Mesozoic sediments of European Russia, parallelized stratotype Quaternary profiles of the alpine zone and of Western Europe, and described and classified dislocations within the Russian platform. For nearly half a century A. P. PAVLOV taught geology at the University of Moscow and was the teacher of numerous geologists.

ALEKSEJ PETROVIČ PAVLOV wurde am 22. November 1854 in Moskau in der Familie eines Militärs geboren. Im Jahre 1874 beendete er das 2. Klassische Moskauer Gymnasium und trat im gleichen Jahr in die naturwissenschaftliche Abteilung der physikalisch-mathematischen Fakultät der Moskauer Universität ein. Zu dieser Zeit hielt G. E. ŠUROVSKIJ die Geologievorlesungen, der neben T. N. GRANOVSKIJ, K. F. ROUILLIER und anderen zu den bekanntesten Professoren jener Epoche gehörte. ŠUROVSKIJ, ein begabter Pädagoge und unermüdlicher Forschungsreisender, publizierte mehrere Arbeiten zur Geologie Rußlands. Unter seinem Einfluß wählte PAVLOV im Jahre 1878 das Thema seiner Diplomarbeit. In jenen Jahren begann, nicht zuletzt auf Grund der Arbeiten von W. WAAGEN, L. WÜRTEMBERG, M. NEUMAYR, E. SUESS und weiteren, die Theorie DARWINS in die Paläontologie einzudringen und das Problem der genetischen (natürlichen) Klassifizierung der Organismen wurde lebhaft diskutiert. PAVLOV setzte sich in seiner Diplomarbeit kritisch mit der Meinung der Vorgänger und seiner Zeitgenossen über die Prinzipien der Klassifizierung der Ammoniten von der Position der Evolutionslehre her auseinander und beschrieb ergänzend Material über Ammonoideen, die im Paläontologischen Museum der Universität aufbewahrt wurden. Für diese Arbeit verlieh die Fakultät PAVLOV eine Goldmedaille.

Nach Beendigung der Ausbildung (1878) lehrte PAVLOV zwei Jahre (bis 1880) Naturkunde und Chemie an der Realschule in Twer (heute Kalinin). Bereits 1880 berief ŠUROVSKIJ ihn auf den Posten eines Kustos des Geologischen Kabinetts der Moskauer Universität und beauftragte ihn gleichzeitig mit dem Mikroskopie-Praktikum. Im Jahre 1881 trat ŠUROVSKIJ in den Ruhestand und seinen Lehrstuhl übernahm V. O. KOVALEVSKIJ, der PAVLOV mit seinen paläontologischen Sammlungen bekannt machte.

Er interessierte PAVLOV für seine Ideen, der später auf die Arbeiten KOVALEVSKIJS als auf ein Beispiel paläontologischer Forschung und wissenschaftlichen Denkens hinwies.

Während der Jahre 1881—1882 legte PAVLOV die Magisterexamen ab und im Mai 1883 beginnt er, im Auftrag der Petersburger Mineralogischen Gesellschaft, Feldarbeiten im Wolgagebiet (in den damaligen Gouvernements Pensa und Simbirsk) durchzuführen. Die Forschungsergebnisse dienten ihm als Grundlage der Magister-Dissertation unter dem Thema „Nižnevolzskaja jura" [2], die PAVLOV im März 1884 an der Universität Kasan verteidigte.

Kurz danach reiste PAVLOV ins Ausland, wo er Paris, die Auvergne, die Normandie und Wien besucht. Die meisten Anregungen gewinnt er auf den Exkursionen in die Umgebung von Paris, an den Orten, an denen G. CUVIER gearbeitet hatte. Einen tiefen Eindruck hinterläßt bei ihm seine Begegnung mit M. NEUMAYR in Wien, der ihn in seine paläontologischen und paläogeographischen Arbeiten einführte. Man kann annehmen, daß die paläogeographischen Verallgemeinerungen NEUMAYRS (über die Jura-Periode) PAVLOV auf das Studium dieser Probleme lenkte.

Nach der Rückkehr aus dem Ausland, nunmehr im Range eines Dozenten, beginnt PAVLOV (am 21. September 1884) mit Geologievorlesungen an der Moskauer Universität. Zwei Jahre später wird ihm der Professorentitel verliehen. Zu dieser Zeit nahm er erstmals die Vorlesung über „Allgemeine Geologie" auf, die breite Anerkennung fand. Fast ein halbes Jahrhundert als Professor wirkend, schuf PAVLOV eine Geologenschule. Zu seinen Schülern gehören so bekannte Gelehrte wie A. D. ARCHANGEL'SKIJ, A. A.

Černov, A. N. Mazarovič, E. V. Milanovskij, G. F. Mirčink, A. N. Rozanov, D. I. Ilovajskij, V. V. Aršinov und A. P. Ivanov.

Ab 1885 begab sich Pavlov im Auftrag des Geologischen Komitees mehrmals in das Wolgagebiet, um an der Kartierung des 91. und des angrenzenden 110. Zehn-Werst-Blattes der Allgemeinen Geologischen Karte Rußlands mitzuwirken. 1886 schreibt er eine Monographie: „Die Ammoniten der *Aspidoceras acanthicum*-Zone" [3], die er im Mai desselben Jahres als Doktor-Dissertation verteidigt. In dieser Arbeit stellt er, unter Anwendung der Methode der Zonen-Untergliederung, das Auftreten der Kimmeridge-Schichten im Wolgagebiet fest und gibt die geographische Verbreitung dieser Stufe des oberen Jura im europäischen Rußland an. Hier zieht er die ersten Schlußfolgerungen über eine breite Verbindung des russischen Meeres im Osten mit dem asiatischen und im Westen mit dem mitteleuropäischen Meer. Die Theorie Pavlovs von einer Verbindung der Jura-Meere Europas und Asiens erlaubte es, die Ähnlichkeit der indischen und der westeuropäischen Cephalopoden als Ergebnis ihrer allmählichen Migration von Osten nach Westen zu erklären. Damit war die Hypothese Waagens über eine unabhängige, parallele Entwicklung der oberjurassischen Cephalopoden Indiens und Europas widerlegt. Diese Untersuchungen stellten Pavlov in die erste Reihe der führenden Wissenschaftler Rußlands. Zugleich zeigten sie, daß er die Fähigkeit besaß, Beobachtungen in der Natur vorzunehmen und sie zu verallgemeinern, sowie auch die Eigenschaft, beharrlich und beständig seine Ansichten zu vertreten.

Es begannen nun die mehrjährigen Expeditionen Pavlovs in das Mittlere und Untere Wolgagebiet. Er sammelte dabei das Material für seine Monographien zur Stratigraphie des Mesozoikums und Känozoikum. Es wurden die allgemeine Geschichte des Quartär geklärt und die genetischen Typen der Kontinentalablagerungen festgestellt. Schließlich beschreibt Pavlov als Erster aus dem Wolgagebiet tektonische Störungen auf dem Territorium der Russischen Tafel (die Žiguli-Verwerfung, den Aleksandrovskij-Graben und andere).

Pavlov erfreute sich einer tätigen Natur und nahm regen Anteil an der Arbeit nationaler und internationaler Organisationen. So beginnt er in den achtziger Jahren unter dem Eindruck seiner Erfahrungen als Lehrer am Gymnasium in Twer energisch für eine Unterrichtsreform in den Mittelschulen zu kämpfen, gegen die Vorherrschaft der sogenannten klassischen Bildung, für die Einführung aller Naturwissenschaften in das Lehrprogramm. Diese Bemühungen erstreckten sich über einen Zeitraum von fast 30 Jahren.

Eine andere Form der gesellschaftlichen Tätigkeit, die eine bedeutende Rolle in seinem Leben spielte, war die Teilnahme an der Arbeit wissenschaftlicher Gesellschaften. Er erkannte die große Bedeutung von Kontakten für die Entwicklung der Wissenschaften und vertrat die Ansicht, daß der Wissenschaftler bei seinen Forschungen nicht allein arbeiten darf. Einen besonderen Platz bei der Aufnahme solcher Kontakte nahm die Moskauer Gesellschaft der Naturforscher ein. Sie wählte ihn zu ihrem Sekretär (1888), zum Mitglied des Rates (1906) und zum Vizepräsidenten (1917). Pavlov war darüber hinaus Mitglied anderer russischer Gesellschaften: der Gesellschaft der Naturfreunde für Anthropologie und Ethnographie, der Mineralogischen Gesellschaft, der archäologischen Gesellschaft, der Russischen Bergbaugesellschaft, des Bodenkomitees und weiteren. Angesehene ausländische Gesellschaften wählten ihn zu ihrem Mitglied, so z.B. die Londoner Geologische Gesellschaft (1914), die Französische Geologische Gesellschaft (1903), die ihm die Gaudry-Goldmedaille verlieh, ferner die Belgische Gesellschaft für Geologie, Paläontologie und Hydrologie.

Pavlov war Teilnehmer einiger Internationaler Geologenkongresse (des III. bis VIII., des XI. und XIV.), auf denen er Vorträge hielt. Auf dem IV. und XI. wurde er zum Vizepräsidenten gewählt.

Nicht weniger lebhaft nahm Pavlov an der Organisierung wissenschaftlicher Veranstaltungen in der Heimat teil. So war er einer der Initiatoren der Einberufung von Tagungen (der IX., XI. und XII.) der Gesellschaft der Russischen Naturforscher und Ärzte. In seinen letzten Lebensjahren zählte PAVLOV zu den Konsultanten von Gosplan und VSNCh[1]) zu Fragen der angewandten Geologie.

PAVLOV wurde mit höchsten wissenschaftlichen Titeln geehrt. Im Jahre 1905 wurde er zum Korrespondierenden Mitglied der Russischen Akademie der Wissenschaften gewählt, 1916 zum Ordentlichen Akademiemitglied. Im Jahre 1928 wurde ihm der Titel „Verdienter Wissenschaftler" verliehen.

Da sich PAVLOV mit einem breiten Spektrum von Problemen beschäftigte, ist es zweckmäßig, ihren Inhalt thematisch getrennt darzulegen.

Arbeiten zur Klassifizierung der mesozoischen Ablagerungen und zur Paläontologie

Im Jahre 1885 begann PAVLOV mit systematischen Felduntersuchungen im Mittleren Wolgagebiet, das zu jener Zeit geologisch wenig untersucht war und in dem Oberjura- und Kreidegesteine weit verbreitet sind. So beschäftigte er sich primär mit der Erforschung der Stratigraphie dieser Ablagerungen. Bis zu den Untersuchungen PAVLOVS wurden die Vierteilung der oberjurassischen Ablagerungen aus der Moskauer Umgebung, die von ROUILLIER (1845) vorgeschlagen worden war sowie das stratigraphische Schema von JAZYKOV (1843) für die mesozoischen Gesteine des Mittleren Wolgagebiets (des damaligen Simbirsker Gouvernements), welche nach lithologischen Merkmalen in fünf Stufen unterteilt wurden, für allgemein gültig befunden. In den Arbeiten der nachfolgenden Geologengenerationen [E. EICHWALD, G. A. TRAUTSCHOLD, I. F. SINCOV, S. N. NIKITIN und andere) wurde die stratigraphische Einteilung der mesozoischen Ablagerungen der russischen Ebene weiterentwickelt. Hier ist besonders die Untersuchung von NIKITIN (1881) zu erwähnen, die nach PAVLOV zu einem gut aufgebauten System von Daten über den Jura des Wolgagebiets führte, indem eine selbständige „Wolga-Stufe" abgetrennt wurde. Als PAVLOV seine Arbeiten aufnahm, waren die stratigraphischen Grenzen innerhalb des Jura und der Kreide unbekannt, ungeklärt war das Alter der Wolga-Schichten und der Unterkreide (Simbirsker) Tone; fast nichts wußte man über die untere Grenze des Jura-Systems und über seinen Kontakt mit den permischen Gesteinen. Es fehlte außerdem eine zuverlässige Korrelierung der Schichten des russischen Jura mit den westeuropäischen Typus-Profilen.

Nachdem er die genauere Abfolge der oberjurassischen und unterkretazischen Schichten (dabei die Simbirsker Tone in das Neokom stellend) im Wolgagebiet aufgestellt hatte, wo diese Schichten vollständiger entwickelt sind, als in der russischen Ebene, führte PAVLOV ihre Korrelierung mit den entsprechenden Gesteinen der Moskauer Umgebung sowie der Petschora-Region (z. B. am Fluß Ishma) durch. Er verfolgte den Kontakt der Jurabildungen mit den sie unterlagernden Gesteinen der Stufe der Bunten Mergel (Perm). So wurden allmählich die Grundlagen für das regionale Studium der mesozoischen Ablagerungen des europäischen Rußland geschaffen. In diese Arbeiten bezog PAVLOV seine Schüler ein (ARCHANGEL'SKIJ, MAZAROVIČ, MILANOVSKIJ und andere).

Die Bedeutung der stratigraphischen Arbeiten PAVLOVS geht über die regionalen Grenzen hinaus. Bei der geologischen Aufnahme im Wolgagebiet stieß er auf das Problem der Zonen-Gliederung der mesozoischen Ablagerungen Rußlands. Bereits OPPEL unterteilte 1856—1858 die stratigraphischen Zonen, sie als Schichtenkomplexe betrachtend, die durch bestimmte Fossilien charakterisiert werden (bei ihm Ammoniten).

---

[1]) Allunions-Volkswirtschaftsrat

Dabei blieb der lithologische Inhalt der Zonen unberücksichtigt. In den achtziger Jahren, als PAVLOV seine Untersuchungen aufnahm, traten Paläontologie und Biostratigraphie in eine neue Entwicklungsetappe, die sich mit dem Auftreten des Darwinismus erklärt und, daraus abgeleitet, die Vorstellung von einer phylogenetischen Systematik. Beginnend bei der Einteilung in Stufen hatte entsprechend der zeitgenössischen stratigraphischen Taxonomie die Lithologie der Sedimente keine Bedeutung. Diese Richtung wurde in den Arbeiten von NEUMAYR und PAVLOV erfolgreich weiterentwickelt. Letzterer nun verknüpfte im Unterschied zu anderen Wissenschaftlern die Einteilung der Zonen unbedingt mit dem Auftreten genetisch aufeinanderfolgender Fossilformen. Nach seinen Worten ist eine Zone „,... eine Ablagerung, die in einem gegebenen marinen Becken im Verlauf eines bestimmten Zeitabschnitts vor sich ging, dessen Dauer durch die Existenz einer genau definierten Formenart bestimmt wird“ [2, S. 4—5]. Nach dieser Klassifizierung entspricht seine Zone der Biozone im heutigen Sinne.

Die Methode der Zonengliederung erlaubte es PAVLOV, eine zonale Klassifizierung des Oberen Jura und der Unteren Kreide auf der Basis einer Faunenanalyse der Cephalopoden und Lamellibranchiaten durchzuführen. Wenn auch in der heutigen stratigraphischen Skala, die von PAVLOV vorgeschlagene Zonengliederung infolge Ausscheidung neuer Zonen und Verschiebung der Grenzen zwischen den einzelnen Zonen bestimmte Veränderungen erfuhr, erwies sich das methodische Herangehen von PAVLOV als fruchtbar, und die prinzipiellen Ergebnisse seiner Forschungen haben ihre Bedeutung bis in unsere Tage nicht verloren. Seine Vorstellungen bilden die Grundlage der heutigen Zonen-Skala der oberjurassischen und kretazischen Ablagerungen Osteuropas und Asiens. So wurde seine Ableitung des jurassischen Alters der Wolga-Stufe und die Grenzziehung zwischen den jurassischen und den kretazischen Gesteinen im Hangenden der Wolga-Stufe generell anerkannt.

PAVLOV führte eine biostratigraphische Analyse der Ablagerungen durch, die über der Wolga-Stufe und den im Wolgagebiet unter der Bezeichnung „Simbirskit-Tone“ (Zone mit *Simbirskites versicolor*) bekannten Tonen liegen. Seine Schlußfolgerung über das Hauterive/Barrême-Alter dieser Tone erwies sich als richtig und ist nach wie vor gültig. Das Problem der Jura/Kreide-Grenze wurde damit auf eine prinzipiell richtige Basis gestellt. Dabei betonte PAVLOV immer wieder, daß die Abgrenzung der geologischen Systeme auf vielen Voraussetzungen beruht.

PAVLOV führte einen gründlichen stratigraphischen Vergleich der Zonen von Speeton und Lincolnshire (England) mit analogen Profilen des Wolgagebiets durch. Dazu wurde Material herangezogen, das aus Frankreich, Deutschland, den Karpaten, den Alpen und anderen Orten stammte. Dabei ergaben sich Gemeinsamkeiten zwischen den faunistischen Horizonten des oberen Jura und der unteren Kreide in Rußland und England: die unteren Wolga-Schichten entsprechen den Kaprolith-Schichten sowie den bituminösen Schiefern von Speeton, die oberen Wolga-Schichten sind ein Äquivalent des Portland. Insgesamt wurde die Wolga-Stufe mit dem Tithon Südeuropas parallelisiert.

An Hand der geographischen Verbreitung von Oberem Jura und Kreide, sowie der Analyse der geologischen Lagerungsbedingungen in Rußland und den angrenzenden Ländern schuf PAVLOV eine Serie paläogeographischer Karten, auf denen er das ehemalige Verhältnis von Festland und Meer darstellte. Seine Aufteilungen erwiesen sich insgesamt als richtig und sie werden mit kleinen Veränderungen bis heute verwendet.

Es sollen sich nun noch einige theoretische Verallgemeinerungen, zu denen PAVLOV kam, anschließen. Er unterschied im Jura zwei Bewegungstypen der Erdkruste, die zur Umverteilung von Festland und Meer führten. Der erstere, der mit einer bedeutenden Vergrößerung oder Verkleinerung des Territoriums, das von marinen Becken eingenommen wird (z. B. die starke Verminderung der Wasserhülle im Portland und Alb), verbunden ist, wird (nach KARPINSKIJ) als Folge allgemeiner Hebungen und Senkungen des Ozean-Niveaus auf der nördlichen Halbkugel, die ihrerseits durch Bewegungen der Erdkruste hervorgerufen wurden, gedeutet. Diese Bewegungen führten dazu, daß im Verlauf des oberen Jura und der Kreide die Verbindung des russischen Meeres mit den nördlichen borealen Becken auffallend breit wurde (z. B. während der Wolga-Stufe und des Neokom), bald unterbrochen war (z. B. im Alb und in der Oberkreide). Diese Bedingungen erklärten die ungleichmäßige Verteilung der borealen (*Virgatites*, *Simbirskites*, *Aucella*) und der südlichen Formen der Mollusken in den mesozoischen Sedimenten des europäischen Rußlands.

Der zweite Bewegungstyp (nach PAVLOV) äußert sich in einer Verlagerung der Uferlinien ohne auffallende Änderung der Flächengröße der Becken; ihre Merkmale sind lokale Diskordanzen. Nach PAVLOV vollzogen sich solche Bewegungen innerhalb weiter flacher Depressionen, die von ihm als Syneklisen bezeichnet wurden.

PAVLOV gehörte zu den Wissenschaftlern, die sich nicht auf die reine Beschreibung der heutigen Erscheinungsform von Fossilien, die für stratigraphische Zwecke verwendet werden, beschränkten. Ammoniten, Belemniten und Aucelli interessierten ihn als biologische Objekte und er widmete ihnen spezielle Arbeiten [8, 9, 13, 18, 23].

Im biographischen Abriß wurde erwähnt, daß damals die Ideen des Darwinismus gerade Eingang in die Paläontologie fanden. In den Arbeiten von KOVALEVSKIJ, NEUMAYR, ZITTEL, WÜRTEMBERG und weiterer wurden die Kategorien der natürlichen Auslese in bezug auf die Entwicklung früherer Organismen analysiert. Besonders lebhaft wurde das Problem der Klassifizierung, das für die Biostratigraphen praktische Bedeutung besitzt, diskutiert. Auf den feinen systematischen Unterschieden zwischen den „Leitformen" bauten sich die niederen stratigraphischen Unterteilungen auf.

Bis DARWIN beruhte die Klassifizierung der Organismen auf der These von der Unveränderlichkeit der Arten, weshalb ausschließlich morphologische Kennzeichen zugrunde gelegt wurden (typologische Arbeitsweise). Daher rührte eine, nicht selten formale, künstliche Einteilung der systematischen Kategorien. Die Evolutionslehre bewies die Unhaltbarkeit dieser Vorstellung und baute ihre Klassifizierung auf genetischen Kriterien auf, die auf den verwandtschaftlichen Beziehungen der Arten und anderer Gruppierungen beruhen. Doch blieb die Taxonomie dabei unberührt. Dieser Widerspruch wurde von PAVLOV sehr wohl bemerkt. Er erkannte, daß die Schaffung einer neuen Klassifizierung Aufgabe der ferneren Zukunft sein würde, weil für ihre Lösung die zeitaufwendige Arbeit von Generationen von Wissenschaftlern erforderlich ist, die eine prinzipiell neue Arbeitsweise anwenden müßten. Dabei machte PAVLOV zugleich auf die Schwierigkeiten aufmerksam, die sich aus den Besonderheiten der evolutionären Entwicklung der Tiere ergeben; diese führte nicht selten zu einer parallelen Variabilität und zur Parallelität verschiedener genetischer Reihen. Doch ungeachtet dieser Schwierigkeiten verwies er zu Recht auf die Notwendigkeit, eine neue Taxonomie zu erarbeiten. So schlug er als ersten Schritt vor, phylogenetische Serien (eine gewisse Anzahl von Formen gemeinsamer Abstammung), phylogenetische Zweige (die Gesamtheit verwandter Serien) und Stämme (sich polymorph verändernde Formenreihen) zu unterscheiden. Berücksichtigend, daß diese Taxonomie nur als erste Annäherung betrachtet werden kann, empfahl PAVLOV, die formale (morphologische) und die genetische Klassifizierung eine Zeitlang nebeneinander bestehen zu lassen. Zweifelsohne war das einer der wenigen Versuche in der Fachliteratur, die Taxonomie zweier Klassifikationstypen gegeneinander abzugrenzen.

In seinen paläontologischen Forschungen berührte PAVLOV ein weiteres theoretisches Problem, das zu seiner Zeit lebhaft erörtert wurde — das Verhältnis von Ontogenese und Phylogenese bei den mesozoischen Ammoniten. Eine detaillierte Untersuchung der morphologischen Veränderungen in der Ontogenese der Schalen verwandter Formen der jurassischen und kretazischen Ammonoideen zeigt unerwartet, daß die inneren

Windungen der Formen der Ammoniten an die erwachsenen Windungen der jüngeren Formen erinnern. Diesen Verlauf der Ontogenese bezeichnete PAVLOV als „prophetisch“ (Präzession). Er führte Beispiele „prophetischer“ Phasen bei *Kepplerites* (unteres Callovien) und *Cosmoceras* (mittleres Callovien) bei *Cardioceras alternoides* und *Cardioceras alternans*, bei *Simbirskites versicolor* und *Simbirskites elatus* sowie weiteren an. Besonders deutlich konnte PAVLOV die „prophetische“ Phase bei der Phylogenese der Belemniten (z. B. *Belemnites spicularis* und *Belemnites absolutus*) und Gastropoden (z. B. *Turritella montensis* und *Turritella biserialis*) zeigen. Diese Beobachtung rief unter den Paläontologen und Zoologen lebhaftes Interesse hervor, weil sie dem „biogenetischen Grundgesetzt“ nach MÜLLER und HAECKEL widersprach. Einige Wissenschaftler versuchten, diese „prophetischen“ Phasen für die Diskreditierung der Theorie der natürlichen Auslese zu mißbrauchen. In den dreißiger und vierziger Jahren des 20. Jahrhunderts wurde geklärt (A. N. IVANOV), daß eine solche „Präzession“ in der Phylogenese z. B. von *Kepplerites-Cosmoceras* durch eine Verzögerung (Bradygenie) in der Ontogenese bei jungen Formen hervorgerufen wird.

Die genetischen Typen der Kontinentalablagerungen und die Geologie des Anthropogens

Mit Beginn seiner Felduntersuchungen (1885) auf dem 91. Blatt der Allgemeinen Geologischen Karte Rußlands stellte PAVLOV eine weiträumige Ausbildung tertiärer und quartärer Ablagerungen fest, die noch weniger als die mesozoischen Sedimente erforscht waren. Die unvollständigen Darstellungen in den Arbeiten von MURCHISON, BARBOT DE MARNY und SINCOV befriedigten PAVLOV nicht. Er bemühte sich, eine Zonenstratigraphie für die Ablagerungen dieser Perioden zu erarbeiten. Innerhalb der tertiären Gesteine „wirkte“ diese seine Methode jedoch nicht so erfolgreich, wie bei der Unterteilung der jurassischen Sedimente: In den tertiären Schichten sind Fossilien spärlich vertreten (hauptsächlich Lamellibranchiaten und Gastropoden). Ungeachtet dessen gelang es PAVLOV, die paläozänen Sedimente abzutrennen und ihre transgressive Lagerung auf Schichten der Oberkreide nachzuweisen. Das spricht für eine selbständige Transgression des Paläogenmeeres auf dem Territorium des europäischen Rußlands.

Besonders große Verdienste erwarb sich PAVLOV durch seine Forschungen in der jüngsten Etappe der Erdgeschichte — dem Quartär. Als er Ende des 19. Jahrhunderts seine Untersuchungen begann, bezeichnete man die Ablagerungen dieses Alters mit dem allgemeinen Begriff „Schwemmland“, und nahm an, daß es auf der Russischen Ebene lediglich eine Vereisung gegeben habe. Weiterhin fehlten ernsthafte Versuche, die ost- und westeuropäischen Quartärgesteine zu synchronisieren. Bei der Lösung dieser Aufgabe nutzte PAVLOV verschiedene Methoden der wissenschaftlichen Erkenntnis.

Zur Klassifizierung und Gliederung der quartären Ablagerungen entwickelte PAVLOV seine bekannte geomorphologische Methode.

Bei der systematischen Untersuchung des geologischen Baus auf Blatt 91 war PAVLOV überrascht von der wichtigen Rolle der Transportprozesse der Verwitterungsprodukte auf geneigten Hängen und an deren Fuß. Ihre weitreichende Verbreitung wurde von den physiko-geographischen Bedingungen des Geländes (kahle Abhänge der Flüsse und Schluchten, die aus weichen Gesteinen bestehen) begünstigt. Diesen Umlagerungsvorgang bezeichnete er als deluvial, und die dabei entstehenden Gesteine als Deluvium. Er begründete exakt den Unterschied von Deluvium, Alluvium und Eluvium. Die allgemeine Charakteristik, die PAVLOV vorschlug, ist bis in unsere Zeit gültig. Unter Deluvium verstand PAVLOV: „... nach ihrer petrographischen Zusammensetzung verschiedenartige Bildungen, die in mehr oder weniger mächtigen Decken die Hänge der Erhebungen bedecken und die ihrerseits Verwitterungsprodukte der höherliegenden

Primärgesteine darstellen, welche vom obersten Teil der Aufragungen durch die Arbeit von Regen- und Schmelzwasser an ihren Hängen hinabtransportiert wurden“ [30, S. 14]. Das Deluvium ist bald gänzlich ungeschichtet, bald ist seine Schichtung unregelmäßig. Organismen finden sich selten; sie bestehen aus terrestrischen Mollusken sowie aus Resten von Säugetieren. Pavlov betonte ständig, daß er unter dem Deluvium nicht irgendein beliebiges individuelles Gestein versteht, sondern einen Gesteinstyp, der sich so oder ähnlich gebildet hat. Er unterschied ein mergeliges, kieseliges und sandiges Deluvium. Daher seine Überzeugung, daß die lößartigen Varietäten der Russischen Ebene auf deluvialem Wege am Hangfuß entstanden sind, wo die feinsten Teilchen festgehalten wurden. Seinerzeit (achtziger und neunziger Jahre des 19. Jahrhunderts) nahmen unter dem Einfluß der Arbeiten von F. v. Richthofen die meisten Geologen eine ausschließlich äolische Lößbildung an. Die Deutung Pavlovs war neu und es kann deshalb nicht verwundern, daß sie auf relativ starke Ablehnung stieß. Er führte beharrlich Felduntersuchungen in den Gebieten Rußlands durch, in denen Lößgesteine bekannt waren. Dazu gehörte in Mittelasien besonders jene Region, die sich vom Fuße des Kopet-Dag bis Taschkent erstreckt. Im Frühjahr 1901 untersuchte Pavlov den Abspülungsprozeß mineralischer Massen, der an den Gebirgshängen durch die von ihnen abfließenden zeitweiligen heftigen Ströme verursacht wird (Muren). Er beobachtete, daß die großen Bruchstücke in einem relativ schmalen Streifen im oberen Teil der Hänge abgelagert werden, während die feinen, lößartigen Teilchen über weitere Entfernungen transportiert werden. Diese Art der Ausschwemmung mineralischer Substanzen teilte Pavlov als selbständigen Typ von den übrigen subaquatischen Ablagerungen ab und bezeichnete sie als Proluvium (proluvialer Löß). Die Untersuchungen Pavlovs legten den Grundstein für die Theorie, daß der Löß ein polygenetisches Gestein sei. Diese Vorstellung erwies sich als sehr fruchtbar, nicht nur in theoretischer, sondern auch in praktischer Hinsicht, da mit dem Löß und den damit verwandten lößartigen Lehmböden die Bodentypen eng zusammenhängen.

Die Bedeutung der quartärgeologischen Arbeiten Pavlovs beschränkt sich nicht auf die Ausgliederung von zwei neuen Typen subaquatischer Gesteine. Aus ihrer Untersuchung zog er zugleich allgemeine Schlüsse über die Geomorphologie von Flachlandsgebieten. So wurde von ihm der Begriff der Suffosion (Untergrabung) als Bildungsursache kleiner Vertiefungen sowie der Entstehung asymmetrischer Schluchten und Flußtäler eingeführt. Er unterteilte die Typen der Schluchten nach dem geologischen Bau des Geländes, beschrieb Moränenformen usw. Er erklärte, daß die Anhäufung kontinentaler Gesteine an Hängen, am Grunde von Flüssen, Depressionen und ähnlichem eine charakteristische Bildungsstufe der mineralischen Massen auf ihrem Migrationswege in die marinen Becken sind.

Seine Erkenntnisse über die kontinentalen Quartärgesteine und ihre Bildungsprozesse versuchte Pavlov mit den allgemeinen Problemen der Geschichte der Quartärperiode zu verbinden, weil er stets größere Verallgemeinerung anstrebte. Bereits im Jahre 1884, während er zusammen mit A. Penck die Schweiz bereiste, fand das Vereisungsproblem seine ungeteilte Aufmerksamkeit. Die letzten 15 Jahre seines Lebens beschäftigte sich Pavlov vorwiegend mit der Geologie des Plio-Pleistozäns und schrieb eine Monographie sowie etliche Beiträge zu diesem Thema.

Pavlov erkannte sehr wohl die Schwierigkeiten, die sich auf Grund des starken faziellen Wechsels und der Armut an fossilen Resten bei einer Klassifizierung der quartären Gesteine ergeben. So bemühte er sich, eine Korrelation der russischen quartären Sedimente mit denen der alpinen Zone durchzuführen. Ungeachtet eines gewissen unvermeidlichen Schematismus hatte dieser Versuch doch große Bedeutung bei der Entwicklung der Geologie des Pleistozäns, da für den Osten Europas erstmals eine chronologische Vergleichsskala aufgestellt wurde. Im Jahre 1914 zog Pavlov das Fazit seiner vielseitigen Untersuchungen an quartären Sedimenten, doch verhinderte der bevorstehende Weltkrieg die Herausgabe dieser Monographie. In den zwanziger Jahren legte er deshalb seine Schlußfolgerungen in einzelnen Artikeln und Vorträgen dar. Erst nach seinem Tode wurde im Jahre 1936 ein Buch herausgegeben [29], das seine diesbezüglichen Ansichten vollständiger und zusammenfassend widerspiegelt. Hier seien kurz seine wichtigsten Ideen resümiert. So kam PAVLOV zu dem Schluß, daß das Känozoikum dreigeteilt werden muß, in das Paläogen, Neogen und Anthropogen. Der Terminus Anthropogen wurde anstelle von Quartär vorgeschlagen, mit der Begründung, daß das bedeutendste Ereignis in der Geschichte der organischen Welt das Auftreten und die Entwicklung des Menschen war und ist. In den letzten Jahrzehnten gilt die Klassifizierung und Terminologie nach PAVLOV in der UdSSR als verbindlich.

Die Korrelierung der Sedimente der Russischen Ebene mit denen der alpinen Profile führte PAVLOV zu der Schlußfolgerung, daß in diesem Gebiet drei Vereisungen geherrscht hatten (bis dahin wurde allgemein die Meinung von NIKITIN von nur einer Vereisung vertreten), die er entsprechend bezeichnet: Mindel-, Riss- und Würm-Vereisung. Es ist sehr bemerkenswert, daß die von PAVLOV erarbeiteten Karten, auf denen die Verbreitungsgrenzen des Eises der drei Vereisungen Europas und die damit verknüpften borealen Transgressionen dargestellt sind, in ihrer Grundform noch heute Gültigkeit besitzen, da sich die Richtigkeit ihres Aufbaus bestätigte. Er wies erstmals auf das Vordringen der Eisbedeckung durch die Täler der Wolga und des Dnepr weit nach Süden hin. Er versuchte ferner eine Synthese der Quartärgeschichte, in der die Entwicklung der organischen Welt einschließlich der des Menschen auf dem Hintergrund der in dieser Epoche entstehenden Veränderungen in der physischen Geographie der nördlichen Halbkugel aufgezeigt wird.

Probleme der Tektonik

Die Verallgemeinerungen PAVLOVS zur Tektonik beruhen auf seinen vieljährigen Feldbeobachtungen. So haben sie die Entwicklung unseres Wissens über den Bau und die geologische Geschichte der Russischen Tafel stark beeinflußt. Bereits 1887 legte PAVLOV seine Auffassungen über die von ihm entdeckten Dislokationen im Gebiet des Samara-Bogens, die sogenannte Žiguli-Verwerfung, dar [4]. Diese Verwerfung ist nach PAVLOV Teil einer Dislokationszone, deren Bildung mit Spannungen der Erdkruste in Zusammenhang steht. Sie erstreckt sich über viele hunderte von Kilometern und ist im Tertiär nach Ablagerung der kieseligen Tone des Paläozäns entstanden. Ihre Herausformung steht nach der Meinung von PAVLOV mit dem Aufstieg der Alpenkette in Europa und der größten Gebirgszüge in Asien in Verbindung. Später wurde die Struktur dieser „Žiguli-Verwerfung" näher untersucht und es zeigte sich, daß es eine asymmetrische Grabenflexur ist, die an den Flügeln durch Verwerfungen kompliziert wird.

Die Theorie PAVLOVS von einer weiten Ausdehnung dieser Dislokationen im Osten der Russischen Tafel wurde bald von ihm selbst bestätigt, als er im Jahre 1896 die Don-Medvedickaja-Antiklinalzone, den Aleksandrovskij-Graben, die Dislokation von Jergenej (wo Verwerfungserscheinungen anthropogene Ablagerungen einbeziehen) und andere feststellte. Diese tektonischen Störungen wurden von seinen Schülern und anderen Geologen bei der Suche nach Erdölstrukturen auf der Russischen Tafel weiter erforscht. PAVLOV schrieb 1887, d. h. lange bevor der Zusammenhang zwischen der Lokalisierung der Erdöllagerstätten und bestehenden tektonischen Strukturen geklärt war: „Nachdem wir das Auftreten von Erdöl und Asphalt in Verbindung mit Dislokationsspalten festgestellt haben, können wir uns die Entstehung der bedeutenden Lagerstättenzonen von Erdöl und Asphalt, die sich in diagonaler Richtung von Südwesten nach Nordosten fast über die gesamte Fläche des 110. Blattes der Geologischen Spezialkarte hinzieht, erklären" [4, S. 56].

PAVLOV „erschütterte" nicht nur die Vorstellung von einer Unveränderlichkeit der Tafelsedimente, indem er auf das Vorhandensein großer Dislokationen in ihnen aufmerksam machte, sondern auch, indem er die ungleichmäßige Lagerung dieser Sedimente in Form von Syneklisen nachwies. Wenn es ihm gelang, das Auftreten von Dislokationen durch direkte Beobachtung im Gelände zu beweisen, so kam er zu der Vorstellung von Syneklisen durch paläogeographische Analysen. Aus den Schwankungen in der Ausdehnung der marinen Becken im Oberen Jura und in der Unterkreide auf der Russischen Tafel schlußfolgerte PAVLOV, daß die Veränderungen in ihren Umrissen oft nicht von einer merklichen Gesamtveränderung der Meeresverteilung begleitet wurde. Die Ursache für diese Veränderungen muß man in lokalen Bewegungen suchen — in schwachen Hebungen und Senkungen der Erdkruste; diese ihrerseits zeugen vom Vorhandensein flexibler Strukturen großer Ausdehnung: den Syneklisen. Zum erstenmal erwähnt PAVLOV die Syneklisen 1898 in seiner Arbeit „Über das Relief der Ebene ..." [12]. Noch einmal kehrt er zu diesem Thema 1908 und 1909 zurück [19], als er eine ausführlichere Definition der Synekline gibt. Zur Verdeutlichung seien seine eigenen Worte angeführt: Syneklisen sind „... schwache Senkungen, die mit dem Geologenkompaß nicht bestimmbar sind, sich aber in der oder jener Ausweitung des Meeres auswirken, ... infolge ihrer äußerst flachen Neigung ist es nicht angebracht, sie als syneklinale Falten zu bezeichnen, und der Begriff der Geosynklinale ist ebenfalls für sie nicht anwendbar, weil diese zu einer Erscheinung anderen Maßstabs und anderen Charakters gehört" [19, S. 2].

ŠATSKIJ [34] entwickelte, indem er sich an PAVLOV anlehnte, dessen Vorstellungen weiter und stellt fest, daß die Syneklisen die wichtigsten Strukturelemente der Alten Tafeln sind. Er bewies ihre bedeutenden Ausmaße und die sehr langsame Entwicklung, so z. B. existiert die Moskauer Synekline bereits seit dem Ende des Devon.

Zurückschauend auf den Lebensweg PAVLOVS, kann man eine Besonderheit seines wissenschaftlichen Schaffens verzeichnen. Fast alle seine wissenschaftlichen Entdeckungen fallen in die ersten 10—12 Jahre seiner wissenschaftlichen Tätigkeit. Mit seinen wissenschaftlichen Arbeiten, den populärwissenschaftlichen Werken [15, 24, 25], die von ihm für die allgemeinbildenden Schulen geschrieben wurden, hatte er großen Einfluß auf die Entwicklung der Naturwissenschaften in Rußland und über seine Grenzen hinaus. In seiner Festrede zu Ehren LOMONOSOVS äußerte PAVLOV die Ansicht, daß die Naturwissenschaften eine entscheidende Bedeutung für den Fortschritt der menschlichen Kultur haben: „Obwohl sie ständig die Gaben der Naturwissenschaften nutzen, erkennen bei weitem nicht alle Menschen unserer Zeit, daß im letzten dreiviertel Jahrhundert nichts, entschieden nichts einen so starken, alles umfassenden Einfluß auf die gesamte menschliche Kultur ausübte und weiter ausübt, wie die Erfolge der Naturwissenschaften" [21, S. 25].

Bibliographie

Ausgewählte Arbeiten

[1] Nižnevolzskaja jura. Geologičeskij očerk. — Zap. mineral. obšč., **XIX** (1883), S. 84—152.

[2] Nižnevolzskaja jura. Klassifikacija otloženij i spiski iskopaemych. — Moskva: 1884. 69 S.

[3] Ammonity zony *Aspidoceras acanthicum* vostočnoj Rossii. — Trudy geol. kom., **II** (1886) 3, S. 1—91.

[4] Samarskaja luka i Žiguli. — Trudy geol. kom., **II** (1887) 5, S. 1—63.

[5] Genetičeskie tipy materikovych obrazovanij lednikovoj i poslelednikovoj epochi. — Izv. geol. kom., **VII** (1888) 7, S. 242—262.

[6] Études sur les couches jurassiques et crétacés de la Russie et de l'Angleterre. I. Jurassique supérieur et crétacé inférieur de la Russie et de l'Angleterre. — Bull. soc. imp. natur., Moscou n. s., **III** (1889), S. 61—127.

[7] Deljuvij, kak genetičeskij tip posletretičnych otloženij. — Vestn. estestvozn., (1890) 8, S. 343—350.
[8] Bélèmnites de Speeton et leurs rapports avec des Bélèmnites des autres pays. — Bull. soc. imp. natur. Moscou, n. s., **V** (1891) 2—3, S. 214—276.
[9] Ammonites de Speeton et leurs rapports avec les Ammonites des autres pays. — Bull. soc. imp. natur. Moscou, n. s., **V** (1891) 4, S. 455—513.
[10] Essai sur la stratigraphie comparée de la série argileuse de Speeton. — Bull. soc. imp. natur. Moscou, n. s., **V** (1891) 4, S. 514—570.
[11] Polveka v istorii nauki ob iskopaemych organizmach. — Ser. „Voprosy nauki, iskusstva, literatury i žizni", Moskva (1897) 9, S. 1—88.
[12] O reliefe ravnin i ego izmenenijach pod vlijaniem raboty podzemnych i poverchnostnych vod. — Zemlevedenie, **V** (1898), S. 91—147.
[13] Le Crétacé inférieur de la Russie et la faune, 1-ére partie. Aperçu historique des recherches suivi d'indications sur la distribution des mers et des terres aux différentes époques, 2-me partie. Cephalopodes du Néocomien supérieur du type de Simbirsk. — Nouv. mém. soc. imp. natur. Moscou, **XVI** (XXI) (1901) 3, S. 1—87.
[14] O turkestanskom i evropejskom lesse. Protok. godičn. zased. — Mosk. obšč. ispyt. prir., (1903) 4—9, S. 4—11.
[15] Kratkij očerk istorii geologii. — Mir Božij, (1901) 10 und 11, 78 S.
[16] Opolzni Simbirskogo i Saratovskogo Povolž'ja. — Materialy k poznaniju geologii Rossijskoj imperii, II (1903), 69 S.
[17] Geologičeskij očerk okrestnostej Moskvy. Posobie dlja ėkskursij. — Moskva: 1907. 80 S.; 2. Aufl. Moskva: 1914; 3. Aufl. Moskva: izd. Gosizdat. 1923; 4. Aufl. Moskva: izd. Gosgeoneftizdat 1934; 5. Aufl. Moskva: izd. Mosk. obšč. ispyt. prir. 1946.
[18] Enchaînement des Aucelles et Aucellines du Crétacé russe. — Nouv. mém. soc. imp. natur. Moscou, **XVII** (1907) 1, S. 1—92.
[19] Nekotorye novye dannye po tektonike pritimanskoj časti Pečorskogo kraja. — Ežegodnik geol. i mineral. Rossii, **XI** (1909) 1—3, S. 1—18.
[20] O drevnejšich na zemle pustynjach. — Dnevnik XII s-ezda russkich estestvoisp. i vračej, (1909/1910) 3, S. 302—330.
[21] LOMONOSOV kak geolog. Reč' na toržestvennom zasedanii Moskovskogo universiteta i naučnych obščestva. — Otčet Mosk. univ. za 1912, 26 S.
[22] O geologičeskoj istorii Evropejskogo kontinenta. Aktovaja reč' na godičnom sobranii Mosk. univ. 12 jan. 1914 g. — Otčet Mosk. univ. za 1913, S. 77—124.
[23] Jurskie i nižnemelovye cephalopoda severnoj Sibiri. — Zap. Akad. nauk, VIII ser., **XXI** (1914) 4, S. 1—68.
[24] Geologija nasrojaščego vremeni. Ser. „Istorija našego vremeni". — Izd. Granat i Ko. 1914. S. 215—299.
[25] Očerk istorii geologičeskich znanij. — Moskva: Gosizdat 1921. 82 S.
[26] Lednikovye i mežlednikovye ėpochi Evropy v svjazi s istoriej iskopaemogo čeloveka. Akademičeskaja reč'. — Petrograd: 1922. 52 S.
[27] Neogenovye i posletretičnye otloženija Južnoj i Vostočnoj Evropy. — Mem. obšč. ljubit. estest., antropol. etnografii, **5** (1925), S. 5—215.
[28] ROBERT HOOKE un évolutioniste oublié du XVIIe siècle. In: Palaeobiologica, Bd. I. — Wien—Leipzig: 1928. S. 203—210.
[29] Geologičeskaja istorija evropejskich zemel'i morej v svjazi s istoriej iskopaemogo čeloveka. — Moskva: izd. Akad. nauk SSSR 1936. 343 S.

Neuauflagen

[30] Izbrannye sočinenija. Stat'i po geomorfologii, po voprosam genezise materikovych obrazovanij i po prikladnoj geologii. T II. — Moskva: izd. Mosk. obšč. ispyt. prir. 1951. 184 S.
[31] Stravnitel'naja stratigrafija boreal'nogo mezozoja Evropy. — Moskva: izd. Nauka 1965. 296 S.
[32] Stratigrafija oksford-kimeridža, ammonity i aucelly jury i nižnego mela Rossii. — Moskva: izd. Nauka 1966. 264 S.

Literatur über A. P. Pavlov

[33] Milanovskij, E. V.: Pamjati Alekseja Petroviča Pavlova. — Bjull. Mosk. obšč. ispyt. prir., **VIII** (1930), S. 3—31.
[34] Šatskij, N. S.: O sineklizach A. P. Pavlova. — Bjull. Mosk. obšč. ispyt. prir., otd. geol., **XVIII** (1940), S. 39—52.
[35] Varsanov'eva, V. A.: A. P. Pavlov i ego rol' v razvitii geologii. — Moskva: idz. Mosk. obšč. ispyt. prir. 1941. 348 S. 2. Aufl. 1947. 391 S.

Manuskripteingang: 22. März 1977

Übersetzung aus dem Russischen von Dipl.-Min. A. Krüger, Berlin

Anschrift der Autorin:

Dr. A. I. Ravikovič, Akademie der Wissenschaften der UdSSR, Geologisches Institut
UdSSR - 109017 Moskau 17, Pyshevskij per. 7

Schriftenr. geol. Wiss. · 14 (1979) Berlin · S. 91—104

Boris Borisovič Golicyn (1862—1916)

Von Peter Schmidt, Freiberg

Mit 5 Abbildungen

Boris Borisovič Golicyn zählt zu den Mitbegründern der Seismologie als Wissenschaft. Er war ein hervorragender Gelehrter, ein guter Pädagoge und ein vorzüglicher Organisator. In der Geschichte der Seismometrie besitzt Golicyn Weltgeltung.

Борис Борисович Голицын являлся одним из основоположников сейсмологии как наука. Он был замечательным ученым, хорошим педагогом и прекрасным организатором. В истории сейсмометрии Голицын получил всемирное признание.

Boris Borisovich Golicyn counts among the founders of seismology as a science. He was a prominent scholar, a good pedagogue and an excellent organizer. In the history of seismometry Golicyn has a world-wide reputation.

Boris Borisovič Golicyn (Galitzin, Galitzine) wurde am 18. Februar 1862 im damaligen St. Petersburg in einer der zahlreichen aristokratischen Familien des vorrevolutionären Rußlands geboren. Sein Vater war Offizier. Nach dem Besuch der Marine-Kadettenschule, dem Dienst in der zaristischen Flotte, einem Kur- und Erholungsaufenthalt in Italien sowie dem Besuch der Marineakademie St. Petersburg studierte er an der Universität Straßburg Physik bei A. Kundt (1838—1894). Sein Studium schloß er 1890 mit der Promotion zum Dr. phil. nat. ab.

Seit 1891 war Golicyn Privatdozent an der Universität Moskau, 1893 wird er als Professor für Physik an die Universität Dorpat (Tartu, Jurev) berufen.

Mit der Wahl von Golicyn zum Adjunkten der Akademie der Wissenschaften in Petersburg am 4. Dezember 1893 beginnt seine so überaus erfolgreiche Akademie-Tätigkeit. Im April 1894 übernimmt Golicyn die Leitung des Physikalischen Kabinetts dieser Akademie. Im Jahre 1913 wurde Golicyn Direktor des Physikalischen Hauptobservatoriums in Petersburg und hatte diese Stellung bis zu seinem Tode inne.

Seit etwa 1900 widmete sich Golicyn seismologischen/seismometrischen Untersuchungen.

Zu Problemen des Geomagnetismus sowie der Meteorologie, Ozeanographie und Astronomie lieferte Golicyn ebenfalls Beiträge. Gut bekannt sind daneben seine physikalischen Arbeiten zur Molekularphysik, Wärmestrahlung, Optik, Röntgenstrahlung und Elektrizität.

Zusätzlich zu seiner wissenschaftlichen Arbeit an der Petersburger Akademie hielt Golicyn am gleichen Ort Physikvorlesungen an der Marineakademie (1894—1916), im Medizinischen Baueninstitut (1897—1899) und in den Höheren Frauenkursen (1909 bis 1916).

Die ihm übertragenen Arbeiten löste Golicyn mit ungewöhnlicher Sachkenntnis. Hervorgehoben werden immer wieder seine große Energie, Initiative, Offenheit und Kühnheit. Golicyn erwies sich als guter Pädagoge, erfahrener Experimentator und anspruchsvoller Theoretiker. Er liebte die Arbeit und begeisterte seine Mitarbeiter ebenfalls dafür.

Fast 300 Veröffentlichungen stammen aus Golicyns Feder.

Zu den zahlreichen wissenschaftlichen Kommissionen und Gesellschaften, deren Mitglied oder Ehrenmitglied der Akademiker GOLICYN war[1]), zählen beispielsweise die Permanente Zentrale Seismische Kommission in Petersburg (PCSK), die Physikalisch-Chemische Gesellschaft Rußlands, die Gesellschaft für Physik und Naturwissenschaften der Schweiz, die Physikalische Gesellschaft Frankfurt am Main, die Göttinger Gesellschaft der Wissenschaften und die Royal Society of London[2]).

GOLICYN besaß die Ehrendoktorwürde der Universitäten von Manchester (1910) und Moskau (1915).

GOLICYN stellte sein Organisationstalent nicht allein in den Dienst der Wissenschaft, sondern übernahm auch gesellschaftliche Funktionen. Seine Güte, sein kritisches Verhältnis zu den Menschen und sein Verständnis für die Not des einfachen Volkes zeigen sich unter anderem in seiner Tätigkeit als Leiter der „Expedition zur Ausfertigung von Staatspapieren“ (1899–1905). In dieser Stellung trug GOLICYN zur Verbesserung der Arbeitsbedingungen bei, er erkämpfte den Acht-Stunden-Arbeitstag, bemühte sich um Kinderkrippen, regte Sommerkolonien für die Arbeiterjugend an, unterstützte die Bibliothek bei Neuerwerbungen, zeichnete für den Bau eines großen Theaters mitverantwortlich und organisierte eine Unterstützungskasse. Trotz seiner Herkunft aus

---

[1]) 1898 außerordentliches und 1908 ordentliches Akademiemitglied.

[2]) Mit einem Schreiben vom 14. Mai 1914 hatten BRANCA, LIEBISCH, HELMERT, RUBEN, STRUVE und SCHWARZSCHILD BORIS BORISOVIČ GOLICYN als Korrespondierendes Mitglied der Preußischen Akademie der Wissenschaften zu Berlin vorgeschlagen. Infolge des Ausbruchs des 1. Weltkrieges kam diese Aufnahme jedoch nicht zustande. Der Antrag zur Wahl GOLICYNS als Korrespondierendes Mitglied der Akademie wurde am 17. Oktober 1914 im Plenum „bis auf weiteres zurückgezogen“ und später nicht wieder vorgelegt (vgl. [37], S. 16 und 113–116 sowie [38], S. 225 und 235).

der privilegierten Oberschicht Rußlands war GOLICYN einfach im Umgang mit den Menschen.

Während des 1. Weltkriegs leitete GOLICYN die auf seine Anregung hin gegründete Militärmeteorologische Administration Rußlands.

Bezüglich seiner philosophischen Auffassungen nahm GOLICYN eine materialistische Position ein.

Am 4. Mai 1916 starb GOLICYN in Petersburg an den Folgen einer leichten Entzündung.

Hinsichtlich detaillierter Angaben zur Biographie GOLICYNS verweist der Verfasser unter anderem auf die neueren Arbeiten von PREDVODITELEV & VEŠNJAKOV [17], NIKIFOROV & KUZNECOV [16], SAVARENSKIJ [18, 19], ZJUKOV & CHRGIAN [20] sowie ZJUKOV [21]. Bezüglich der älteren Veröffentlichungen zum Leben und Werk von GOLICYN wird insbesondere auf die beispielgebende Gemeinschaftsarbeit „Handschriften B. B. GOLICYNS im Archiv der Akademie der Wissenschaften der UdSSR“ [14] mit ihren reichen weiterführenden Literaturangaben aufmerksam gemacht. Sachkundige Mitarbeiter des Archivs und des Geophysikalischen Instituts der Akademie der Wissenschaften der UdSSR sowie der Moskauer Universität haben mit diesem Inventar ein vorzügliches Werk vorgelegt.

Die für die Geowissenschaften bedeutendsten wissenschaftlichen Leistungen GOLICYNS liegen unzweifelhaft auf den Gebieten Seismologie/Seismometrie. In diesen Bereichen beeinflußte er die Wissenschaftsentwicklung nachhaltig. Das war ihm möglich, weil er die Entwicklungstendenzen hinsichtlich des Zusammenhangs zwischen den Erfordernissen, Aufgaben und Zielen einerseits und der entsprechenden notwendigen Verwirklichung des methodischen Fortschritts andererseits nicht nur erkannte, sondern auch maßgeblich mitbestimmte. Seine Arbeiten trugen wesentlich zur schnelleren Entwicklung der Seismologie als exakte Wissenschaft bei.

GOLICYN arbeitete neben der Entwicklung und weiteren Vervollkommnung der seismischen Instrumente an der Auswertung und Interpretation der mit Hilfe der Seismographen gewonnenen Informationen.

GOLICYN gehört neben R. EHLERT (1871—1899), G. GERLAND (1833—1919), J. MILNE (1850—1913), F. OMORI (1868—1923), E. v. REBEUR-PASCHWITZ (1861—1895), W. SCHLÜTER (1875—1902), E. WIECHERT (1861—1928) und vielen anderen Gelehrten zu den Pionieren der sich um die Jahrhundertwende immer mehr betont mathematisch-physikalischer Methoden und Hilfsmitteln bedienenden Seismologie.

Freilich war GOLICYN nicht der erste russische Gelehrte, der sich mit seismologischen Untersuchungen beschäftigte. Vor ihm hatten namhafte Wissenschaftler seiner Heimat bereits beachtenswerte Beiträge zur Erforschung der Erdbeben geleistet. So sei aus dem 18. Jahrhundert nur V. M. LOMONOSOV (1711—1765) erwähnt. Aus späterer Zeit wären unter anderen die Wissenschaftler A. P. ORLOV (1840—1889) und I. V. MUŠKETOV (1850—1902) zu nennen.

Besondere Beachtung in der Geschichte der Seismometrie verdienen die von GOLICYN und seinen Mitarbeitern entwickelten Seismographen.

GOLICYN führte als erster die galvanometrische Registrierung in die Seismometrie ein [4, 5, 6]. Bei dieser Art der Registrierung wird nicht die Bewegung des Pendels selbst direkt aufgezeichnet, sondern die von ihm veranlaßte Bewegung eines Galvanometers, d. h. elektrische Größen, die unmittelbar von der Geschwindigkeit der Pendelbewegung abhängig sind. GOLICYN war bestrebt, mittels dieser Methode langperiodische Apparate mit ausreichender Vergrößerung zur Registrierung von Fernbeben zu entwickeln, die frei sind von zusätzlichen mechanischen Vergrößerungshebeln. Die Vorteile der galvanometrischen Registriermethode bestehen vor allem darin [6], daß bei einer relativ kleinen Pendelmasse starke Vergrößerungen möglich sind, der bei der mechanischen

Registrierung vorhandene Reibungsfaktor wegfällt, Temperaturschwankungen (nach damaliger Kenntnis) unerheblich werden und die Pendel- und Registriervorrichtungen in getrennten Räumen aufgestellt werden können. Diese Seismographen sind äußerst empfindlich und liefern präzise Aufzeichnungen.

Abbildung 1 gibt die Ansicht eines Horizontalseismographen nach Golicyn (1911) wieder. Das Pendelgestell hat eine viereckige Form und ruht auf einer massiven (gußeisernen) Platte, die von drei Fußschrauben getragen wird. Diagonale Stangen dienen der Verstärkung. Der Pendelarm mit der exzentrisch aufgesetzten Masse und den vier kleinen Induktionsspulen ist bifilar aufgehängt. Die Spulen bewegen sich im Magnetfeld zweier permanenter Hufeisenmagnete. Bei der Aufnahme eines Erdbebens wird durch

Abb. 1. Horizontalseismograph nach B. B. Golicyn (1911) mit Galvanometer und Registrierapparat (T_s 12, 25 s; M 7,2 kg; V > 1000; (aus [8])

die Relativbewegung des Gestells gegen das Gehänge (Pendelarm mit Masse und Spulen im Magnetfeld) ein der Geschwindigkeit der Bodenbewegung proportionaler Strom induziert. Ein hochempfindliches Drehspulgalvanometer vom Déprez-d'Arsonval-schen Typus[3]) ermöglicht die optische Registrierung auf bewegten fotografischen Film. Mit dem Galvanometer werden also keine Winkelausschläge, sondern Winkelgeschwindigkeiten gemessen. Die Dämpfung des Pendels erfolgt magnetisch bis zur Aperiodizitätsgrenze.

Zur Erleichterung der Seismogrammauswertung sowie zur Bestimmung von Seismometerkonstanten veröffentlichte Golicyn als Nachtrag zu seiner Abhandlung ,,Ueber

[3]) Marcel Déprez (1843–1918), Arsène d'Arsonval (1851–1940).

ein neues aperiodisches Horizontalpendel mit galvanometrischer Fernregistrierung" [8] die „Seismometrischen Tabellen" [10].

Golicyns Assistent J. Wilip verbesserte später das Golicyn-Horizontalpendel [35].

Bei der Konstruktion des Vertikalseismographen stützte sich Golicyn auf die gleichen Grundprinzipien wie bei der seines Horizontalpendels. Um den Einfluß der Eigenbewegung des Instruments möglichst zu eliminieren, wird wiederum eine starke magnetische Dämpfung bis zur Aperiodizitätsgrenze eingeführt. Die galvanometrische Registriermethode findet abermals Anwendung. Auf diese Weise wird nicht nur eine hohe Empfindlichkeit, sondern zugleich eine relative Unabhängigkeit von der Nullage des

Abb. 2. Vertikalseismograph nach B. B. Golicyn (1910/1911) (T_s 12–13 s; M 24 kg; V > 1000; (aus [9])

Über das Golicyn-Vertikalpendel im Seismologischen Kabinett des Museum der Burg Ranis bei Pößneck siehe P. Schmidt (in Z. geol. Wiss., Berlin 5 (1977) 4, S. 505–506)

Seismographen erreicht. Dieser Umstand ist deshalb von Bedeutung, weil die elastischen Eigenschaften von Stahlfedern durch Temperaturänderungen beeinflußt werden können und Golicyn sonst gezwungen gewesen wäre, Kompensationsvorrichtungen zur Abwendung der Temperatureinflüsse anzubringen. Infolge der benutzten galvanometrischen Registriermethode fallen diese jedoch weg, was die Konstruktion des Pendels erheblich vereinfachte. Die Gesamtansicht des Vertikalseismographen vom Typ Golicyn zeigt ein gebogenes und teilweise ausgeschnittenes Doppelgestell auf einer von drei Fußschrauben getragenen (gußeisernen) Platte (Abb. 2). Den beweglichen Teil des Seismographen bildet der Doppelrahmen mit der zylindrischen Masse. Wilip verbesserte später dieses Pendel [36].

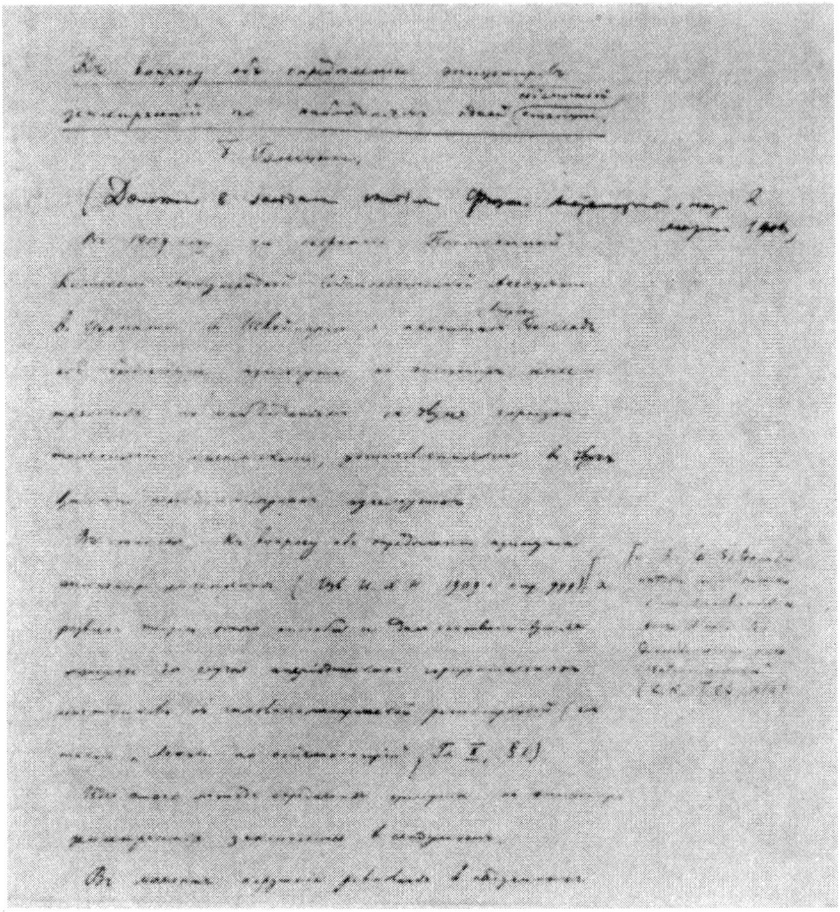

Abb. 3. Handschrift von B. B. Golicyn „Zur Frage der Bestimmung des Epizentrums eines Erdbebens nach Angaben einer seismischen Station" (russ.; Arch. Akad. Nauk SSSR, F 69, op. 1, Nr. 91)

Durch die Gründung der seismischen Station Pulkovo Ende 1906 [1] war es Golicyn möglich, seine Geräteentwicklungen in der Observatoriumspraxis zu prüfen, Vergleiche zwischen den verschiedenen Registriermethoden anzustellen, die Theorie in enger Verbindung mit der Praxis weiterzuentwickeln sowie die zweckmäßigsten Beobachtungsmethoden auszuarbeiten.

Mit Hilfe der von Golicyn entwickelten galvanometrisch registrierenden Seismographen war es weiterhin möglich, geeignete Methoden zur Bestimmung des Azimuts des Epizentrums sowie zur angenäherten Bestimmung der Koordinaten φ und λ eines Epizentrums aus den Aufzeichnungen nur einer Station auszuarbeiten [3, Bd. 2; Abb. 3].

Golicyns Seismographen bewährten sich in der Praxis. Sie erwiesen sich als Prototyp und lieferten zuverlässige und reichhaltige Informationen. Golicyn-Pendel leisteten sowohl bei der Untersuchung von Erdbeben als auch bei der seismischen Lagerstättenprospektion wertvolle Hilfe. Noch heute gehören galvanometrische Seismographen vom Typ Golicyn zur Ausrüstung seismischer Stationen der UdSSR und des Auslands[4]).

[4]) Nicht so bekannt, aber erwähnenswert ist, daß Golicyn 1910 ein schweres Horizontalpendel mit mechanischer Registrierung für seismische Stationen zweiten Ranges konstruierte.

Golicyn hatte sich bei der Entwicklung seiner galvanometrischen Seismographen vom Althergebrachten gelöst. Die Horizontal- und Vertikalpendel vom Typ Golicyn unterschieden sich prinzipiell von den älteren Seismographen mit mechanischer Registrierung[5]), wie sie zum Beispiel von Ewing, Agamennone, Milne, Vicentini, Omori, Wiechert und anderen bekannt geworden sind. Es wäre freilich ahistorisch und unwissenschaftlich, würde man in jenen Neuentwicklungen Golicyns lediglich eine bloße Negation des Alten sehen. Sie sind mehr. Golicyns Seismographen stellen eine neue Qualität dar, die als Ergebnis eines Entwicklungsprozesses notwendigerweise das Positive der vorangegangenen Instrumente bewahrten. Beibehalten hat Golicyn die Relativbewegung des Gehänges gegenüber dem Gestell als Grundprinzip der Seismographen. Neu eingeführt hat er die elektromagnetische Dämpfung und das Spiegelgalvanometer in Kombination mit der induktiven Abnahme am Pendel als Hilfsmittel der Registrierung.

Seit der Erfindung des Déprez-d'Arsonvalschen Drehspulgalvanometers bis zu dessen erstmaliger Anwendung für Belange der Seismometrie durch Golicyn vergingen etwa 25 Jahre.

Zu den nach der galvanometrischen Registriermethode arbeitenden Seismographen der Nach-Golicyn-Ära gehören unter anderem Instrumente von la Coste, Benioff, Kirnos, Sprengnether, Hiller, Press-Ewing sowie die im ehemaligen Institut für Bodendynamik und Erdbebenforschung Jena (heute ein Institutsteil des Zentralinstituts für Physik der Erde Potsdam der Akademie der Wissenschaften der DDR) entwickelten Geräte HSJ-I, VSJ-I, HSJ-II und VSJ-II.

Von historischem Interesse ist die Tatsache, daß die magnetische Dämpfung später nicht allein bei den galvanometrisch registrierenden Golicyn-Pendeln, sondern beispielsweise auch bei den optisch registrierenden Seismographen nach Milne/Shaw und Anderson/Wood sowie bei dem mechanisch registrierenden de Quervain/Piccardschen großen Universalseismographen mit Erfolg angewandt wurde.

Maßgeblichen Anteil hatte Golicyn an der Neuorganisation des seismischen Dienstes in Rußland.

Ausgehend von der Erkenntnis, daß seismologische Untersuchungen nur effektiv sind, wenn sie planmäßig, systematisch und zielgerichtet vorgenommen werden, erarbeitete Golicyn um 1910 einen Plan zur völligen Reorganisation des seismischen Dienstes in Rußland [3, Bd. 2]. Nach diesem Plan stand an der Spitze des seismischen Dienstes die Zentrale Seismische Kommission bei der Akademie der Wissenschaften in Petersburg. Die Kommission hatte den seismischen Dienst zu besorgen und zu überwachen sowie sich mit der Ausarbeitung verschiedener theoretischer und praktischer Aufgaben der Seismometrie, wie z. B. der Konstruktion neuer Seismographentypen, der Ausarbeitung neuer Beobachtungsmethoden, der Untersuchung des Zusammenhangs zwischen intermittierender Quellen und lokalen seismischen Ereignissen, der Deformation des Erdkörpers unter dem Einfluß der Anziehung von Sonne und Mond, ferner mit geodätischen, topographischen und gravimetrischen Studien in den Erdbebengebieten Turkestans zu beschäftigen. Dieser Kommission gehörten Mitglieder der Akademie der Wissenschaften zu Petersburg und Vertreter des Geodätischen Amtes, des Physikalischen Zentralobservatoriums Petersburg, der Universitäten, der Geographischen Gesellschaft Rußlands und anderer Institutionen an. Ein aus drei Mitgliedern bestehendes Zentralbureau leitete die Kommission, trug die Verantwortung zur Verwirklichung des neuen Plans und hatte außerdem die theoretische sowie praktische Ausbildung des mit der Leitung der seismischen Stationen beauftragten Personals zu übernehmen. In Verbindung mit der letzteren Aufgabe hielt Golicyn eine spezielle Vorlesung über Seismometrie; seine Assistenten J. Wilip und P. M. Nikiforov ergänzten diese durch aus-

---

[5]) Selbstverständlich gilt das nicht für das unter [4]) erwähnte Pendel.

gewählte seismometrische Praktika. A. GERASIMOV vermittelte den Hörern Kenntnisse über geologische Aspekte der Seismologie.

Als zentrale seismische Station wurde Pulkovo bestimmt. Daneben sah der neue Plan sieben seismische Stationen ersten sowie 18 Stationen zweiten Ranges vor.

Bezeichnend für die Haltung GOLICYNS ist, daß er Frauen, die an der mathematisch-physikalischen Fakultät der Höheren Frauenkurse in Petersburg eine entsprechende Ausbildung genossen hatten und mit der Bedienung von Seismographen hinreichend vertraut waren, in die Arbeiten der seismischen Stationen einbezog.

Von Interesse ist gleichfalls, daß die Montanindustrie Rußlands den Bestrebungen von GOLICYN zur Schaffung eines den modernen Anforderungen genügenden seismischen Dienstes beachtliche Aufmerksamkeit und Unterstützung entgegenbrachte. Ähnliche Verhaltensweisen begegnen wir in Deutschland [32].

Bereits im Jahre 1914, also drei Jahre nach Veröffentlichung des neuen Plans zur Reorganisation des seismischen Dienstes Rußlands, konnte GOLICYN nachweisen, daß die Ausrüstung der seismischen Stationen 1. Ranges in Tiflis (Tbilissi), Irkutsk, Baku und Taschkent mit aperiodischen Seismographen vom Typ GOLICYN den Erwartungen entsprach und sich als zweckmäßig erwies. Infolge der neuen Instrumente erhöhte sich nicht nur die Anzahl der registrierten Erdbeben, sondern es zeigte sich auch, daß die einzelnen Phasen (insbesondere die Einsätze von P und S) im Seismogramm weitaus deutlicher aufgezeichnet wurden als früher, da die Stationen noch nicht mit galvanometrisch registrierenden Pendeln arbeiteten.

Anläßlich des fünzigjährigen Jubiläums der Eröffnung der seismischen Station Pulkovo auf dem Gelände des Astronomischen Hauptobservatoriums fand 1956 in Leningrad eine wissenschaftliche Tagung statt, auf der neben anderen LAZAREVA einen Vortrag über die grundlegenden Entwicklungsetappen dieser Station hielt [28].

Heute trägt die seismische Station Pulkovo den Namen GOLICYNS. Die Vorlesungen, die GOLICYN im Frühjahr und Sommer 1911 vor leitenden Mitarbeitern der seismischen Stationen Rußlands sowie vor Angehörigen der Zentralen Seismischen Kommission hielt, erschienen 1912 als „Lekcii po sejsmometrii" in Petersburg [3, Bd. 2] und gehören zweifellos zu den klassischen Werken der Erdbebenkunde. Das Buch ist ausschließlich jenen Fragen gewidmet, die man im damaligen Sprachgebrauch als „physikalische Seismologie" bezeichnete und der betont geographisch-geologischen Forschungsrichtung der Erdbebenkunde gegenüberstellte. Der Vorzug der Monographie liegt damit eindeutig auf der mathematisch-physikalischen Darstellung des Stoffs. GOLICYN schließt dadurch eine spürbare Lücke. Während die geographisch-geologischen Aspekte der Seismologie im ersten Dezennium des 20. Jahrhunderts (und auch schon davor) wiederholt monographisch dargestellt wurden[6]), fehlte es bis dahin an einer ausgereiften Monographie der mathematisch-physikalischen Belange der Seismologie. Daß eine stärkere Betonung der seismometrischen Arbeiten infolge der vorwiegend geographisch-geologisch betriebenen Erdbebenforschung von GERLAND und Mitarbeitern international gefordert wurde, hatte nach dem verheißungsvollen Verlauf der Ersten und Zweiten Internationalen Seismologischen Konferenz erstmalig wieder die Tagung der Permanenten Kommission und Ersten Generalversammlung der Association Internationale de Sismologie 1907 im Haag gezeigt.

O. HECKER (1864—1938) kommt das Verdienst zu, unter Mitarbeit von CLARA REINFELDT eine deutsche Übersetzung und Bearbeitung dieses ausgezeichneten GOLICYNschen Werkes herausgegeben zu haben [12], Abb. 4[7]). HECKER, den ein freundschaftliches Verhältnis mit GOLICYN verband, schien dafür nicht nur deshalb geeignet, weil er

---

[6]) Unter anderem durch A. SIEBERG, COMTE DU MONTESSUS DE BALLORE und W. H. HOBBS.

[7]) Eingehende wissenschaftshistorische Untersuchungen über das Leben und Werk von O. HECKER stehen (wie z. B. auch über A. SIEBERG u. a.) bis heute noch aus.

die für das Redigieren der Übersetzung notwendigen mathematisch-physikalischen Kenntnisse besaß, sondern auch darum, weil er praktische Erfahrungen auf instrumentellem Gebiet aufweisen konnte. Bereits im Jahre 1899 hatte R. HELMERT (1843—1917) den seinerzeit im Geodätischen Institut Potsdam arbeitenden HECKER ersucht, sich „nebenbei" mit der physikalischen Erdbebenforschung zu befassen. Anlaß dafür waren die Tatsache, daß es nach dem Tode von E. v. REBEUR-PASCHWITZ und R. EHLERT in Deutschland außer E. WIECHERT niemanden gab, der (so HELMERT) sich intensiv

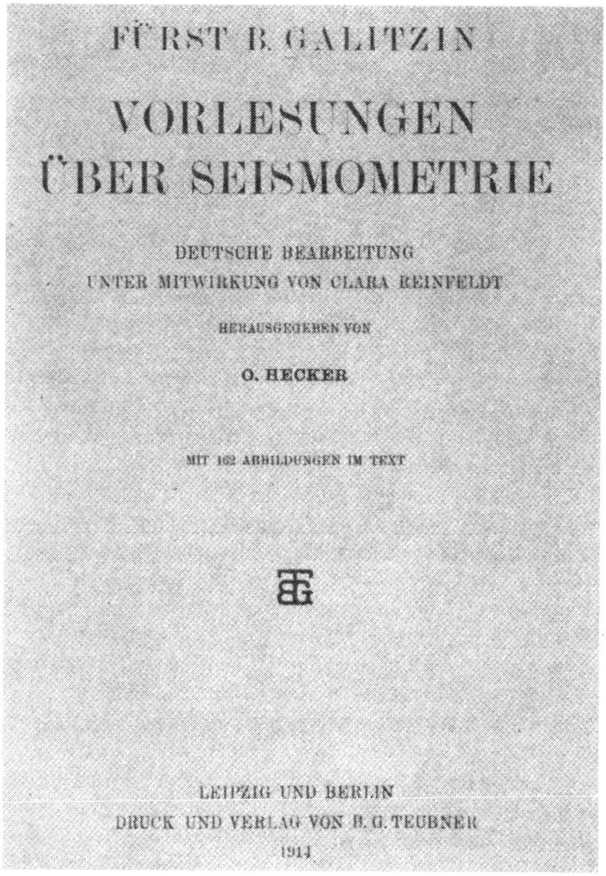
FÜRST B. GALITZIN

VORLESUNGEN ÜBER SEISMOMETRIE

DEUTSCHE BEARBEITUNG
UNTER MITWIRKUNG VON CLARA REINFELDT

HERAUSGEGEBEN VON

O. HECKER

MIT 162 ABBILDUNGEN IM TEXT

LEIPZIG UND BERLIN
DRUCK UND VERLAG VON B. G. TEUBNER
1914

Abb. 4. Titelblatt von B. B. GOLICYN: Vorlesungen über Seismometrie (aus [12])

mit der physikalischen Seite der Erdbebenforschung beschäftigte. HECKER hat damals den Rat seines Lehrers befolgt.

Die Publikation einer deutschsprachigen Übersetzung der „Vorlesungen über Seismometrie" durch HECKER ist Ausdruck der Anerkennung und Wertschätzung der Leistungen GOLICYNS. Diese Herausgabe ist aber gleichermaßen Ausdruck des hohen Ansehens der russischen Seismologie und der Freundschaft, die HECKER und GOLICYN miteinander verband. Nicht zuletzt bewies O. HECKER mit der Herausgabe der Monographie, daß er als Nachfolger GERLANDS und nunmehriger Direktor des Zentralbüros der Internationalen Seismologischen Assoziation gewillt und in der Lage war, die physikalisch-instrumentelle Seite der Erdbebenforschung zu aktivieren. V. CONRAD

(1876–1962) hat Recht, wenn er in seiner Rezension der deutschsprachigen Vorlesungen über Seismometrie [12] beispielsweise schreibt, daß hier ein Werk von seltener Vollständigkeit und Gründlichkeit vorliegt, welches vom didaktischen Standpunkt ganz besonders hoch einzuschätzen sei und die seismometrischen Untersuchungsmethoden in hervorragender Weise darstellt, ohne daß auch nur in einem einzigen Abschnitt der Zusammenhang mit den großen Zielen der jungen Wissenschaft verloren ginge[8]).

Es muß dem Verlag B. G. Teubner hoch angerechnet werden, daß er die Möglichkeit nutzte, diese „Vorlesungen über Seismometrie“ in seine Produktion aufzunehmen. Da beim anglo-amerikanischen Luftangriff auf Leipzig am 4. Dezember 1943 das wertvolle Archiv dieses Verlages vernichtet wurde[9]), waren dem Verfasser weitere archivische/archivalische Recherchen über aufschlußreiche verlegerische Einzelheiten dieser Produktion leider nicht möglich[10]).

Die Übertragung in die deutsche Sprache blieb nicht die einzige Übersetzung der weltbekannten Monographie von Golicyn [13].

Noch heute wird gern auf Golicyns Vorlesungen über Seismometrie zurückgegriffen. Würde man den Versuch machen, eine Bibliographie der wichtigsten Werke der Weltliteratur der geologischen Wissenschaften zu erarbeiten [26], die Vorlesungen über Seismometrie von Golicyn würden unzweifelhaft zu berücksichtigen sein.

Hinsichtlich einer dynamischen Skala zur Schätzung von makroseismischen Bewegungen unterbreitete Golicyn den beachtenswerten Vorschlag, die Stationen in habituellen Stoßgebieten mit einfachen Instrumenten (sogenannte Parallelepipeda) auszurüsten, wodurch eine Bestimmung der maximalen Beschleunigungen innerhalb enger Grenzen erreicht werden könne [11]. Makroseismische Stärkegradbestimmungen nach den empirischen Skalen von Rossi-Forel oder Mercalli hielt Boris Borisovič für wenig vertrauenswert. Sie verbergen „sehr viel Subjektives in sich ..., obgleich manche Versuche gemacht worden sind, ihnen eine mechanische Deutung zu geben“ [11, S. 50].

Auf internationalen Konferenzen machte Golicyn mit seinen neuen seismologischen/seismometrischen Untersuchungsergebnissen bekannt. Seine Mitarbeit in internationalen Gremien war geschätzt.

Auf der Tagung der Permanenten Kommission der Internationalen Seismologischen Assoziation im September 1907 im Haag wurde zur Erforschung der Ursachen der Mikroseismik eine Kommission gebildet, der neben F. A. Forel, O. Hecker, J. Milne, F. Omori, H. F. Reid, A. Schuster und E. Wiechert auch Golicyn angehörte. Seine Erkenntnisse über die mikroseismischen Bewegungen legte er in einer umfangreichen Arbeit nieder [3, Bd. 2].

Die zweite Generalversammlung der Internationalen Seismologischen Assoziation in Manchester 1911 wählte B. B. Golicyn für die Dauer von drei Jahren zu ihrem Präsidenten. Als Ort für die nächste Generalversammlung wurde St. Petersburg, das heutige Leningrad, vorgeschlagen. Der 1. Weltkrieg verhinderte jedoch, daß sich die Seismologen in dieser traditionsreichen Stadt trafen. 54 Jahre später wurde die 10. Generalversammlung der Europäischen Seismologischen Kommission in dem gleichen Saal der Akademie der Wissenschaften in Leningrad eröffnet, den Golicyn für die 1914 geplante, aber nicht stattgefundene Konferenz ausgewählt hatte.

In einer Zeit, in der es zu den außenpolitischen Hauptzielen Rußlands gehörte, möglichst gute Beziehungen zu Deutschland aufrecht zu erhalten [24], unternahm Golicyn im Februar 1907 in seismologischen/seismometrischen Angelegenheiten eine Dienst-

[8]) Gerlands Beitr. Geophys., Leipzig 14 (1915–1918), Kl. Mitt., S. 47.

[9]) Festschr. zum 150jährigen Bestehen des Verlages und des graphischen Betriebes B. G. Teubner, Leipzig. – Leipzig: B. G. Teubener 1961. S. 94 S.

[10]) Neben den „Vorlesungen über Seismometrie“ erschienen im Verlag B. G. Teubner zwei weitere Übersetzungen ähnlicher Thematik: G. A. Gamburcev (1964): Grundlagen seismischer Erkundung (2. Aufl., Moskva 1959) und L. Egyed (1971): Die Erdbeben und die Erde (1. Aufl., Budapest 1966).

reise nach Deutschland. Er hatte Gelegenheit, die seismische Station in Potsdam zu besuchen und dort mit seinem Kollegen und Freund Oscar Hecker zusammenzutreffen. Über die Reiseergebnisse berichtete Golicyn noch im gleichen Monat in einem Vortrag vor der Permanenten Zentralen Seismischen Kommission [2].

Golicyn legte zahlreiche weitere seismologische/seismometrische Arbeiten vor. Zu nennen wären Beiträge über die Ausbreitung und Geschwindigkeit seismischer Wellen in unterschiedlichen Tiefen der Erde und die damit in Verbindung stehenden Fragen nach der Struktur des Erdinnern, Mitteilungen und vergleichende Studien über die von der seismischen Station Pulkovo aufgezeichneten Seismogramme in- und ausländischer Beben, Fragen der Herdtiefenbestimmung, der Theorie der mechanischen Registrierung, Beobachtungen von Neigungswellen, Untersuchungen über den Emergenzwinkel, die Dispersion und Dämpfung von Oberflächenwellen, die Bestimmung von Seismometerkonstanten und ingenieurseismologische Probleme, Berichte über Tagungen der Internationalen Seismologischen Assoziation und vieles andere mehr.

Arbeiten seiner Fachkollegen rezensierte Golicyn unter anderem für die Beiträge zur Geophysik, Leipzig, und für die Physikalische Zeitschrift, Leipzig.

Golicyn leistete auf seismologischem/seismometrischem Gebiet außerordentlich viel. Daß sich dabei auch einige Mißerfolge und Fehler einstellten, ist natürlich. Es wäre naiv zu glauben, Golicyn hätte alle Aufgaben gelöst. Gorškov [15] hat darauf wohl als erster hingewiesen.

Alle jene seismologischen/seismometrischen Beiträge des berühmten russischen Gelehrten, die in unserer Zeit aktuelles Interesse beanspruchen können, sind in den Bänden 1 und 2 der ausgewählten Arbeiten Golicyns [3] enthalten. Die Redaktion dieses vorzüglichen Werkes lag unter anderem in den Händen von B. F. Bončkovskij, G. P. Gorškov, D. P. Kirnos und E. F. Savarenskij.

Es ist richtig, daß bei der Pflege des Erbes von B. B. Golicyn die historisch progressiven Traditionen des Gestern mit den Aufgaben und Zielen von Heute und Morgen verbunden werden [23].

Seit dem Tode Golicyns haben Seismologie/Seismometrie gewaltige Fortschritte gemacht. Die Instrumente und Stationssysteme wurden leistungsfähiger, die Theorien besser, die Methoden zweckmäßiger und die wirtschaftliche Bedeutung der erzielten Ergebnisse größer. Es wurde möglich, exaktere Aussagen über die Inhomogenitäten des Erdinnern zu gewinnen. Probleme der Standardisierung und Vereinheitlichung der Beobachtungen sowie Fragen der Entwicklung eines Beobachtungssystems ausgewählter Stationen mit kombinierten Datenverarbeitungsanlagen nehmen heute einen wichtigen Platz ein. Die Elektronik ermöglichte wesentliche Verbesserungen. Der Trend zur Magnetbandaufzeichnung setzte sich in den letzten Jahren immer mehr durch. Im Hinblick auf die Untersuchungen von Herdmechanismen und die seismologische Überwachung kommt mobilen Stationen erhöhte Bedeutung zu. Zu den neuen Aufgaben der Seismometrie zählt die weltweite Kontrolle der Kernwaffentests. Seit geraumer Zeit schon haben Seismologie und Seismik Eingang in die Kosmoswissenschaften gefunden [33]. Auf Grund der besseren Ortungsgenauigkeit wurden neue Erkenntnisse über die räumliche und zeitliche Verteilung der Bebenherde erzielt. Erdbebenkatastrophen verweisen auf die hohe Bedeutung seismischer Rayonierungsarbeiten und erdbebensicherer Bauweise. In diesem Zusammenhang sind gleichfalls Probleme der Erdbebenprognose und -warnung außerordentlich aktuell [29]. Durch die Einführung festkörperphysikalischer Modellvorstellungen konnte ein erheblicher Fortschritt in der Bestimmung der stofflichen Eigenschaften des Erdinnern erzielt werden. Unser gegenwärtiges Bild vom Aufbau des uns nicht direkt zugänglichen Erdinnern wird maßgeblich durch die Verknüpfung von Seismologie und Hochdruckphysik bestimmt [27]. Große wirtschaftliche Erfolge hat die Prospektionsseismik errungen. Der historische Aspekt gewinnt auch in der Seismologie ständig an Bedeutung [22, 31, 34].

Konferenzen, Symposien, Seminare und ähnliche Veranstaltungen geben Rechenschaft über das bisher Erreichte. Internationale Projekte tragen zur Ausarbeitung und Weiterentwicklung nationaler Programme bei, die ihrerseits internationale Vorhaben unterstützen.

Über die Erfolge, die die sowjetischen Seismologen seit dem Tod Golicyns errungen haben, berichten zahlreiche einschlägige Beiträge. Es ist an dieser Stelle nicht möglich, auch nur annähernd die wesentlichen dieser Arbeiten zu nennen. Lediglich auf die Beiträge von Borisevič, Kirnos & Charin [25] sowie Savarenskij [30, 30a] soll hier aufmerksam gemacht werden. Desgleichen wird auf entsprechende Recherchen in dem vom VINITI in Moskau herausgegebenen „Referativnyj žurnal" verwiesen.

Golicyn arbeitete mit Begeisterung und Erfolg an der Erforschung der Erdbeben und wichtigen, damit im Zusammenhang stehenden Fragen. Die grundlegende Aufgabe der Seismometrie, die Bestimmung der Verschiebung von Punkten der Erdoberfläche beim Durchgang seismischer Wellen als Funktion der Zeit löste er mit großer Klarheit und Genauigkeit. Seine Leistungen ermöglichten es, die Tür zum Erdinneren weiter aufzustoßen. So wie Wiechert in Göttingen begründete Golicyn in St. Petersburg eine eigene Schule. Seine Erkenntnisse halfen, neue Kader heranzubilden. Seine Geräteentwicklungen und Publikationen, seine wissenschaftsorganisatorische Tätigkeit und politische Haltung gegenüber seiner Heimat sowie nicht zuletzt sein wissenschaftlicher Nachlaß[11]) bleiben ein Denkmal, das er sich selbst gesetzt hat.

Bibliographie

Ausgewählte Arbeiten

[1] Über die Eröffnung einer seismischen Station in Pulkovo. — Izv. imper. Akad. nauk, 6. ser. St. Petersburg **1** (1907) 1, S. 25—27, (russ.).

[2] Arbeiten zur Seismologie in Deutschland. — Izv. postojan. central. sejsm. kom., St. Petersburg **3** (1908) 1, S. XIII—XXII, (russ.).

[3] Ausgewählte Arbeiten. Bd. 1. Physik; Bd. 2. Seismologie. — Moskva: izd. Akad. nauk 1960. 242 S.; 490 S., (russ.).

[4] Über seismometrische Beobachtungen. — C. R. séanc. Com. Sism. Perm., St. Petersburg **1** (1902) 1, S. 101—183.

[5] Zur Methodik der seismometrischen Beobachtungen. — C. R. séanc. Com. Sism. Perm., St. Petersburg **1** (1904) 3, S. 1—112.

[6] Die electromagnetische Registriermethode. — C. R. séanc. Com. Sism. Perm., St. Petersburg **3** (1908) 1, S. 1—106.

[7] Sur un nouveau type des sismographe pour la composante verticale. — C. R. Hebdom. séanc. Acad. sci., Paris **150** (1910), S. 1727—1731.

[8] Ueber ein neues aperiodisches Horizontalpendel mit galvanometrischer Fernregistrierung. — C. R. séanc. Com. Sism. Perm., St. Petersburg **4** (1911) 1, S. 30—160.

[9] Ueber einen neuen Seismographen für die Vertikalkomponente der Bodenbewegung. — C. R. séanc. Com. Sism. Perm., St. Petersburg **4** (1911) 2, S. 1—34.

[10] Seismometrische Tabellen. — St. Petersburg: Kais. Akad. Wiss. 1911. 266 S.

[11] Ueber eine dynamische Skala zur Schätzung von makroseismischen Bewegungen. — C. R. séanc. Com. Sism. Perm., St. Petersburg **4** (1912) 3, S. 50—74.

[12] Vorlesungen über Seismometrie. Deutsche Bearbeitung unter Mitwirkung von Clara Reinfeldt, hrsg. von O. Hecker. — Leipzig und Berlin: B. G. Teubner Verlag 1914. VIII + 538 S.

[13] Conferencias sobre sismometria traducidas de la adapción alemana de O. Hecker, por V. I. Ors, J. G. Sineriz y W. del Castillo. — Madrid: Inst. Geogr. Estad. 1921. XII + 560 S.

[11]) Er enthält unter anderem Briefe von Oscar Hecker.

Literatur über B. B. GOLICYN

[14] BLOK, G. P.; KRUTIKOVA, M. V.: Handschriften GOLICYNS im Archiv der Akademie der Wissenschaften der UdSSR. — Moskva—Leningrad: izd. Akad. nauk SSSR 1952. 139 S., (russ.).

[15] GORŠKOV, G. P.: Die Rolle B. B. GOLICYNS in der Entwicklung der Seismologie. In: Die Rolle der russischen Naturwissenschaft innerhalb der Entwicklung der Weltwissenschaft und Kultur. Bd. 1, T. 2. — Moskva: izd. mosk. goz. univ. 1946. S. 69—72, (russ.).

[16] NIKIFOROV, P. M.; KUZNECOV, I. V.: BORIS BORISOVIČ GOLICYN. 1862—1916. In: Persönlichkeiten der russischen Wissenschaft. 1. Mathematik, Mechanik, Astronomie, Physik, Chemie. Red. I. V. KUZNECOV. — Moskva: Gos. izd. fiz. mat. lit. 1961. S. 244—256, (russ.).

[17] PREDVODITELEV, A. S.; VEŠNJAKOV, N. V.: Das Leben und die wissenschaftliche Tätigkeit des Akademikers B. B. GOLICYN. In: B. B. GOLICYN. Ausgewählte Arbeiten. Bd. 1. Physik. — Moskva: izd. Akad. nauk 1960. S. 5—12, (russ.).

[18] SAVARENSKIJ, E. F.: Der Begründer der vaterländischen Seismologie. 100. Geburtstag des Akademikers B. B. GOLICYN. — Priroda, Moskva (1962) 4, S. 92—94, (russ.).

[19] — B. B. GOLICYN und einige Aufgaben der gegenwärtigen Seismologie. — Izv. Akad. nauk SSSR, ser. geofiz., Moskva (1963) 1, S. 3—19, (russ.).

[20] ZJUKOV, P. I.; CHRGIAN, A. CH.: B. B. GOLICYN als Physiker. — Ist. metodol. estestv. nauk, Moskva **3** (1965), S. 242—254, (russ.).

[21] ZJUKOV, P. I.: Physikalische und geophysikalische Forschungen B. B. GOLICYNS und ihre Rolle in der Entwicklung der Wissenschaften. — Moskva, Lomonosov-Univ., Autorref. Diss. Kand. phys.-math. Wiss. 1968, 16 S., (russ.).

Sonstige Literatur zu B. B. GOLICYN

[22] AMBRASEYS, N. N.: Lektionen der Vergangenheit — Lehren aus den seismologischen Annalen. — UNESCO-Kurier, Bern **17** (1976) 5, S. 24—28, 33.

[23] ARCHANGEL'SKAJA, V. M.: Sitzung des Rates für Seismologie und des Wissenschaftlichen Rates des Instituts Physik der Erde der Akademie der Wissenschaften der UdSSR anläßlich des 100. Geburtstags B. B. GOLICYNS. — Izv. Akad. nauk SSSR, ser. geofiz., Moskva (1962) 10, S. 1399—1403, (russ.).

[24] ASTAF'ER, I. I,: Am Scheideweg. Zur Entwicklung der russisch-deutschen Beziehungen 1905—1911. In: Russisch-deutsche Beziehungen von der Kiever Rus' bis zur Oktoberrevolution. Studien und Aufsätze; Hrsg.: V. H. LEMKE & BR. WIDERA. — Berlin: Akad.-Verl. 1976. S. 237—270.

[25] BORISEVIČ, S. E.; KIRNOS, D. P.; CHARIN, D. A.: Die Entwicklung der seismischen Beobachtungen und Apparate in der UdSSR. — Fiz. Zemli, Moskva (1967) 11, S. 41—53, (russ.).

[26] GUNTAU, M.: Arbeitsplan des Arbeitskreises „Geschichte und Philosophie der Geologischen Wissenschaften. (1976—1980)". — Mitt. Ges. geol. Wiss. DDR, Berlin **4** (1976) 3, S. 7—11.

[27] KAUTZLEBEN, H.: Aufgaben und Ergebnisse der Forschungsarbeiten im Zentralinstitut für Physik der Erde der Akademie der Wissenschaften der DDR. — Veröff. Zentralinst. Physik Erde, Potsdam 29 (1974), S. 5—20.

[28] LAZAREVA, A. P.: Die seismische Station Pulkovo. — Bjull. sov. sejm., Moskva 6 (1957), S. 5—8, (russ.).

[29] RIKITAKE, T.: Earthquake prediction. — Amsterdam—Oxford—New York: Elsevier Publ. Comp. 1976. XVI + 357 S.

[30] SAVARENSKIJ, E. F.: Resultate und Aufgaben der sowjetischen Seismologie (1917—1967). — Fiz. Zemli, Moskva (1967) 11, S. 28—40, (russ.).

[30a] — Abriß der Entwicklung der sowjetischen Seismologie nach 60 Jahren (1917—1977). — Fiz. Zemli, Moskva (1977) 12, S. 87—97, (russ.).

[31] SCHMIDT, P.: Macro-seismic mapping in the Saxon Vogtland and the adjacent areas. — Lect. IUGG XIVth general assembly 1967, Zürich.

[32] — Die Bemühungen des sächsischen Bergbaus und der Bergakademie Freiberg, um 1900 die erste unterirdische Erdbebenstation der Welt zu errichten. — Sächs. Heimatbl., Dresden **18** (1972) 4, S. 179—181[12]).

[12]) vgl. auch P. SCHMIDT in Kongreßbericht zum ICOHTEC-Symposium Schloß Reinsberg bei Freiberg, September 1978.

[33] — Das wichtigste internationale Schrifttum über Mondbeben, Mondseismologie und Mondseismik, 1960—1972. — Sterne, Leipzig **49** (1973) 4, S. 247—252.
[34] — Seismologische Recherchen im Staatlichen Archivfond der DDR. — Archivmitt., Berlin **24** (1974) 6, S. 217—219.
[35] WILIP, J.: On the Precision-seismographs. — Acta com. Univ. Tartuensis, A, Tartu **10** (1926) 7, 26 S.
[36] — Zur Theorie und Konstruktion von Vertikalseismographen. — Gerl. Beitr. Geophys., Leipzig **21** (1928), S. 387—401.
[37] Russische-Deutsche Wissenschaftsbeziehungen zwischen der Akademie der Wissenschaften der UdSSR und der Akademie der Wissenschaften der DDR 1700—1974. Dokumentensammlung. Redaktion P. N. POSPELOV & G. SCHEEL. — Moskva: izd. Nauka 1975. 294 S., (russ.).
[38] GRAU, C.: Die Berliner Akademie der Wissenschaften in der Zeit des Imperialismus. T. I. — Berlin: Akad.-Verl. 1975. XVIII + 276 S.

Manuskripteingang: 18. April 1977

Anschrift des Autors:
Dr. P. SCHMIDT, DDR - 92 Freiberg, Karl-Kegel-Straße 100

Schriftenr. geol. Wiss. · Berlin 14 (1979) · S. 105–113

Vladimir Ivanovič Vernadskij (1863–1945)

Von Peter Krüger, Berlin

Mit einer Abbildung

Vladimir Ivanovič Vernadskij war ein russisch-sowjetischer Mineraloge und Kristallograph. Er ist der Mitbegründer und Theoretiker der Geochemie und Biogeochemie, der Lehre von der Biosphäre und der Radiogeologie. Vernadskij prägte um die Jahrhundertwende maßgeblich das Profil der Moskauer Universität und nahm als hervorragender Wissenschaftsorganisator eine führende Rolle in der Akademie der Wissenschaften Rußlands bzw. der UdSSR ein.

Владимир Иванович Вернадский был русско-советским минералогом и кристаллографом. Он являлся основоположником и теоретиком геохимии и биогеохимии, а также учения о биосфере и радиогеологии. На рубеже нашего столетия Вернадский существенно определял профиль Московского Университета, и в Академии наук России и СССР он играл ведущую роль как выдающийся организатор науки.

Vladimir Ivanovich Vernadsky was a Russian-Soviet mineralogist and crystallographer. He is the founder and theorist of geochemistry and biogeochemistry, as well as of the theories of biosphere and radiogeology. At the turn of the century he decisively coined the face of Moscow university, and as a prominent scientific organizer played an important role in the Academy of Sciences of Russia and the U.S.S.R.

Vladimir Ivanovič Vernadskij wurde 1863 im damaligen St. Petersburg geboren. Sein Vater war ein bekannter liberaler Professor für politische Ökonomie. Nach Beendigung des Gymnasiums in Petersburg absolvierte V. I. Vernadskij von 1881 bis 1885 die physikalisch-mathematische Fakultät der Petersburger Universität und war anschließend Kustos am Mineralogischen Kabinett der Universität. Nach einem zweijährigen Auslandsaufenthalt in Italien, Deutschland und Frankreich war er ab 1890 als Privatdozent für Mineralogie, von 1898 bis 1911 als Professor an der Moskauer Universität tätig. Seine wissenschaftlichen Forschungsergebnisse auf mineralogischem, mineralchemischem und kristallographischem Gebiet machten ihn bald weit über die Grenzen Rußlands bekannt, so daß er zum Mitglied bzw. Ehrenmitglied russischer und ausländischer naturwissenschaftlicher Gesellschaften gewählt wurde. Ein aktiver und wissenschaftlich produktiver Kreis von Schülern (Fersman, Chlopin und andere) war wesentlich an der Popularisierung und Weiterentwicklung dieser Forschungsergebnisse beteiligt. Vernadskij nahm in dieser Zeit zu einigen politischen Problemen des öffentlichen Lebens Rußlands Stellung. Mehrfach kritisierte er die Unterdrückungsmaßnahmen des zaristischen Staates gegenüber den Hochschulen. Seine damalige Weltanschauung führte ihn in die Reihen der Konstitutionell-Demokratischen Partei („Kadetten"), deren Zentralkomitee er seit 1905 angehörte [69].

Im Jahre 1909 wurde er zum a. o. Mitglied der Petersburger Akademie der Wissenschaften gewählt. Im Jahre 1911 trat er aus Protest gegen die reaktionären Maßnahmen der Regierung zusammen mit anderen fortschrittlichen Professoren von seiner Lehrtätigkeit an der Moskauer Universität zurück und übersiedelte nach Petersburg. Dort baute er zunächst das Mineralogische Laboratorium der Akademie aus und übernahm 1914 als Direktor das Geologisch-mineralogische Museum der Petersburger Akademie der Wissenschaften, zu deren ordentlichem Mitglied er im Jahre 1912 gewählt wurde.

Sowohl während der Moskauer, als auch der Petersburger Periode war Vernadskij Organisator und Teilnehmer mehrerer geologisch-mineralogischer Expeditionen, die ihn in den Ural, den Altaj, nach Mittelasien, Transbajkalien, auf die Kola-Halbinsel und die Krim führten. Vor Ausbruch des 1. Weltkriegs besuchte er fast in jedem Jahr ausländische Kongresse, geologisch-mineralogische Museen oder befreundete Wissenschaftler. Vielfältige Impulse erhielt er beispielsweise für seine späteren organisatorischen und wissenschaftlichen Arbeiten durch den Besuch Kanadas während des Internationalen Geologenkongresses 1913.

Im Jahre 1915 wurde im Rahmen der Akademie der Wissenschaften auf Vernadskijs Initiative die Kommission zur Erforschung der natürlichen Produktivkräfte Rußlands (abgekürzt KEPS) gegründet, die bis 1930 bestand und an deren Arbeit er aktiven Anteil hatte [12, 13, 14, 18].

Nach der Oktoberrevolution übersiedelte V. I. Vernadskij mit seiner Familie von Petrograd nach der Ukraine und auf die Krim, wo er und andere Professoren durch die Landung deutscher Truppen und später infolge der Besetzung der Ukraine und der Krim durch die weißgardistischen Truppen Denikins und Wrangels an der Rückkehr nach Rußland gehindert wurden. Im Sommer 1918 gründeten die Hochschullehrer in Simferopol die Taurische Universität, als deren Rektor Vernadskij bis November 1920 tätig war. An der Gründung der Ukrainischen Akademie der Wissenschaften 1919 in Kiew war er aktiv beteiligt und wurde zu deren erstem Präsidenten gewählt [16]. 1921 kehrte er nach Petrograd zurück und schuf das Laboratorium zur Erforschung der lebenden

Substanz bei der KEPS sowie das Staatliche Radiuminstitut, dessen Direktor er von 1922 bis 1939 war [20].

In den Jahren 1922 bis 1926 weilte VERNADSKIJ in Paris, wo er an der Sorbonne Vorlesungen zur Geochemie hielt und im Radiuminstitut bei MARIE CURIE über radioaktive Minerale arbeitete. Aus den Vorlesungen ging sein klassisches Werk „La géochemie" hervor, das 1924 in französischer Sprache erschien.

Im Jahre 1926 kehrte VERNADSKIJ in die Sowjetunion zurück. Er begann sofort mit der ihm eigenen Aktivität in Leningrad Vorbereitungen zur Schaffung der Abteilung „Lebende Substanz" der Akademie der Wissenschaften zu treffen [28]. 1927 gegründet, wurde sie 1929 in das Biogeochemische Laboratorium umgebildet, als dessen Direktor VERNADSKIJ bis zu seinem Tode wirkte. Im Jahre 1927 war er Mitglied der sowjetischen Delegation zur „Russischen Naturforscherwoche" in Berlin, wo er einen stark beachteten Vortrag hielt [49]. Mehrere Auslandsreisen führten ihn zu dieser Zeit außerdem nach Frankreich, in die Niederlande, die Tschechoslowakei sowie nach Norwegen und brachten ihm hohe Ehrungen: er wurde zum Mitglied der Tschechischen, der Jugoslawischen und der Pariser Akademie der Wissenschaften gewählt (1926).

1934 übersiedelte die Akademie der Wissenschaften der UdSSR von Leningrad nach Moskau. VERNADSKIJ widmete sich intensiv seinen Forschungen zur Biogeochemie, setzte die Arbeit in der Kommission für die „Geschichte des Wissens" fort und organisierte im Rahmen der Akademie neue Kommissionen, beispielsweise zur Untersuchung des schweren Wassers (1934), des Dauerfrostbodens (1937), für Isotope (1939). Im Jahre 1939 wurde auf seine Veranlassung das Komitee für Meteoriten gegründet, dessen Vorsitz er bis zu seinem Tode innehatte.

Auf dem Internationalen Geologenkongreß 1937 in Moskau hielt der bereits 74jährige VERNADSKIJ einen der Hauptvorträge zur Rolle der Radioaktivität in der Geologie. Der Kongreß beschloß auf Initiative VERNADSKIJS die Bildung der Internationalen Kommission zur Bestimmung des Alters von Gesteinen mittels radioaktiver Methoden und wählte ihn zum Vizepräsidenten dieser Kommission.

Ab 1937 war VERNADSKIJ infolge des Nachlassens seiner Kräfte oft längere Zeit ans Bett gefesselt. Dabei war er geistig außerordentlich rege und diktierte Artikel und Teile einer großen Monographie. Nach dem faschistischen Überfall auf die Sowjetunion wurde er 1941 nach Kasachstan evakuiert, wo 1943 seine Frau verstarb. Noch im selben Jahr kehrte er nach Moskau zurück. Hier wurde er für seine wissenschaftlichen und wissenschaftsorganisatorischen Leistungen mit dem Stalinpreis 1. Klasse und dem Orden „Rotes Arbeitsbanner" ausgezeichnet.

Im Dezember 1944 erlitt er einen Schlaganfall, an dessen Folgen er am 5. Januar 1945 verstarb.

VLADIMIR IVANOVIČ VERNADSKIJ widmete sich bei seinen naturwissenschaftlichen Forschungen großen Komplexen, z. B. dem Bau der Silikate, der Geochemie seltener und disperser Elemente, der Rolle der Organismen in den geochemischen Prozessen, der Erkundung radioaktiver Minerale, der Klärung geologischer Erscheinungen und Prozesse mit Hilfe der Radioaktivität, der Bestimmung des absoluten Alters von Gesteinen und vielen anderen. Dabei ist für ihn charakteristisch, daß er sich in wissenschaftlichen Randgebieten bewegt und immer höchsten Verallgemeinerungsgrad anstrebt [63, 78]. Sein Werk ist angefüllt mit philosophischem Gedankengut, worauf MOČALOV und andere Wissenschaftler mehrfach hinwiesen [64, 65, 66, 67, 68, 69, 70].

Die ersten Arbeiten VERNADSKIJS waren mineralogisch-kristallographischen Inhalts [1, 3, 6, 44, 45, 46, 55, 56]. Da er aber eine prinzipiell andere Einstellung zur Mineralogie hatte als seine Zeitgenossen, entwickelte er bald schriftlich seine Auffassungen [2, 4]. Er betrachtete die Minerale nicht als unveränderlichen Teil der Natur, sondern als Teil der Naturgeschichte mit ihrer Entwicklung. Die konsequente Anwendung dieser dynamischen Betrachtungsweise, zu der er bereits durch MENDELEEV und DOKUČAEV angeregt wurde, führte zur Entwicklung seiner chemisch-genetischen Richtung der Mineralogie zwischen 1890 und 1911 [7, 15, 29], die er folgerichtig zur Geochemie weiterentwickelte [22].

VERNADSKIJ erkannte die große Bedeutung des Paragenesebegriffs im Sinne von BREITHAUPT und entwickelte ihn zu einer der wichtigsten Stützen seiner chemisch-dynamischen Mineralogie [10, 77]. Ein weiteres Arbeitsgebiet waren die isomorphen Mischkristalle. Den Vorstellungen S. ARRHENIUS' von den „festen Lösungen" gab er durch die Einführung des Begriffs der isomorphen Reihen [48, 73] eine neue Richtung.

Besonders intensiv befaßte er sich mit der Struktur der Alumosilikate. Bereits 1891 erkannte er, daß es sich bei Sillimanit und Andalusit nicht um Doppelsalze der Kieselsäure handeln kann, sondern daß Si und Al eine gleichwertige Rolle spielen und daß die Alumosilikate Anhydrite der Alumosäuren sind [1, 45, 50]. Die von VERNADSKIJ angegebene Strukturformel des „Kaolinkerns" (eines Viererrings mit je zwei Si- und Al-Ionen) [50] wurde von BRAGG, SCHIEBOLD und MACHATSCHKI bestätigt. Diese Arbeiten bildeten die Grundlage der modernen Kristallographie und Mineralogie der Silikate.

Den größten Raum im Schaffen V. I. VERNADSKIJS nehmen seine Untersuchungen und synthetisierenden Arbeiten zur Geochemie ein [73]. Er war einer der Begründer und einer der wichtigsten Theoretiker dieser relativ jungen Wissenschaft. Intensiv befaßte er sich mit der Erforschung der Verbreitung seltener und disperser chemischer Elemente in der Erdrinde [8, 21, 47, 51, 53, 57, 59]. Interessant sind seine Auffassungen vom Wasser als Mineral [77]. Seine „Geschichte der Minerale der Erdkruste" [22] enthält eine ausführliche Mineralogie des Wassers, später arbeitete er auf dieser Grundlage die Vorstellungen über die Einheit der Wässer der Erde aus.

Die praktischen Ergebnisse und theoretischen Verallgemeinerungen zur Geochemie und Biogeochemie gehören zu den wesentlichen wissenschaftlichen Leistungen VERNADSKIJS. In den „Abrissen der Geochemie" [26], die 1924 aus seinen Vorlesungen an der Sorbonne entstanden (russisch erstmals 1927 veröffentlicht) [57], beschreibt er ausführlich die Geschichte der chemischen Elemente in der Erdkruste, speziell von Silizium und den Silikaten, von Mangan, Brom, Jod, Kohlenstoff, den radioaktiven Elementen usw. [73].

Die Verteilung der Elemente ist nach VERNADSKIJ reversibel, die Ursachen hierfür sind die periodischen Prozesse, die zwischen den Geosphären ablaufen. Dadurch befinden sich die chemischen Elemente in einem dynamischen Gleichgewichtszustand.

Im Jahre 1942 veröffentlichte VERNADSKIJ als Synthese seiner Weltanschauungen über den Planeten Erde und die Grundlagen seines geochemischen und biologischen Baus die aus seinem System der geochemischen Zyklen entwickelte Theorie der geologischen Hüllen, d. h. der Geosphären [23, 41, 61]. Logisch baute er diese weiter aus durch die Einführung des Begriffs der „Noosphäre" [54, 81].

Die von VERNADSKIJ begründete Biogeochemie untersucht die geochemischen Prozesse, an denen Organismen beteiligt sind [17, 19, 24, 25, 31, 32, 35, 36, 37, 39, 73]. In der Weiterentwicklung dieser Vorstellungen schuf er die Lehre von der Biosphäre [23]. Die Konzentration lebender Organismen in der Biosphäre nannte er „lebende Substanz" [56, 60]. VERNADSKIJ entwickelte das Modell des Kreislaufs von lebender Substanz und anorganischer Materie über die Transformation der Sonnenenergie [49, 80]. Die Biosphäre geht allmählich unter dem Einfluß der menschlichen Arbeit und der wissenschaftlichen Errungenschaften in einen neuen Zustand über, in die Sphäre des Verstands oder die Noosphäre [42, 54, 82, 83].

Seit der Entdeckung der Radioaktivität durch BECQUEREL interessierte sich VERNADSKIJ für diese Erscheinung. Angeregt durch einen Vortrag JOLYS auf dem Internationalen Geologenkongreß in Dublin (1908) formulierte er 1911 die Rolle der Radioaktivität für die Geologie [11, 76] und unterstrich die wissenschaftliche und wirtschaftspolitische Bedeutung des Radiums und der Suche nach Uran- und Radiummineralen und deren Lagerstätten [9, 30, 72, 80].

VERNADSKIJ arbeitete folgende Problemkreise zur Bedeutung bzw. Anwendung der Radioaktivität in der Geologie heraus: 1. die Quelle der Erdwärme; 2. die Existenz eines chemischen Systems des radioaktiven Zerfalls; 3. die Isotopie-Erscheinungen und ihre Beeinflussung durch radiogeologische und biogeochemische Faktoren; 4. der radioaktive Zerfall als Zeitstandard. Von diesen Problemkreisen ist die von ihm ausgearbeitete Theorie der radioaktiven Zeitmessung in der Geologie der wichtigste [33, 34, 76]. Sie basiert, wie VERNADSKIJ schrieb, auf einer 1902 erschienenen Notiz von P. CURIE über das Wesen der radioaktiven Elemente als Zeitetalon. Den Höhepunkt dieser Arbeitsrichtung VERNADSKIJS stellte sein bereits erwähnter Vortrag auf dem Internationalen Geologenkongreß 1937 in Moskau dar, in dem er umfassend seine Vorstellungen über die Bedeutung der Radioaktivität für die Geologie darlegte [38, 52, 62]. Damit schuf er die Grundlage der absoluten Geochronologie.

Sehr aktiv widmete sich V. I. VERNADSKI der Erforschung der Geschichte der Wissenschaften. Mehr als dreißig Veröffentlichungen entstammen diesem Problemkreis [27, 63, 68, 69, 78]. Die von ihm durchgeführte Analyse der Entwicklung des wissenschaftlichen Denkens und der wissenschaftlichen Anschauungen, aber auch der Erforschung der Struktur der Wissenschaften ist eine große Leistung, wodurch VERNADSKIJ zu den Begründern der Wissenschaftshistoriographie gerechnet werden muß. Hervorzuheben ist seine Verehrung GOETHES als Dichter und Naturwissenschaftler. Dazu hat er umfangreiche Studien getrieben, aus denen die interessante Arbeit „GOETHE als Naturwissenschaftler" hervorging [43, 79].

Die weltanschauliche Entwicklung vollzog sich bei V. I. VERNADSKIJ im ernsten Ringen um Erkenntnis der Zusammenhänge in Natur und Gesellschaft. Aufgewachsen in liberalen Kreisen der wohlhabenden russischen Intelligenz, stand er während seiner Studienjahre völlig unter dem Eindruck der widerspruchsvollen Ideologie der Volkstümlerbewegung [5, 69]. Er erkannte die fortschrittshemmende wissenschaftsfeindliche Innenpolitik der zaristischen Regierung und entwickelte sich folgerichtig zu einem Vertreter der liberalen großbürgerlichen Opposition im vorrevolutionären Rußland. Unter dem Eindruck seiner Auslandsreisen begann er 1903 mit Notizen zur Problematik „Der Fortschritt der Wissenschaft und die Volksmassen" und schrieb hierüber seiner Frau N. E. VERNADSKAJA: „Mein Thema über den Fortschritt der Wissenschaften und die Volksmassen entwickelt sich immer mehr. Ich muß es hier nur überdenken und klären ... Als Verneinung der großen philosophischen Ideen entstand zu Beginn des XIX. Jahrhunderts der Radikalismus und Liberalismus, aber als erste große Volksbewegung in der Geschichte der Menschheit erschien unter dem Einfluß der Wissenschaft der Sozialismus ..." [69, S. 151]. MOČALOV wies nach, daß VERNADSKIJ in den Jahren bis zur Oktoberrevolution noch abstrakten humanistischen Idealen mit gewissen Bildungs-Illusionen anhing und die friedliche Erreichung einer utopischen „reinen" Demokratie erhoffte.

Unter dem Einfluß des gesellschaftlichen und wirtschaftlichen Aufschwungs in der Sowjetunion Ende der zwanziger/Anfang der dreißiger Jahre bekannte sich VERNADSKIJ rückhaltlos zur Sowjetunion [68, 69, 70]. Für ihn war der sozialistische Staat die Verkörperung seiner Idee von der Noosphäre, die progressive Entwicklungsphase der Menschheit. Gerade deshalb war VERNADSKIJ auch in den Jahren des faschistischen Überfalls auf die UdSSR vom Sieg des Sozialismus über die faschistische Barbarei überzeugt. Er sah diesen Sieg als gesetzmäßige Entwicklung der Menschheit voraus, was aus seinen, erst in jüngster Zeit ausgewerteten Tagebucheintragungen hervorgeht [69, 70]. In einem Brief an K. P. FLORENSKIJ schrieb VERNADSKIJ am 5. März 1944: „Dank des Begriffs der Noosphäre schaue ich außerordentlich optimistisch in die Zukunft. Die Deutschen haben in ihr Ideengebäude eine anti-naturwissenschaftliche Richtung hineingebracht, aber weil die Geschichte der Menschheit nicht irgendetwas Zufälliges ist und auf das Engste mit der Geschichte der Biosphäre verknüpft ist, führt sie die Zukunft unweigerlich zu einem Niedergang, aus dem es ihnen nicht leicht gelingen dürfte, sich herauszuwinden" [69, S. 161/162].

Der für Naturwissenschaftler oft typische ursprüngliche Materialismus entwickelte sich bei V. I. Vernadskij während seiner Tätigkeit an der Moskauer Universität mehr und mehr in Richtung zum dialektischen Materialismus, ohne daß es ihm bewußt war. Die philosophischen Fragen sind bei Vernadskij nicht den wissenschaftlichen „aufgepfropft", sondern sie ergeben sich organisch aus den wissenschaftlichen Forschungen und geben Anstöße für neue Problemstellungen sowie mögliche Lösungswege [69, S. 75]. Als Gegner verschiedener idealistischer Strömungen kritisierte er unter anderem den „Energetismus", trat gegen eine subjektivistische Auslegung von Raum und Zeit und gegen die Theorie des „Wärmetodes" der Welt ein, um nur einige Beispiele zu nennen [69, S. 76].

Erst Jahre später, durch das Studium marxistischer Werke, stellte Vernadskij die Übereinstimmung seiner eigenen Arbeitsweise und seiner Grundhaltung mit der dialektisch-materialistischen Methodik fest. Močalov zeigte in seinen ausführlichen Untersuchungen zum Leben und Schaffen Vernadskijs, daß dieser sich zwar selbst nicht als Vertreter des dialektischen Materialismus fühlte und bezeichnete, daß aber objektiv sein wissenschaftliches und philosophisches Schaffen geradezu angefüllt ist mit Beispielen einer solchen Natur- und Gesellschaftsbetrachtung [69, 70].

Bibliographie

Arbeiten in russischer Sprache

[1] O gruppe sillimanita i roli glinozema v silikatach. — Bjull. mosk. obšč. isp. prir., Moskva (1891), S. 1—100.
[2] Kratkij kurs mineralogii, čitannyj studentam-medikam 1891—1892. — Moskva: Mosk. gosud. univ. 1891. 158 S.
[3] Lekcii kristallografii. — Moskva: izd. stud. fiz.-mat. fak. 1894. 255 S.
[4] Lekcii po opisatel'noj mineralogii. — Moskva: tipo-Lit. Richter 1899. 288 S.
[5] O naučnom mirovozzrenii. — Moskva: tipo.-Lit. Kušnereva 1903. 54 S.
[6] Osnovy kristallografii. — Moskva: Mosk. gosud. univ. 1904. 345 S.
[7] Opyt opisatel'noj mineralogii. — St. Petersburg: Akad. nauk, T. 1, vyp. 1. 1908. S. 1—176; T. 1, vyp. 2. 1909. S. 177—336; T. 1, vyp. 3. 1910. S. 337—496; T. 1, vyp. 4. 1912. S. 497—656; T. 1. vyp. 5. 1914. S. 657—839.
[8] Zametki o raspredelenii chimičeskich elementov v zemnoj kore. K istorii rubidija, cesija i tallija. — Izv. Akad. nauk, 6. ser., St. Petersburg **3** (1909) 12, S. 821—832.
[9] O neobchodimosti issledovanija radioaktivnych mineralov Rossijskoj imperii. — St. Petersburg: tip. Akad. nauk 1912. 54 S.
[10] Paragenezis chimičeskich elementov v zemnoj kore. (Ansprache bei der Eröffnung der Sektion Geologie/Mineralogie der Gesellschaft russischer Naturforscher und Ärzte). — Dnevnik XII s-ezda russkich estestvoisp. i vračej, (1909/1910) otd. 1, S. 73—91.
[11] Zadača dnja v oblasti radija. — Izv. Akad. nauk, 6 ser., St. Petersburg **5** (1911) 1, S. 61—73.
[12] O bližajšich zadačach Komissii po izučeniju proizvoditel'nych sil Rossii. — Petrograd: tip. Akad. nauk 1915. 17 S.
[13] Ob izučenii estestvennych proizvoditel'nych sil Rossii. — Izv. Akad. nauk, 6 ser., Petrograd **9** (1915) 8, S. 679—700.
[14] Ob organizacii topografičeskoj s-emki Rossii. — Izv. Akad. nauk, 6 ser., Petrograd **11** (1917), S. 843—849.
[15] Opyt opisatel'noj mineralogii. — Petrograd: izd. Akad. nauk T. 2, vyp. 1. 1918. S. 1—144; T. 2, vyp. 2. 1922. S. 145—254.

[16] K sozdaniju Ukrainskoj Akademii Nauk v Kieve. Zbirnik prac Komissii dlja vyroblenija zakonoproektu po zasnuvannja Ukrainskoj Akademii Nauk u Kiev. — Ukrain. Akad. nauk 1919. S. 43—53.
[17] Zapiska ob izučenii živogo veščestva s geochimičeskoj točki zrenija. — Izv. ross. Akad. nauk, 6. ser., **15** (1921) 1—18, S. 120—123.
[18] Očerki i reči. t. I—II. — Moskva: Nauč.-chim.-tech. izdat. 1922. vyp. 1. 159 S.; vyp. 2. 124 S.
[19] Chimičeskij sostav živogo veščestva v svjazi s chimiej zemnoj kory. — Petrograd: Vremja 1922. 48 S.
[20] Zapiska ob organizacii pri Rossijskoj Akademii Nauk Gosudarstvennogo radievogo instituta. — Izv. Ross. Akad. nauk., 6. ser., **16** (1922) 1—8, S. 64—68.
[21] Chimičeskie elementy i mechanizmy zemnoj kory. — Priroda, (1922) 3—5, S. 31—40.
[22] Istorija mineralov zemnoj kory. — Petrograd: NCHTI. T. 1, vyp. 1. 1923. S. 1—208. Leningrad: NCHTI. T. 1, vyp. 2. 1927. S. 209—376; T. 2, vyp. 1. 1933. S. 1—202; T. 2, vyp. 1, 2. Teil. 1936. S. 203—402; T. 2, vyp. 1, 3. Teil. 1936. S. 403—562.
[23] Biosfera. — Leningrad: NCHTI 1926. 146 S.
[24] O razmnoženii organizmov i ego značenie v mechanizme biosfery. 1—2. — Izv. Akad. nauk SSSR, 6 ser., **20** (1926) 9, S. 697—726; 12, S. 1053—1060.
[25] Izotopy i živoe veščestvo. — Dokl. Akad. nauk SSSR, A (1926), S. 215—218.
[26] Očerki geochimii. — Moskva—Leningrad: Gos. izdat. 1927. 368 S.
[27] Mysli o sovremennom značenii istorii znanij. — Leningrad: Akad. nauk SSSR 1927. 17 S.
[28] O zadačach organizacii prikladnoj i naučnoj raboty Akademii Nauk SSSR. — Leningrad: Akad. nauk SSSR 1928. 42 S. (KEPS-Berichte Nr. 20).
[29] Zadači mineralogii v našej strane (1917—1927). — Priroda, (1928) 1, S. 21—40.
[30] O koncentracii radija živymi organizmami. — Dokl. Akad. nauk SSSR, A. (1929) 2, S. 33—34.
[31] O vlijanii živych organizmov na izotopičeskie smesi chimičeskich elementov. — Dokl. Akad. nauk SSSR, A, (1931) 6, S. 141—147.
[32] Ob uslovijach pojavlenija žizni na zemle. — Izv. Akad. nauk SSSR, 7 ser., (1931) 5, S. 633 bis 653.
[33] Radioaktivnost' i novye problemy geologii. In: Osnovnye idei geochimii, vyp. 2. — Leningrad: ONTI, Chimteoretizdat 1932. S. 23—39.
[34] Problema vremeni v sovremennoj nauke. — Izv. Akad. nauk SSSR, 7 ser., (1932) 4, S. 511 bis 541.
[35] Problemy biogeochimii 1: Značenie biogeochimii dlja izučenija biosfery. — Leningrad: Akad. nauk SSSR 1934. 47 S.
[36] O nekotorych osnovnych problemach biogeochimii. — Izv. Akad. nauk SSSR, ser. geol., **18** (1938) 1, S. 19—34.
[37] Problemy biogeochimii 2: O korennom material'no-energetičeskom otličii živych i kosnych estestvennych tel biosfery. — Moskva—Leningrad: Akad. nauk SSSR 1939. 34 S.
[38] O značenii radiogeologii dlja sovremennoj geologii. In: Trudy 17 sessii Meždunarodnogo geologičeskogo kongressa SSSR 1937. T. 1. — Moskva: GONTI 1939. S. 215—239.
[39] Biogeochimičeskie očerki. 1922—1932. — Moskva—Leningrad: Akad. nauk SSSR 1940. 250 S.
[40] Neskol'ko soobraženij o problemach meteoritiki. In: Sbd. Meteoritika pod red. V. I. VERNADSKOGO, vyp. 2. — Moskva—Leningrad: Akad. nauk SSSR 1941. S. 1—22.
[41] O geologičeskich oboločkach zemli kak planety. — Izv. Akad. nauk SSSR, ser. geogr. geofiz., (1942) 6, S. 251—262.
[42] Neskol'ko slov o noosfere. — Uspechi biologii, **18** (1944) 2, S. 113—120.
[43] Gete kak naturalist (Mysli i zamečanija). — Bjull. mosk. obšč. ispyt. prir., otd. geol., Moskva **51** (1946) 21, S. 5—52.

Arbeiten in deutscher Sprache

[44] Ein Beitrag zur Kenntnis des hexagonalen Krystallsystems. — Z. Krystall., **15** (1889) 5, S. 473—486.
[45] Zur Theorie der Silicate. — Z. Krystall., **34** (1901) 1, S. 36—66.
[46] Beiträge zur Energetik der Krystallographie. — Z. Krystall., **45** (1908) 2, S. 124—142.

[47] Über die gediegenen chemischen Elemente in der Erdkruste. — Zbl. Mineral. etc., (1912) 24, S. 758—763.
[48] Über die chemische Formel der Turmaline. — Z. Krystall., **53** (1914) 3, S. 273—288.
[49] Über die geochemische Energie des Lebens in der Biosphäre. — Zbl. Mineral. etc., Abt. B, (1928) II, S. 583—594.
[50] Über den Kaolinkern der Alumosilicate und ihre Stellung in der Erdrinde. In: O. Vogt (Hrsg.): Die Naturwissenschaften in der Sowjetunion. — Berlin: Ost-Europa-Verl. 1929. S. 337—351.
[51] Geochemie in ausgewählten Kapiteln. Autorisierte Übersetzung aus dem Russischen von Dr. E. Kordes. — Leipzig: Akad. Verlagsges. 1930. 370 S.
[52] Die Radioaktivität und die neuen Probleme der Geologie. — Z. Electrochemie, **38** (1932) 8, S. 519—527.
[53] Ozeanographie und Geochemie. — Mineral.-petrogr. Mitt., **44** (1933) 2—3, S. 168—192.
[54] Einige Worte über die Noosphäre. — Biologie in der Schule, **21** (1972) 6, S. 222—231.

Arbeiten in französischer Sprache

[55] Note sur l'influence de la haute température sur le disthène. — Bull. soc. fr. mineral., Paris **12** (1889), S. 447—456.
[56] Sur la reproduction de la sillimanite. — Bull. soc. fr. minéral., Paris **13** (1890), S. 256—371.
[57] La géochimie. — Paris: Alcan 1924. 404 S.
[58] La matière vivante et la chimie de la mer. Part 1—2. — Rev. gen. sci., **35** (1924) 1, S. 5—13; 2, S. 46—54.
[59] Sur la géochimie. — Rev. gen. sci., **35** (1924) 15, S. 449—453.
[60] Sur la pression de la matiére vivante dans la biosphère. — C. R. acad. sci., Paris **180** (1925), S. 2070—2081.
[61] La biosphère. — Paris: 1929. 232 S.
[62] Le problème de la radiogéologie. — Paris: 1935. 67 S.

Literatur über V. I. Vernadskij

[63] Vladimir Ivanovič Vernadskij (1863—1945). Bibliografija. — Moskva—Leningrad: izd. Akad. nauk SSSR 1947.
[64] Vernadskij, Vladimir Ivanovič. In: Bol'šaja Sovetskaja Enciklopedija, 3. Aufl. Bd. 4. — 1971. S. 536—537.
[65] Bronskij, N.; Reznikov, A.; Jakovlev, V.: V. I. Vernadskij. — Rostov: 1963.
[66] Fersman, A. E.: Žiznennyj put' akademika Vladimira Ivanoviča Vernadskogo (1863 do 1945). — Zap. vseross. mineral. obšč., 2 ser., Moskva **75** (1946) 1, S. 5—24.
[67] Korsunskaja, V. M.; Verzilin, N. M.: V. I. Vernadskij. — Moskva: Prosveščenie 1975. 128 S.
[68] Ličkov, B. L.: Vladimir Ivanovič Vernadskij. — Bjull. Mosk. obšč. ispyt. prir., ser. ist., Moskva (1948) 33, S. 87—102.
[69] Močalov, I. I.: V. I. Vernadskij — čelovek i myslitel'. — Moskva: izd. Nauka 1970.
[70] Močalov, I. I.: Iz rukopisnogo našledija V. I. Vernadskogo. — Vopr. filosofii, Moskva (1966) 12, S. 101—112.

Arbeiten über V. I. Vernadskij in deutscher Sprache

[71] Wernadskij, Wladimir Iwanowitsch. In: Poggendorfs biographisch-literarisches Handwörterbuch zur Geschichte der exacten Wissenschaften, Bd. 4. — Leipzig: Ambrosius Barth-Verl. 1904. S. 1619.
[72] Barchatova, N. N.: Die Rolle der wissenschaftlichen Gesellschaften Rußlands bei der Entdeckung und Untersuchung von Lagerstätten. — Geologie, Berlin **20** (1971) 6/7, S. 776 bis 782.
[73] Fischer, W.: Gesteins- und Lagerstättenbildung im Wandel der wissenschaftlichen Anschauung. — Stuttgart: E. Schweizerbart'sche Verlagsbuchh. 1961. S. 255ff.

[74] GORDEEV, D. I.; DRUŠČIČ, V. V.; TICHOMIROV, V. V.: Zur Geschichte der deutsch-russischen Wechselbeziehungen auf dem Gebiet der Geologie. — Z. geol. Wiss., Berlin **4** (1976) 1, S. 21—31.

[75] GORDEEV, D. I.; MEL'NIKOVA, K. P.: VLADIMIR IVANOVIČ VERNADSKIJ über das Wasser. — Geologie, Berlin **20** (1971) 6/7, S. 728—735.

[76] KRÜGER, P.: Zur Gegenstandsbestimmung der Isotopengeochemie. — Ber. deutsch. Ges. geol. Wiss., A, Berlin **13** (1968) 1, S. 121—126.

[77] KRUTOV, G. A.: Wissenschaftliche Beziehungen in der Lehre über die Mineralparagenese. — Z. geol. Wiss., Berlin **4** (1976) 2, S. 237—244.

[78] KRUT', I. V.: Die Evolution der allgemeinen Prinzipien in den Geowissenschaften. Von I. KANT bis V. I. VERNADSKIJ. — Z. geol. Wiss., Berlin **4** (1976) 2, S. 359—366.

[79] PETZSCHNER, H.: V. I. VERNADSKIJS Arbeit „Goethe als Naturforscher". — Z. geol. Wiss., Berlin **4** (1976) 2, S. 383—391.

[80] ŠČERBINA, V. V.; GERASIMOVSKIJ, V. I.: Der Beitrag V. I. VERNADSKIJS zur Untersuchung der Lagerstätten mineralischer Rohstoffe. — Geologie, Berlin **20** (1971) 6/7, S. 736—739.

[81] TIMOFEEF-RESSOVSKY, N. V.; VORONEEV, N. N.; JABLOKOV, A. N.: Kurzer Abriß der Evolutionstheorie (spez. 17. Kapitel). — Jena: VEB G. Fischer Verl. 1975.

[82] TRUSOV, JU. P.: Auffassungen über die Noosphäre. — Ber. deutsch. Ges. geol. Wiss., A, Berlin **15** (1970) 2, S. 187—206.

[83] VYSOCKIJ, B. P.: Über die Grundprobleme der Geologie der Soziosphäre. — Ber. deutsch. Ges. geol. Wiss., A, Berlin **15** (1970) 2, S. 207—218.

[84] GUMILEVSKIJ, L.: VERNADSKIJ. — Žizn' zamečatel'nych ljudej. — Molodaja Gvardija, Moskva 11 (1961).

Manuskripteingang: 18. März 1977

Anschrift des Autors:

Dr. P. KRÜGER, Zentrales Geologisches Institut
DDR - 104 Berlin, Invalidenstraße 44

Schriftenr. geol. Wiss. · Berlin 14 (1979) · S. 115—123

Vladimir Afanas'evič Obručev (1863—1956)

Von Peter Krüger, Berlin

Mit einer Abbildung

Vladimir Afanas'evič Obručev war einer der hervorragendsten Erforscher der Geographie und Geologie Nord- und Zentralasiens. Sein Interesse galt besonders den Goldlagerstätten Sibiriens, der Entstehung des Löß, der Tektonik Südsibiriens und den Fragen des Dauerfrostes. Als einer der produktivsten Geologen seiner Zeit setzte er seine ganze Kraft für die Erweiterung der Rohstoffbasis der UdSSR und für die Popularisierung der Leistungen der Sowjetgeologie ein.

Владимир Афанасьевич Обручев был замечательным исследователем географии и геологии Северной и Центральной Азии. Интересы он посвятил в частности месторождениям золота Сибири, образованию лёсса, тектонике южной части Сибири и вопросам вечной мерзлоты. Он был одним из самых продуктивных геологов своего времени и всю свою энергию он направил на расширение сырьевой базы СССР и популяризацию достижений советской геологии.

Vladimir Afanas'evich Obruchev was one of the most prominent researchers of the geography and geology of North and Central Asia. He took particular interest in the gold deposits of Sibiria, the origin of loess, the tectonics of South Sibiria, and problems of eternal frost. Being one of the most productive geologists of his time, he made the most of all his power to extend the raw material basis of the U.S.S.R., and to make popular the performances of Soviet geology.

Vladimir Afanas'evič Obručev wurde 1863 in einer Offiziersfamilie geboren. Nach dem Besuch des Realgymnasiums in Wilno (Vilnius) studierte er von 1881 bis 1886 am Petersburger Bergbauinstitut (dem „Gornyj institut"), Fachrichtung Bergbau. Er absolvierte diese älteste russische montanistische Hochschule als Bergingenieur, hatte sich aber bereits während des Studiums bei dem bekannten Geologen Professor Mušketov zum Montangeologen spezialisiert. Nach Beendigung des Studiums führte Obručev von 1886 bis 1888 geologische Kartierungs- und Forschungsarbeiten entlang der Trasse der Transkaspi-Eisenbahn durch, die von Astrachan über Kizyl-Arvat, Tschardshou nach Samarkand führte. Daneben war er in anderen Teilen Mittelasiens als Geologe tätig und bearbeitete Kupfer- und Erdöllagerstätten im Kaukasus.

Im Jahre 1888 wurde er zum Chefgeologen am Irkutsker Bergamt ernannt, wodurch es ihm möglich wurde, weitere ausgedehnte geologisch-geographische Forschungsarbeiten durchzuführen. Bis zum Jahre 1892 war er im Bereich des Baikalsees, entlang der Lena und ihrer Nebenflüsse im Gebiet der Lena-Goldfelder sowie im Olekminsk-Witimsk-Goldbezirk mit Kartierungs- und Sucharbeiten tätig. Im Auftrage der Russischen Geographischen Gesellschaft nahm er von 1892 bis 1894 an einer geographisch-geologischen Expedition durch Nord- und Zentralchina sowie die Zentralmongolei teil. Nach seiner Rückkehr erhielt er 1895 die Ernennung zum Leiter der Transbaikal-Bergbaugruppe und erforschte bis 1898 das Gebiet des Flusses Selenga [44, 45].

Für seine Forschungen in Zentralasien wurde er mehrfach von in- und ausländischen Gesellschaften geehrt, unter anderem war er Preisträger der Pariser Akademie der Wissenschaften, und die Deutsche Geographische Gesellschaft zu Berlin wählte ihn 1898 zum korrespondierenden Mitglied.

In den Jahren 1899 und 1900 unternahm er in dienstlichem Auftrag ausgedehnte

Reisen durch Deutschland, Österreich und die Schweiz zum Studium des geologischen Baus und von geologisch-mineralogischen Sammlungen, nahm 1899 am VII. Internationalen Geographen-Kongreß in Berlin und am VIII. Internationalen Geologischen Kongreß 1900 in Paris teil.

Nach fünfzehnjähriger erfolgreicher praktischer Tätigkeit erhielt Obručev im Jahre 1901 die Berufung als Professor und Lehrstuhlinhaber für Geologie an das Technologische Institut Tomsk. Bis zum Jahre 1912 widmete er sich voller Energie der praxisbezogenen Ausbildung der Bergbau- und Geologiestudenten, führte Expeditionen und Praktika in der Dshungarei und bei Krasnojarsk durch und setzte sich als Dekan der Abteilungen

Bergbau und Chemie für eine fortschrittliche Hochschulpolitik ein. Außerdem war er als Gutachter für die Russische Goldbergbau-Aktiengesellschaft tätig, in deren Auftrag er mehrfach ausführliche Expertisen über verschiedene Goldlagerstätten Sibiriens anfertigte [43, 44, 45, 46, 47].

1912 wurde er wegen seiner fortschrittlichen Einstellung auf Betreiben des damaligen Volksbildungsministers Kasso gezwungen, das Technologische Institut und Tomsk zu verlassen. Daraufhin zog er mit seiner Familie nach Moskau, wo er seine geologisch-geographischen Forschungsarbeiten auswertete und verschiedene Expeditionen in den Altai, den Kaukasus und die Krim durchführte.

Nach dem Sieg der Oktoberrevolution stellte sich Obručev der Sowjetregierung zur Verfügung. Im Auftrage des Volkswirtschaftsrats begutachtete er verschiedene Rohstoff-Vorkommen, so z. B. im Donbass. Durch den Ausbruch des Bürgerkrieges an der Rückkehr nach Moskau gehindert, übernahm er 1918 eine Professur für Geologie an der Taurischen Universität Simferopol auf der Krim, die er bis 1921 innehatte. Nach der siegreichen Beendigung des Bürgerkriegs berief die Sowjetregierung OBRUČEV 1921 an die neugegründete Bergakademie Moskau. Er wurde zum Leiter des Lehrstuhls für Erzlagerstätten ernannt. Im gleichen Jahr erfolgte seine Wahl zum korrespondierenden Mitglied der Russischen Akademie der Wissenschaften. An der Moskauer Bergakademie war OBRUČEV bis 1929 tätig, gleichzeitig bekleidete er leitende Funktionen im Goldbergbau der UdSSR.

Die großen Leistungen OBRUČEVS auf geologischem und geographischem Gebiet, durch eine Vielzahl von Veröffentlichungen in deutscher Sprache, die er fließend beherrschte [25], auch den Wissenschaftlern außerhalb der UdSSR bekanntgemacht, wurden vielfach international anerkannt. Im Jahre 1923 wählte ihn die Hamburger Geographische Gesellschaft zu ihrem Ehrenmitglied, und 1925 wurde er zum ausländischen Mitglied der Akademie der Naturforscher Halle „Leopoldina" gewählt. Im Jahr darauf erschien sein mehrbändiges Werk „Geologie von Sibirien" in deutscher Sprache, wofür ihm noch im gleichen Jahr der Leninpreis zuerkannt wurde [32].

1929 erfolgte seine Wahl zum ordentlichen Mitglied der Akademie der Wissenschaften der UdSSR und er übernahm die Funktion des Direktors des Geologischen Instituts der Akademie, die er bis 1933 innehatte. Er war führend an der Organisierung verschiedener regionaler Konferenzen zur Erforschung der Produktivkräfte der UdSSR beteiligt, unter anderem im Gebiet Irkutsk (1931), der Burjat-Mongolischen ASSR (1934), des Altai und Ost-Kasachstans (1934) sowie der INQUA-Konferenz in Leningrad (1932).

Von 1930 bis 1939 hatte er den Vorsitz der Kommission bzw. des Komitees zur Erforschung des Dauerfrosts bei der Akademie der Wissenschaften der UdSSR inne. Den Fragen des Dauerfrosts und seiner Erforschung widmete er bis an sein Lebensende große Aufmerksamkeit. Im Jahre 1939 wurde er zum Direktor des auf seine Initiative geschaffenen Instituts für Dauerfrostforschung der Akademie der Wissenschaften der UdSSR berufen, das er bis zu seinem Tode im Jahre 1956 leitete.

Zum XVII. Internationalen Geologischen Kongreß, der 1937 in Moskau tagte, war OBRUČEV der Leiter der sowjetischen Delegation. Er hielt einen stark beachteten Vortrag über das Präkambrium Sibiriens.

1941 erhielt OBRUČEV für sein umfangreiches Werk „Geologie Sibiriens" (entstanden in den Jahren 1935—1938) den Stalin-Preis I. Klasse. Zu dieser Zeit war er Akademischer Sekretär der Abteilung geologisch-geographische Wissenschaften der Akademie der Wissenschaften der UdSSR (bis 1946). Infolge des faschistischen Überfalls wurde er im gleichen Jahr nach Swerdlowsk evakuiert, wo er sich trotz seines hohen Alters aktiv in die geologische Erforschung des Ural einschaltete. Im Jahre 1943 wurde ihm für seine hervorragenden gesellschaftlichen und fachlichen Leistungen anläßlich seines 80. Geburtstages der Leninorden, zwei Jahre später der Titel „Held der Sowjetunion" verliehen. OBRUČEV war von 1946 bis 1953 Mitglied des Präsidiums der Akademie der Wissenschaften der UdSSR. Im Jahre 1953 feierte er seinen 90. Geburtstag. Aus diesem Anlaß wurde er vom Sowjetstaat, der Akademie und von anderen Dienststellen hoch geehrt.

VLADIMIR AFANAS'EVIČ OBRUČEV verstarb am 10. Juni 1956 im Alter von 93 Jahren in Moskau.

OBRUČEV gehört zu den produktivsten Erforschern geologisch-geographischer Probleme der ersten Hälfte dieses Jahrhunderts. Sein wissenschaftliches Werk umfaßt mehrere tausend Druckseiten, und sein Name als Wissenschaftler, als Verbreiter geowissenschaftlicher Ideen und als Meister des künstlerischen Worts wurde weltbekannt. Die langjährigen Erfahrungen bei geologischen Feldarbeiten, bei der Erschließung und Bewertung von Lagerstätten, bei der theoretischen Verallgemeinerung seiner mit Akribie gesammelten und geordneten Einzelbeobachtungen und bei der Analyse der in-

und ausländischen Literatur befähigten Obručev zu einem weit über die Grenzen der Sowjetunion wirkenden Lehrer mehrerer Geologengenerationen [49—54].

Bereits als Student hatte Obručev auf Muškętovs Vorschlag hin Übersetzungen geologischer Fachtexte aus dem Deutschen angefertigt, die im „Gornyj Žurnal" gedruckt wurden [49, S. 26].

Die ersten selbständigen Berichte, durchweg umfangreiche Dokumentationen, entstanden in Auswertung der Feldarbeiten in Transkaspien [1] und Zentralasien [2, 3, 26, 27, 28]. Diese Berichte widerspiegeln die hervorragende Beobachtungsgabe Obručevs und ermöglichten noch nach Jahren die exakte Vorbereitung und Durchführung weiterer Expeditionen [12]. Damit leistete er Hervorragendes bei der geographisch-geologischen Erforschung Nord- und Zentralasiens.

Aus diesen Arbeiten kristallisierte sich bald ein Problemkreis heraus, dem sich Obručev seit 1892 verbunden fühlte: Die Frage der Verbreitung und vor allem der Entstehung des Löß. Diesem, um die Jahrhundertwende von Geographen und Geologen heftig diskutierten Problem verhalf Obručev durch eigene Beobachtungen in Nordchina und Zentralasien sowie durch vergleichende Analysen zur richtigen Lösung, die bereits durch Richthofen erarbeitet worden war; die Deutung des Löß als äolisches Sediment setzte sich durch und wird heute nicht mehr bezweifelt [5, 16].

Ein weiterer Problemkreis, bereits seit 1890 von Obručev bearbeitet, umfaßte die Fragen der quartären Vereisung Nordasiens, speziell Sibiriens. Bereits 1866 hatte P. A. Kropotkin auf Vereisungsspuren aufmerksam gemacht und Vorstellungen einer großräumigen Vereisung in Europa wie in Nordamerika entwickelt [34]. Obručev stieß bei der geologischen Aufnahme des Lena-Goldbezirks in den Jahren 1890 und 1891 auf Moränen und andere glazigene Spuren, die er ebenso während der Expedition durch Nordchina und im Tjan-Schan 1892—1894, zwischen 1905 und 1909 in der Dshungarei und 1914 im Altai beobachten konnte. Während seines Aufenthalts in Westeuropa von 1899 bis 1900 besuchte er die rezenten Gletscher in den Schweizer Alpen; die Gletscher und Moränen im Altai konnte er später mit den fossilen Funden vergleichen [23, 49, 50].

Eine Zusammenfassung des Kenntnisstands und die Fixierung einiger noch nicht geklärter Fragen gab Obručev in seiner Arbeit „Die Anzeichen der Eiszeit in Nord- und Zentralasien (Historischer Abriß und Zusammenstellung vorhandener Fakten)" [14]. Den Fragen der rezenten Vereisung Nordasiens widmete er sich später als Leiter des Instituts für Dauerfrostforschung; diesen Forschungen sind ebenfalls etliche Veröffentlichungen [21] gewidmet.

Für Probleme der Tektonik interessierte sich Obručev seit dem Jahre 1889 eingehender. Bei seinen ausgedehnten Feldarbeiten in Sibirien, speziell im Gebiet nördlich und südlich des Baikalsees waren es besonders die Wirkungen junger Schollenbewegungen, die er beobachten konnte: hochliegende See-Terrassen, Verwerfungen, häufige Erdbeben [9, 15). Obručev erklärte als erster die Grabenstruktur von Baikal- und Selenga-Gebiet [26, 35].

Bedeutungsvoll sind die Beiträge Obručevs zur Tektonik des Altai. Die von ihm 1914 erarbeitete tektonische Karte hat ihre prinzipielle Gültigkeit bis heute behalten [23, Bd. II, S. 214]. Eine kritische vergleichende Darstellung, die die Ergebnisse seiner tektonischen Forschungen zusammengefaßt und speziell die Fragen der jungen tektonischen Bewegungen (der „Neotektonik" in der Nomenklatur Obručevs) behandelt, findet sich in der 1948 veröffentlichten Arbeit „Die Grundzüge der Kinetik und Plastizität der Neotektonik" [22]. In dieser Arbeit untersucht Obručev auch die Bedeutung der jungen Bewegungen für die Bildung von Mineralquellen und sonstigen nutzbaren Rohstoffen [22, S. 21—22].

Einen weiteren Schwerpunkt seiner wissenschaftlichen Arbeit bildete die Erforschung von Minerallagerstätten. In langjähriger praktischer Tätigkeit untersuchte er beispielsweise die Goldlagerstätten des Lena-Gebiets und anderer Goldbezirke Ost- und Mittelsibiriens, Erdöl-, Asphalt-, Kohle- und Goldlagerstätten in Nordwestchina, verschiedene Lagerstätten fester Minerale in Ostsibirien, Mineralquellen in Transbaikalien, der Dshungarei und auf der Krim, sowie Blei-Zink- und Kupferlagerstätten im Kaukasus [6, 7, 8, 12, 13, 29, 30, 31, 32, 33, 36, 49, 50, 51].

Jeder seiner umfangreichen geologischen Arbeiten fügte Obručev ein Kapitel über die angetroffenen Lagerstätten bzw. Mineralisationen bei. Ohne Schlußfolgerungen auf mögliche Rohstoffvorkommen war nach Ansicht Obručevs jeder Bericht über die geologischen Feldarbeiten unvollständig. Das entsprach voll und ganz seiner Ausbildung im Petersburger Bergbauinstitut, und er unterstrich stets, daß er eigentlich Bergingenieur sei [49, S. 190].

In seiner Autobiographie schrieb V. A. Obručev:

„Das vierte Problem, das mich seit der Untersuchung des Lena-Goldbezirks beschäftigte, ist die Lagerstättengeologie des Goldes in Sibirien im allgemeinen und die des besagten Bezirks im speziellen. Ich begann mit der Sammlung der vorhandenen Angaben über die sibirischen Goldlagerstätten, und kam, im Westen beginnend, bis zu den Baikal- und Lena-Bezirken. Das ermöglichte die weitere Erforschung goldführender Bezirke“ [43, zit. in 49, S. 190].

Der Feder Obručevs entstammen einige umfangreiche, zum Teil mehrbändige Arbeiten über Genese und Klassifizierung von Erzlagerstätten, die Grundlage der Tätigkeit und Ausbildung mehrerer Generationen sowjetischer Geologen und Lagerstättenkundler waren. Dazu sind zu zählen „Die Mineralreichtümer Rußlands und ihre Nutzung“ [6], das Lehrbuch „Erzlagerstätten“ [7], der auch in deutscher Sprache erschienene Überblick „Metallogenetische Epochen und Gebiete von Sibirien“ [8, 31]. In deutscher Sprache geschrieben, aber leider bis heute noch viel zu wenig bekannt sind Obručevs Arbeiten „Über die Systematik der Erzlagerstätten“ [29], in der er sich nicht zuletzt mit Schneiderhöhns Klassifikation auseinandersetzt. „Die Bodenschätze Sibiriens und ihre wirtschaftliche Bedeutung [30], „Die Naturschätze Sibiriens“ [33]. Auf dem XVII. Internationalen Geologischen Kongreß 1937 in Moskau hielt Obručev den Vortrag „Die minerogenetischen Gebiete von Sibirien und ihr Verhältnis zur Geologie“ [36]. Man beachte die „moderne“ Begriffsbildung: bereits im Jahre 1926 gebrauchte er mit „minerogenetisch“ eine Bezeichnung, um deren Wiedereinführung in die Literatur heute gerungen wird und die (vom praktischen und philosophischen Standpunkt aus gesehen) den später geschaffenen, stärker einengenden Begriff „Metallogenie“ bereits überwunden hatte.

Breiten Raum widmete Obručev der Beschreibung von Goldlagerstätten Sibiriens und der angrenzenden Gebiete, wobei die Seifenlagerstätten überwogen. Er konnte nachweisen, daß junge glazigene Bildungen (Geschiebemergel, Geschiebelehm usw.) die tieferliegenden, stärker vererzten Partien von Goldseifen vor der Zerstörung und Abtragung schützten; fehlen diese glazigenen Deckschichten, sind fast nur noch Restseifen, also arme Lagerstättenpartien, anzutreffen [49, S. 194] [43, S. 151], [4, 11, 20].

Die Richtigkeit dieser Prognosen bestätigte sich während des Großen Vaterländischen Krieges, als es galt, neue Lagerstätten zu erschließen und auch bereits stillgelegte Goldfelder neu zu bewerten [11, 17, 20].

Die regionalen Forschungen Obručevs führten zu umfangreichen geologischen Verallgemeinerungen, welche auf eigenen Felduntersuchungen und auf einer ausgezeichneten Kenntnis der in- und ausländischen Literatur basierten und dadurch auch der internationalen Geologie zahlreiche Anregungen geben konnten. So benutzte beispielsweise E. Suess die Arbeiten Obručevs über Sibirien und Zentralasien bei der Herausarbeitung seiner Lehre vom „alten Scheitel Asiens“, d. h. von der Entstehungsgeschichte Zentralasiens und der Bedeutung der Tausende Kilometer langen Gebirgszüge an der Südgrenze der Sowjetunion, die sich von Afghanistan bis zum Stillen Ozean erstrecken [9, 15, 19, 22, 35]. Aus Obručevs Arbeit „Geologische Übersicht von Sibirien“ [10], die mehrfach ergänzt und überarbeitet wurde, ging schließlich das in russischer und deutscher Sprache veröffentlichte Werk „Geologie Sibiriens“ [32] hervor, dessen russische Ausgabe in den

Jahren des wirtschaftlichen Aufbaus der UdSSR zum Lehr- und Handbuch der jungen sowjetischen Geologengeneration, die die Bodenschätze Sibiriens erschloß, wurde.

Obručev erweiterte schließlich in den Jahren 1935 bis 1938 diese Arbeit zu der mehrbändigen Monographie „Geologie Sibiriens" [18], dem Standardwerk über die Geologie des gesamten asiatischen Teils der Sowjetunion. Ein großer Teil der darin enthaltenen, von Obručev aufgestellten tektonischen und stratigraphischen Schemata hat seine Gültigkeit bis heute behalten.

Auf dem Gebiet der Geschichte der Geologie war Obručev ebenfalls mit großem Erfolg tätig. Seine Arbeiten zur Geschichte der Erforschung des Präkambriums erweiterte er zwischen 1931 und 1948 zu der mehrbändigen „Geschichte der geologischen Erforschung Sibiriens", eine bis ins Detail gehende Historiographie dieser Forschungen mit einer mehr als 13000 Referate umfassenden Bibliographie [49, S. 236].

An dieser Stelle sei auf die mehr als zwanzigjährige Mitarbeit Obručevs am „Geologischen Zentralblatt" verwiesen. Seit 1901 hat er systematisch alle in russischer Sprache neu erschienenen geologischen und geographischen Arbeiten referiert. Seine in deutsch abgefaßten Referate und Literaturübersichten dienten besonders nach der siegreichen Beendigung des Bürgerkriegs der schnellen Information ausländischer Wissenschaftler über die Errungenschaften der sowjetischen geologischen Wissenschaften. Im „Geologischen Zentralblatt" erschienen mehr als 650 Referate aus der Feder Obručevs. In russischen und sowjetischen Zeitschriften organisierte Obručev ebenfalls den Referatedienst, schrieb Buchbesprechungen und stellte Bibliographien zusammen [49, S. 233 bis 234].

Nur kurz soll noch auf die Romane Obručevs verwiesen werden, die neben unzähligen Lesern aus der gesamten Sowjetunion nicht zuletzt die deutschsprachigen Leser in unterhaltender Art, spannend geschrieben und auf wissenschaftlicher Grundlage an geologische Probleme heranführten. Er schrieb diese Romane, am bekanntesten sind „Sannikowland", „Plutonien" und „Goldsucher in der Wüste" [38—42] in seiner Urlaubszeit, als Erholung von der Forschertätigkeit. Besonders der letztgenannte Roman trägt zahlreiche autobiographische Züge. Eine fachbezogene literaturwissenschaftliche Analyse dieser Romane steht noch aus. Die populärwissenschaftlichen Aktivitäten Obručevs beschränken sich aber nicht auf diese Romane. Er war unermüdlich für die Verbreitung wissenschaftlicher Kenntnisse auf geographischem und geologischem Gebiet in den Spalten der Zeitschrift „Priroda", der Tagespresse sowie auf öffentlichen Vortragsveranstaltungen tätig.

Obručev ist einer der wenigen bekannten Geologen, die neben ihrem umfangreichen fachlichen Werk noch schriftstellerisch tätig waren und mit diesen Mitteln einen großen Personenkreis außerhalb der „Fachwelt" an die Geologie heranführte.

Obručev hat alle diese außerordentlichen Leistungen, die von der Sowjetunion und dem Ausland in vielfältiger Weise gewürdigt wurden, in erster Linie durch ein straffes persönliches System der Arbeitsorganisation erbringen können. N. S. Šatskij schrieb über diesen Arbeitsstil folgendes:

> „Er schuf sich ein solches Regime, das ihm stets Erfolge in der Forschung ermöglichte; darüber hinaus beachtete er aber aufmerksam scheinbare Kleinigkeiten bei der Forschung, z. B. der Zusammenstellung von Karteien, von Bibliographien, Kleinigkeiten der Feldarbeiten bis hin zur genauesten Etikettierung und dem ordentlichen Verpacken der Gesteins- und Mineralproben ... Dank der ausgearbeiteten Methodik und dem streng eingehaltenen persönlichen Regime bei den Forschungsarbeiten brachte es Vladimir Afanas'evič nicht nur zu hervorragenden Ergebnissen von Weltbedeutung, sondern er verfügte so über Zeit für seine umfangreiche pädagogische, publizistische und gesellschaftliche Tätigkeit." [54, S. 310].

Über die weltanschauliche Haltung Obručevs gibt es in der Literatur bis heute keine Untersuchung, und leider finden sich in seinen gedruckten Selbstzeugnissen [43—47] hierüber kaum Äußerungen.

OBRUČEV wuchs in einer weltoffenen Familie auf, in der der Vater als aktiver Offizier seinen Söhnen Abscheu vor dem Krieg beigebracht hatte und ihnen verboten hatte, jemals den Militärberuf auszuüben [55, S. 43]. Ihn beeinflußten vor allem die Verwandten und Freunde seines Vaters, die allgemein oppositionell zum Zarismus eingestellt waren. Der Bruder und der Cousin des Vaters waren wegen revolutionär-demokratischer Betätigung zu Zwangsarbeit nach Sibirien verbannt worden, die Schwester des Vaters war Ärztin, sie hatte in Rußland, der Schweiz und England Medizin studiert und war die Lebensgefährtin des bekannten russischen Chirurgen I. M. SEČENOV. Sie alle waren eng verbunden mit den Ideen ČERNYŠEVSKIJS und der revolutionär-demokratischen Bewegung der zweiten Hälfte des vorigen Jahrhunderts [49, S. 10—25]. All das dürfte bereits in frühen Jahren die weltanschauliche Entwicklung OBRUČEVS in entsprechende Bahnen gelenkt haben.

Während der Studienzeit in den achtziger Jahren des vorigen Jahrhunderts entwickelte sich unter dem Einfluß anderer Studenten und des Studiums illegaler politischer Schriften „bei ihm eine neue revolutionär-demokratische Weltanschauung" [49, S. 25]. Eine in seinem Nachlaß gefundene Liste von Büchern und Artikeln aus dieser Zeit gibt Auskunft über die von ihm gelesene Literatur; sie enthält Werke von MARX, LASALLE, FLEROVSKIJ, BLANQUI, ČERNYŠEVSKIJ, MICHAJLOVSKIJ, PISAREV und ŠELGUNOV. Er interessierte sich für die Lage der Arbeiter und Bauern, für Geschichtsphilosophie, Politökonomie, die Pressefrage, die Frauenfrage und vieles mehr [49, S. 25]. Auch später, während seiner vielfältigen Expeditionen, die er meist allein oder mit ein bis zwei Gehilfen durchführte, behielt er das wache Interesse für die Lebensbedingungen aller Bevölkerungsschichten und die politischen Verhältnisse in den von ihm bereisten Gegenden [44, 46].

Während seiner Tomsker Schaffensperiode (von 1901 bis 1912) gehörte er zu den fortschrittlichen Hochschullehrern der Polytechnischen Hochschule. Obwohl er keine aktive politische Tätigkeit ausübte, schrieb er in der liberalen Zeitung „Sibirskaja Žizn" als Feuilletonist zu politischen Themen dieser Zeit und nahm mehrfach öffentlich gegen undemokratische Maßnahmen der zaristischen Regierung auf dem Gebiet der Volksbildung Stellung, so z. B. gegen die Relegierung von 370 Studenten nach einem Protestmeeting im Jahre 1910 [49, S. 251/252]. Wegen seiner fortschrittlichen Einstellung wurde OBRUČEV im März 1912 vom Minister für Volksbildung in den Ruhestand versetzt.

Es war also keine zufällige Entwicklung, daß sich OBRUČEV bald nach dem Sieg der Oktoberrevolution dem Sowjetstaat mit ganzer Kraft und seinen großen Erfahrungen zur Verfügung stellte, führende Funktionen in der Volkswirtschaft, der Akademie der Wissenschaften und bei der Ausbildung der jungen Geologengeneration der UdSSR ausübte, und es war ebenso wenig Zufall, daß OBRUČEVS Talente und Fähigkeiten erst unter der Sowjetmacht voll zur Entfaltung kommen konnten.

Dieser Entwicklungsweg bestimmte auch seine philosophische Grundhaltung, obwohl hierzu nähere Untersuchungen erforderlich sind. Aus seinen geologischen (im weiteren Sinne) und geographischen Arbeiten geht aber klar hervor, daß er als scharfsichtiger Naturbeobachter und -forscher, als Bergbaupraktiker, die geographischen und geologischen Erscheinungen in ihren Zusammenhängen konsequent wissenschaftlich, unter Ablehnung jeglicher Spekulationen erklärte. Sein ursprünglicher Materialismus, seine Arbeitsmethodik und seine Naturanschauung enthalten viele dialektisch-materialistische Züge, ebenso wie bei VERNADSKIJ und FERSMAN, ohne daß diese Tatsache ihm selbst in jedem Falle bewußt war und, da für ihn Selbstverständlichkeit, in seinem schriftlichen Werk nicht betont dargelegt wurde. Vielleicht wird eine zukünftige Bearbeitung von Briefen und anderen Selbstzeugnissen OBRUČEVS hier weitere Klarheit schaffen.

Bibliographie

Arbeiten in russischer Sprache

[1] Zakaspijskaja nižmennost' (geologičeskij i orografičeskij očerk). — Zap. Rossk. geogr. obšč., obščej geogr., St. Petersburg **20** (1890) 3, 270 S.
[2] Central'naja Azija, Severnyj Kitaj i Nanšan (Otčet o putešestvii, soveršennom po poručeniju Russk. geogr. ob-va 1892—1894 gg.). — St. Petersburg: Bd. 1. 1900. 624 S.; Bd. 2. 1901. 712 S.
[3] Orografičeskij i geologičeskij očerk jugo-zapadnogo Zabajkal'ja (Selenginskaja Daurija). — St. Petersburg: Bd. 1. 1905. 548 S.; Bd. 2. 1914. 818 S.
[4] Geologičeskij obzor zolotonošnych rajonov Sibiri. — Artikelserie in den Zeitschriften „Zoloto i platina" und „Gornyj ž." der Jahrgänge 1909—1911, 1915—1917, 1923—1924.
[5] K voprosu proischoždenii lessa (v saščitu ėolovoj gipotezy). — Izv. Tomsk. techn. inst., Tomsk **23** (1911) 3, S. 1—23.
[6] Iskopaemye bogatstva Rossii i ich utilizacija. — Vestn. mosk. gorn. akad., **2** (1922), S. 1—71.
[7] Rudnye mestoroždenija. — Moskva: Bd. 1. 1924. 126 S.; Moskva—Leningrad: Bd. 2. 1929. 572 S.; 1935, 596 S.
[8] Metallogeničeskie epochy i oblasti Sibiri. — Trudy inst. prikl. mineral. metall., Moskva (1926) 21, 572 S.
[9] Novye tečenija v tektonike. — Izv. geol. kom., Moskva **45** (1926) 3, S. 117—140.
[10] Geologičeskij obzor Sibiri. — Moskva: Gosizdat 1927. 376 S.
[11] Prirodnye vozmožnosti dlja razvitija zolotopromyšlennosti SSSR. In: Zolotopromyšlennost' SSSR. — Moskva—Leningrad: 1927. S. 30—50.
[12] Polevaja geologija. — Moskva—Leningrad: Sovneftprom. Bd. 1. 1927. 348 S.; Bd. 2. 1927. 374 S.; 4. Aufl. Moskva—Leningrad: Bd. 1. 1932. 304 S.; Bd. 2. 1932. 320 S.
[13] Istorija geologičeskogo issledovanija Sibiri. — Leningrad: izd. Akad. nauk SSSR. Bd. I. 1931. 172 S.; Bd. II. 1931. 181 S.; Bd. III. 1934. 394 S.; Moskva—Leningrad: izd. Akad. nauk SSSR. Bd. IV. 1937. 700 S.; Bd. V. Lief. 1—9, 1944—1948.
[14] Priznaki lednikovogo perioda v Severnoj i Central'noj Azii (Istoričeskij očerk i svodka naličnych dannych). — Bjull. komissi izuč. četvertičn. per., Moskva (1931), S. 43—120; ergänzt in: Izbrannye raboty po geografii Azii. Bd. III. Moskva: Geografizd. 1951.
[15] Drevnee temja, ili kaledonskaja skladčataja zona. — Trudy Vost.-Sib. kraevogo naučno-issl. s-ezda, Moskva—Irkutsk (1932) 1, S. 36—77.
[16] Probleme lessa. In: Trudy II. Meždunar. konfer. Assoc. izuč. Četvertičn. per. — Moskva (1932) 2, S. 115—137.
[17] Geologičeskie predposylki rasprostranenija važnejšich poleznych iskopaemych. In: Trudy pervoj Vsesojužnoj konferencii po razmeščeniju proizvoditel'nych sil Sojuza SSR. Bd. 2: Estestvennye resursy. — Moskva—Leningrad: izd. Gos. soc. ekonom. 1933.
[18] Geologija Sibiri. — Moskva: izd. Akad. nauk SSSR. Bd. I. 1935. 364 S.; Bd. II. 1936. 410 S.; Bd. III. 1938. 569 S.
[19] Eduard Zjuss (Eduard Suess) (Biographie zus. m. M. Zotina). — Moskva: izd. Molodaja gvardija 1937. Ser. „ZZL", 231 S.
[20] Zapasy zoloza v otvalach priiskov i vosmožnost'ich izvlečenija. — Izv. Akad. nauk SSSR, ser. geol., Moskva (1942) 3, S. 48—57.
[21] Puti razvitija merzlotovedenija v SSSR. — Izv. Akad. nauk SSSR, ser. geol., Moskva (1945) 3,
[21] Osnovnye čerty kinetiki i plastiki neotektoniki. — Izv. Akad. nauk SSSR, ser. geol., Moskva (1948) 5, S. 21—22.
[23] Izbrannye raboty po geografii Azii, Bd. I—III. — Moskva: Geografizd. 1951, (darin u. a. Lėss Severnogo Kitaja: Bd. III, S. 310—356).
[24] Izbrannye trudy, Bd. I—V. — Moskva: izd. Akad. nauk SSSR 1958—1963.

Arbeiten in deutscher Sprache

[25] Sibirische Briefe. Eingeführt von P. v. Kügelgen. — Leipzig: Duncker & Humblet Verl. 1894. 327 S.
[26] Orographie und Tektonik Transbaikaliens auf Grund neuester russischer, von 1895 bis 1898 ausgeführter Forschungen. In: Verhandl. Siebenten Intern. Geogr. Kongr., Berlin 1899. — London—Berlin—Paris: 1901. S. 192—206.

[27] Das Kalbinskigebirge im westlichen Altai in orographischer und geologischer Beziehung. — Petermanns geogr. Mitt., Gotha **59** (1913), 2. Halbbd., 9, S. 128—132.
[28] Kurze Übersicht der russischen Forschungen im Gebiet Erdkunde während der Jahre 1914 bis 1921. — Z. Ges. Erdkd. zu Berlin, (1922) 1—2, S. 45—53.
[29] Über die Systematik der Erzlagerstätten. — Abh. prakt. Geol. Bergw., Halle **4** (1925), S. 1—22.
[30] Die Bodenschätze Sibiriens und ihre wirtschaftliche Bedeutung. — Intern. Bergwirtsch., Halle **1** (1925/1926) 5, S. 127—131.
[31] Die metallogenetischen Epochen und Gebiete Sibiriens. — Abh. prakt. Geol. Bergw., Halle **6** (1926), S. 1—64.
[32] Geologie von Sibirien. — Berlin: Verl. Gebr. Borntraeger 1926. 573 S.
[33] Die Naturschätze Sibiriens. — Neues Rußland, Berlin (1927) 3/4. S. 22—25.
[34] Die Verbreitung der Eiszeitsphären in Nord- und Zentralasien. — Geol. Rdsch., Stuttgart **21** (1931) 5, S. 243—283.
[35] Alter Scheitel oder kaledonische Faltungszone? — Geol. Rdsch., Stuttgart **21** (1931) 5, S. 314—333.
[36] Die minerogenetischen Gebiete von Sibirien und ihr Verhältnis zur Orogenese. — Intern. Geol. Congr., Rep. XVIth sess., United States of America 1933, Bd. 2, Washington 1936, S. 895 bis 908.
[37] Das Vorkambrium in Sibirien (Kurze allgemeine Übersicht). — Rep. XVIIth sess. Intern. Geol. Congr., the Union of the Soviet Social. Republics 1937, Bd. 2, Moscow 1939, S. 169 bis 178.
[38] Goldsucher in der Wüste. — Leipzig: L. Stockmann-Verl. 1952. 336 S.
[39] Plutonium. — Berlin: Verl. N. Leben 1953. 326 S.
[40] Das Sannikowland. — Berlin: Verl. N. Leben 1953. 352 S.
[41] Das Gold des Mandarins. — Berlin: Verl. Kultur und Fortschr. 1959. 65 S.
[42] Plutonium. — Moskva: Verl. fremdsprachige Lit. 1963. 379 S.

Selbstzeugnisse

[43] Stranicy iz moej žizni. — Izv. geogr. obšč. SSSR, 78 (1946) 3, S. 251—272. Ebenfalls in V. A. OBRUČEV: Izbrannye raboty po geografii Azii. Bd. I. — Moskva: 1951.
[44] Moi putešestvija po Sibiri. — Moskva: izd. Akad. nauk SSSR 1948. 274 S.
[45] Po goram i pustynjam Srednej Azii. — Moskva: izd. Akad. nauk SSSR 1948. 244 S.
[46] V staroj Sibiri. — Irkutsk: Irkutsk. knižnoe izd. 1958. 295 S.
[47] Iz vospominanij o periode 1912—1916 gg. In: Očerki po istorii geologičeskich znanij Nr. 12 (k 100-letiju so dnja roždenija VLADIMIRA AFANAS'EVIČA OBRUČEVA). — Moskva: izd. Akad. nauk SSSR 1963. S. 20—40.

Arbeiten über das Leben V. A. OBRUČEVS

[49] MURZAEV, E. M.; OBRUČEV, V. V.; RJABUCHIN, G. E.: VLADIMIR AFANAS'EVIČ OBRUČEV. Žizn' i dejatel'nost'. — Moskva: izd. Akad. nauk SSSR 1959. 301 S.
[50] OBRUČEV, V. V.; ASAFOVA, N. M.; ČURAKOV, A. N.: VLADIMIR AFANAS'EVIČ OBRUČEV. In: Materialy k biobibliografii učenich SSSR, ser. geol. nauk, Bd. 6. — Moskva: izd. Akad. nauk SSSR 1946. 88 S.
[51] POSTUPAL'SKAJA, M.; ARDAŠNIKOVA, S.: OBRUČEV. — Moskva: izd. „Molodaja Gvardija" 1963. 431 S. Ser. „ZZL". Bd. 13.
[52] BUBNOFF, S. v.: WLADIMIR AFANASJEWITSCH OBRUTSCHEW. — Geologie, Berlin **5** (1956) 6, S. 530—531.
[53] TAUBERT, H.: Zum Tode von V. A. OBRUTSCHEW. — Peterm. geogr. Mitt., Gotha/Leipzig 100 (1956) 3, S. 254—259. (Mit Karte „Die Forschungsreisen W. A. OBRUTSCHEWS in Asien".)
[54] ŠATSKIJ, N. S.: VLADIMIR AFANAS'EVIČ OBRUČEV. — Izv. Akad. nauk SSSR, ser. geol., Moskva (1948) 5. Ebenso in: ŠATSKIJ, N. S.: Izbrannye trudy, Bd. IV, Moskva: izd. Nauka 1965. S. 306—311.

Manuskripteingang: 22. November 1977

Anschrift des Autors:
Dr. P. KRÜGER, Zentrales Geologisches Institut
DDR - 104 Berlin, Invalidenstraße 44

Schriftenr. geol. Wiss. · Berlin 14 (1979) · S. 125—132

Ivan Michajlovič Gubkin (1871—1939)

Von Herbert Pätz, Freiberg

Mit 3 Abbildungen

Der bedeutende sowjetische Geologe Ivan Michajlovič Gubkin wurde zum Begründer der sowjetischen Erdölgeologie. Neben seiner Tätigkeit als Hochschullehrer, Forscher und Wissenschaftsorganisator, bekleidete er hohe staatliche, gesellschaftliche und wissenschaftsorganisatorische Funktionen. Seit 1929 gehörte Gubkin als ordentliches Mitglied der Akademie der Wissenschaften der UdSSR an; er war Abgeordneter des Obersten Sowjets der UdSSR der 1. Legislaturperiode und vertrat die sowjetische Wissenschaft in internationalen Gremien. Als Mitglied der KPdSU, der Gubkin 1921 beitrat, handelte er bei der Erfüllung seiner wissenschaftlichen und gesellschaftlichen Aufgaben stets im Sinne der marxistisch-leninistischen Weltanschauung.

Выдающийся советский геолог И. М. Губкин был основоположником советской нефтяной геологии. Наряду с его деятельностью в качестве преподавателя, исследователя и организатора науки И. М. Губкин занимал высские государственные и общественные должности. С 1929 г. И. М. Губкин был академиком АН СССР. Он был депутатом Верховного Совета СССР первого периода созыва и представлял советскую науку в международных организациях. В 1921 г. И. М. Губкин стал членом КПСС. При исполнении его научных и общественных заданий он всегда руководствовался марксистско-ленинским мировоззрением.

The important Soviet geologist I. M. Gubkin was also the founder of Soviet petroleum geology. He held high government and social functions in addition to his activities as a university teacher, researcher and scientific organizer. Since 1929 I. M. Gubkin was ordinary member of the Academy of Sciences of the U.S.S.R., was deputy of the Supreme Soviet of the U.S.S.R. of the first legislative period, and represented the Soviet science in international bodies. As a member of the C.P.S.U., which I. M. Gubkin joined in 1921, he always acted in the sense of the Marxist-Leninist view of life when fulfilling his scientific and social functions.

Am 22. September 1871 wurde I. M. Gubkin im Dorf Pozdnjakov im Kreis Murom des Gouvernements Wladimir als Sohn einer armen Bauernfamilie geboren. Nach Abschluß seiner Ausbildung am Lehrerseminar von Kiržač war Gubkin von 1890 bis 1895 als Dorfschullehrer in Karačarovo und in anderen Orten des Kreises Murom tätig. Danach vervollkommnete Gubkin seine pädagogische Ausbildung durch ein dreijähriges Studium am Petersburger Pädagogischen Institut. Ab 1898 arbeitete er fünf Jahre als Lehrer an einer städtischen Schule von St. Petersburg, ehe er sich 1903 an der Petersburger Bergakademie immatrikulieren ließ.

Als Bergingenieur wurde Gubkin 1910 nach seinem Studium wissenschaftlicher Mitarbeiter des Geologischen Komitees.

Vom Sieg der Großen Sozialistischen Oktoberrevolution erfuhr Gubkin während einer Dienstreise in den USA. Anfang des Jahres 1918 kehrte er nach Sowjetrußland zurück.

Auf Empfehlung Lenins erging 1918 an Gubkin eine Berufung zum Leiter des Hauptkomitees für Schieferwirtschaft. Gleichzeitig trat er als Kollegiumsmitglied in das Hauptkomitee für Erdöl ein. Mehrere Jahre leitete Gubkin den „Geologischen Dienst" des Landes. Große Verdienste erwarb er sich beim Aufbau von Lehr- und Forschungseinrichtungen für Bergbau und Erdöl in der UdSSR. Einer Berufung zum ordentlichen Professor für Erdölgeologie folgend, wirkte Gubkin als Hochschullehrer seit 1920 an der

Moskauer Bergakademie. Von 1922 bis 1930 war er Rektor dieser Einrichtung. Aus der Moskauer Bergakademie entstanden 1930 sechs selbständige montanistische Hochschulen, zu denen auch die Moskauer Erdölhochschule gehörte. Zum ersten Direktor dieser Hochschule war GUBKIN ernannt worden (gegenwärtig handelt es sich um die Moskauer Hochschule der Erdölchemischen und Gasindustrie „I. M. GUBKIN"). Außerdem bekleidete er von 1924 bis 1939 die Direktorfunktion des Staatlichen Erdölforschungsinstituts (GINI) bzw. des Instituts für fossile Brennstoffe (IGI) der Akademie der Wissenschaften

der UdSSR, welches 1934 als Nachfolgeeinrichtung aus dem GINI hervorging. Die verantwortungsvolle Funktion des Vizepräsidenten der Akademie der Wissenschaften der UdSSR übernahm GUBKIN 1936, zugleich war er Sekretär der azerbajdžanischen Außenstelle der AdW der UdSSR. Die wirkungsvolle Lehr- und Forschungstätigkeit sowie die Einsatzbereitschaft GUBKINS als staatlicher Leiter und seine aktive gesellschaftliche Tätigkeit hat die sowjetische Regierung mit hohen staatlichen Auszeichnungen gewürdigt. So wurde ihm der Ehrentitel „Verdienter Wissenschaftler und Techniker" verliehen. Für seine erdölgeologischen Arbeiten erhielt GUBKIN einen Leninpreis. Anerkennung fanden seine Verdienste um die Entwicklung der Erdölindustrie durch die Verleihung des Leninordens, während die Ausbildung von Kadern für die Erdölindustrie durch die Auszeichnung mit dem Orden des Roten Arbeitsbanners eine hohe Würdigung erfuhr.

Am 21. April 1939 verstarb I. M. GUBKIN in Moskau, er wurde auf dem Memorialfriedhof von Novodeviči an der Seite bedeutender russischer und sowjetischer Persönlichkeiten beigesetzt.

Im Verlauf von 30 Jahren wissenschaftlich-theoretisch und praktischer Tätigkeit als Erdölgeologe hat GUBKIN mehr als 200 Publikationen verfaßt. Seine Interessen waren vielseitig und die Bewältigung der von ihm übernommenen geologischen Aufgaben, die zum Teil nicht spezifisch erdölgeologischer Natur waren, versetzt den Geologen bei Beachtung des damals schon erreichten Spezialisierungsgrades der Geowissenschaften in Erstaunen. Die hervorragenden Fähigkeiten GUBKINS als Wissenschaftsorganisator veranlaßten LENIN dazu, besonders schwierige Aufgaben GUBKIN zu übertragen, wie z. B. die Leitung einer Sonderkommission zur geologischen Untersuchung der Kursker Magnetanomalie. In der Zeit von 1920 bis 1925 gelang es GUBKIN und seinen Mitarbeitern, eisenführende Quarzite mit Gehalten bis zu 35% Fe sowie Reicherze mit Eisengehalten bis zu 67% im Gebiet von Kursk nachzuweisen. Diese Erze bilden die Grundlage eines gegenwärtig sehr leistungsfähigen und bedeutenden Schwarzmetallurgiezentrums der Sowjetunion. Ebenso deutlich unterstreicht die Berufung GUBKINS zum Vorsitzenden des „Rates zur Untersuchung der Produktivkräfte der UdSSR" für den Zeitraum von 1930 bis 1936 die Vielseitigkeit dieses Wissenschaftlers.

Seit 1920 wird auf Initiative GUBKINS die Zeitschrift „Erdöl- und Schieferwirtschaft", die 1925 in „Erdölwirtschaft" umbenannt wurde, herausgegeben. Die Chefredaktion dieser Zeitschrift hatte GUBKIN bis zu seinem Lebensende inne.

Durch seine umfangreichen und grundlegenden stratigraphischen Untersuchungen im Kaukasusvorland sowie auf der Halbinsel Apscheron hatte GUBKIN die geologische Bedeutung der quartären Ablagerungen erkannt und ihre spezielle Bearbeitung gefördert. So übernahm er 1932 die Leitung der Kommission für Quartärgeologie der UdSSR. GUBKIN gilt als eines der Gründungsmitglieder der „Internationalen Quartär Assoziation" (INQUA). Auf Grund seiner Bemühungen um die intensive Bearbeitung der europäischen Quartärfolgen fand der 2. INQUA-Kongreß 1932 in Leningrad statt. Die wissenschaftliche Leitung dieser Tagung lag in den Händen GUBKINS, denn er war zum Präsidenten dieses Kongresses gewählt worden. Ferner nahm er zu dieser Zeit auch die Funktion des Präsidenten der sowjetischen Sektion der INQUA wahr. Den Internationalen Geologischen Kongressen (IGK) brachte GUBKIN große Aufmerksamkeit entgegen, so leitete er 1932 die sowjetische Delegation, die am XVI. IGK in den USA teilnahm. Der Hauptvortrag von sowjetischer Seite wurde während dieser Veranstaltung von GUBKIN gehalten. Als Präsident des 1937 in Moskau durchgeführten XVII. IGK trug GUBKIN die Verantwortung für den Erfolg dieser bedeutenden wissenschaftlichen Tagung.

Obwohl sich GUBKIN als Hochschullehrer, Forscher und Wissenschaftsorganisator mit zahlreichen Problemen der verschiedenen geowissenschaftlichen Disziplinen beschäftigte, leistete er als Erdölgeologe seinen größten wissenschaftlichen Beitrag. Von entscheidender Bedeutung für den Entschluß GUBKINS, sich gerade dieser speziellen Disziplin besonders zu widmen, werden wohl die von ihm langjährig betriebenen Kartierungen sowie die Beschäftigung mit stratigraphisch-tektonischen Problemen im Gebiet des Kaukasus-Tektogens gewesen sein. Faßt man die von GUBKIN gewonnenen erdölgeologischen Erkenntnisse zusammen, so beziehen sie sich auf die Genese des Erdöls und seiner Lagerstätten, auf die Höffigkeitsprognose größerer geologischer Einheiten sowie auf die Vervollkommnung der Erdöl- und Erdgaslagerstättenerkundungsmethodik.

Damit wurde GUBKIN zum Begründer der sowjetischen Erdölgeologie bzw. der Erdölgeologie als selbständiger Wissenschaftsdisziplin überhaupt.

I. M. Gubkins Vorstellungen über die Erdölgenese und Erdöllagerstättenbildung

Für Gubkin hatte die wissenschaftliche Klärung der Erdölgenese sowie der Erdöllagerstättenverteilung nicht nur theoretische, sondern vor allem praktische Bedeutung. Er bemühte sich als kommunistischer Wissenschaftler, dieses Problem vom Standpunkt des dialektischen Materialismus zu klären.

Auf Grund seiner praktischen Untersuchungsergebnisse in den Erdölrevieren des Kaukasus-Tektogens und durch die Verallgemeinerung des zu seiner Zeit erreichten Erkenntnisstands gelangte Gubkin zu der Überzeugung, daß die Kohlenwasserstoffe organischer Herkunft sein müssen. Danach erfolgte die Erdölbildung aus dispers verteilten organischen Substanzen pflanzlicher und tierischer Herkunft über das Zwischenstadium der Sapropele oder Tonschlämme. Die Muttergesteinsfolgen unterlagen einer kontinuierlichen Absenkung, so daß sich der Erdölbildungsprozeß während der Diagenese des sogenannten biogenen Schlamms vollziehen konnte. Den Lagerstättenbildungsmechanismus erklärte Gubkin als eine Wechselbeziehung zwischen dem Austritt der Kohlenwasserstoffe aus dem Muttergestein, der lateralen und vertikalen Migration sowie der Akkumulation der migrierenden Kohlenwasserstoffe unter günstigen tektonischen und lithologischen Verhältnissen, d. h. in Fallen. Eine Umlagerung oder Zerstörung von Erdöllagerstätten infolge Veränderung der bei der Akkumulation herrschenden stabilen Verhältnisse wurde von Gubkin als wesentliches Element für die gesetzmäßige Verteilung der Erdöllagerstätten betrachtet. Entsprechend seinen Ansichten über die dominierende Bedeutung der geologischen Entwicklungsgeschichte bei der Erdölgenese und Lagerstättenanordnung entwickelte Gubkin ein Rayonierungsprinzip der Erdöllagerstätten nach ihrer Größe und Beziehung zu den tektonischen Elementen. Wesentliche Voraussetzungen für derartige Verallgemeinerungen hatte sich Gubkin durch den Nachweis der fossilen Strandsaumerdöllagerstätten von Majkop sowie der Tondiapire auf der Halbinsel Taman in den Jahren 1912 und 1913 geschaffen. Ebenso bedeutungsvoll waren seine stratigraphischen Arbeiten zur Einordnung der pliozänen Produktiven Serie als bedeutendste Erdölfolge der Halbinsel Apscheron und ihrer Umgebung. Gerade in Verbindung mit der Erkenntnis des Tondiapirismus auf Taman gelang es Gubkin, das bis dahin ungelöste Problem der Genese und Verbreitung von Schlammvulkanen zu klären. In einem Vortrag zum XVI. Internationalen Geologischen Kongreß konnte Gubkin die genetischen Beziehungen zwischen Erdöl- bzw. Erdgaslagerstätten und den Diapirstrukturen überzeugend darlegen.

Anläßlich des XVII. IGK legte Gubkin seine neuen Erkenntnisse in einer speziellen Arbeit, die als Kongreßveröffentlichung 1937 erschien, nieder. Alle diese Erkenntnisse Gubkins sind von grundsätzlicher Bedeutung, sie haben bis zur Gegenwart ihre Aktualität nicht verloren.

Die Beiträge I. M. Gubkins zur Höffigkeitsbewertung von möglichen Kohlenwasserstoffprovinzen

Bereits in der zweiten Hälfte des 19. Jahrhunderts haben G. O. Romanovskij, V. N. Ivanov, A. P. Pavlov und andere auf Anzeichen für Erdöllagerstätten im Wolgagebiet und in Westbaschkirien hingewiesen. Allerdings konnten diese Hinweise nicht überprüft werden, da es in damaliger Zeit an technischen Ausrüstungen zum Aufschluß tieferer Horizonte mangelte. Viel folgenschwerer ist aber wohl die Tatsache zu werten, daß die meisten Geologen Rußlands und auch später der Sowjetunion, die Erdölhöffigkeit dieser Gebiete prinzipiell ablehnten, da man im allgemeinen Erdöllagerstätten nur in känozoischen Gesteinsfolgen erwartete.

Gubkin hatte sich sowohl mit den theoretischen Problemen der Erdölbildung und -lagerstättenentstehung als auch mit den praktischen Erkundungsergebnissen der Erdöllagerstättenverteilung in den USA, in Rußland bzw. in der UdSSR sowie in anderen Ländern intensiv beschäftigt. Daraus leitete er ein System von Kriterien für eine Erdölhöffigkeitsbewertung ab. Neben der Ausbildung von Fallen in Gebieten mit regional verbreiteten Speicher-, Muttergesteins- und Deckfolgen, ist es vor allem die periodisch unter ähnlich günstigen paläogeologischen und paläogeochemischen Verhältnissen stattfindende Erdölgenese während der geologischen Entwicklungsgeschichte, die für die

Abb. 1. Im Klubhaus des Geburtsortes Gubkins — Pozdnjakow — fand anläßlich seines 100. Geburtstages eine Gedenkveranstaltung statt. (Foto: G. E. Rjabuchin)

Ausbildung von Erdöllagerstätten in Tafel- und Geosynklinalgebieten entscheidend ist. Dadurch war es Gubkin möglich, durch eine umfangreiche vergleichende Analyse der geologischen Entwicklung von Tafel- und Geosynklinalgebieten der Erde, vor allem aber der USA und der Sowjetunion, eine wirtschaftliche Erdöl- bzw. Erdgashöffigkeit zahlreicher tektonischer Großelemente in der UdSSR vorauszusagen. Zu diesen von Gubkin als höffig betrachteten Gebieten gehörten folgende tektonische Einheiten:

Die Ostflanke der Osteuropäischen Tafel zwischen Wolga und Ural, die Westsibirische Tiefebene, das Kusnezk-Becken, das Becken von Minusinsk sowie das Bajkal- und das Wiluj-Becken im Bereich der Ostsibirischen Tafel. Diese Voraussagen mußte Gubkin gegen die Angriffe seiner Kollegen, darunter auch solcher bekannter Geologen wie K. N. Kalickij, mit dem Einsatz seiner ganzen Persönlichkeit als Wissenschaftler und

Kommunist verteidigen; denn seine Gegner scheuten nicht vor persönlichen Beleidigungen zurück. So äußerte sich der damalige Leiter der Geologischen Kommission in abfälliger Weise über die Wolga-Ural-Prognose Gubkins: „Erdöl am Ural! Das soll keine Utopie sein? Das ist das nächste Abenteuer Gubkins, ebenso, wie sein Kursker Eisen!".

Inzwischen hat die Förderentwicklung aus Erdöl- und Erdgaslagerstätten, die in von Gubkin vorausgesagten Gebieten erschlossen wurden, die Erkenntnisse Gubkins bestätigt, weiter entwickelt und das Urteil über die Pessimisten gefällt. Gegenwärtig fördert die UdSSR jährlich mehr als eine halbe Milliarde Tonnen Erdöl, wovon der größte Teil im Wolga-Ural-Gebiet sowie in Westsibirien gewonnen wird. Mit über 12 Bill. m³ gewinnbarer Erdgasvorräte ist Westsibirien das größte bekannte Erdgasgebiet der Erde.

Die wissenschaftliche Erdöl- und Erdgaslagerstättenerkundung in der UdSSR als eine von Gubkin begründete Methodik

Mit der wissenschaftlichen Erdölhöffigkeitsprognose schuf Gubkin eine umfassende Theorie als Grundlage für die Lagerstättensuch- und -erkundungsmethodik. Der Nachweis der einzelnen Höffigkeitskriterien sowie die Analyse ihrer wechselseitigen Beeinflussung sind die Voraussetzung für die Erfassung der gesetzmäßigen Verteilung von Lagerstätten. In diesem Sinne orientierte Gubkin die Suche und Erkundung nicht vorrangig auf Einzellagerstätten, sondern auf die Klärung regionaler geologischer gesetzmäßiger Zusammenhänge, um damit ganze Lagerstättengruppen zu erschließen.

Als bestes Beispiel für die Effektivität dieser Methodik können die von Gubkin im Gebiet von Majkop entdeckten fossilen Strandsaumlagerstätten gelten, wobei es Gubkin außerdem gelang, eine neue Methode zur Anfertigung abgedeckter Strukturkarten von produktiven Horizonten mit geringer Aufschlußdichte zu entwickeln. In diesem Zusammenhang muß man neben der Vervollkommnung der Analogiemethode auch die Klärung des Schlammvulkanismus als direktes Erdöl- und Erdgasanzeichen bzw. als lagerstättenzerstörenden Faktor zu den wesentlichen methodischen Beiträgen Gubkins für den Lagerstättennachweis zählen. Durch seine Bemühungen um den Einsatz geophysikalischer Methoden bei der Suche und Erkundung neuer Lagerstätten sowie wegen seiner Initiativen beim Aufbau eines leistungsfähigen geophysikalischen Dienstes in der UdSSR hat sich Gubkin ebenfalls große Verdienste bei der weiteren Entwicklung der Erkundungsmethodik erworben.

Die Bedeutung Gubkins für die Herausbildung der Erdölgeologie als selbständige Einzelwissenschaft

In der Sowjetunion gilt Gubkin als Begründer oder „Vater" der sowjetischen Erdölgeologie. Vergleicht man die Entwicklung der Erdölgeologie in Rußland bzw. in der UdSSR mit der Entstehung der Erdölgeologie in den USA, dann fällt auf, daß in den USA zwar zahlreiche hervorragende erdölgeologische Einzelleistungen vollbracht wurden, sich aber die Herausbildung der Erdölgeologie zur selbständigen Wissenschaftsdisziplin in relativ kurzer Zeit in der Sowjetunion vollzog. Einen großen Anteil an dieser Entwicklung hatte Gubkin, er wurde somit nicht nur zum Begründer der sowjetischen, sondern auch gleichzeitig zum Förderer der Erdölgeologie als selbständiger Wissenschaftsdisziplin während ihrer Konsolidierungsphase. Von Gubkin wurde ein System von erdölgeologischen Erkenntnissen, Methoden, Gesetzen und Theorien geschaffen. Das gesellschaftliche Ziel der Erdölgeologie formulierte Gubkin so:

„Für uns ist die Theorie nicht eine Theorie um ihrer selbst willen, sondern sie wird für uns nur im Zusammenhang mit der Praxis bedeutungsvoll. Die Vereinigung der Theorie mit der Praxis ist für uns das Entscheidenste ... Die Wissenschaft der Wissenschaft wegen brauchen wir nicht. Wir brauchen eine solche Wissenschaft, die uns beim Aufbau des Sozialismus hilft und gleichzeitig die wissenschaftlich-theoretische Grundlage unserer sozialistischen Gesellschaft darstellt.“

Gubkin ist diesem Leitsatz und damit sich selbst stets treu geblieben. In diesem Sinne verstand er die Herausgabe seiner grundlegenden Werke „Die Lehre vom Erdöl“ und „Die Erdöllagerstätten der Erde“ nicht als eine nur ihn betreffende persönliche Angelegenheit, sondern er sah darin eine objektive Notwendigkeit im Dienste der Wissenschaft. In gleicher Weise diente die Einrichtung der zahlreichen Lehr- und Forschungsinstitutionen in der UdSSR der bewußten Entwicklung der Erdölgeologie als Theorie für die zielbewußte Steuerung der Praxis.

Abb. 2. Das Gebäude der ehemaligen Moskauer Bergakademie (gegenwärtig Moskauer Hochschule für Bergbau) — die langjährige Wirkungsstätte Gubkins

Dieses konsequente Wirken Gubkins für die Erdölgeologie und für die Stärkung der sozialistischen Gesellschaft in der UdSSR entsprach seiner progressiven gesellschaftlichen Einstellung und seinem Bekenntnis zum Sozialismus. Bereits als Student des Petersburger Pädagogischen Instituts betätigte sich Gubkin zwischen 1896 und 1898 als Mitglied des „Kampfbundes zur Befreiung der Arbeiterklasse“, die rasche Rückkehr aus den USA nach dem Sieg der Oktoberrevolution war zugleich ein Bekenntnis zur neuen Gesellschaft. Seine Auffassung über den notwendigen Zusammenhang von Wissenschaft und Fortschritt hat Gubkin anläßlich seiner Aufnahme als Mitglied in die Kommunistische Partei der Bolschewiki im März 1921 mit den folgenden Worten überzeugend und konsequent ausgedrückt: „Ich bin Wissenschaftler, mein Platz ist in der Partei, die das Leben vorwärts bringt ...“, und weiter: „Ich wurde noch vor 1917, d. h. vor der proletarischen Revolution, Wissenschaftler. Formell, sozusagen im Sinne der Angaben zur Person, ist dies auch so. Ein wahrer Wissenschaftler, der alle seine Kräfte und Fähigkeiten vollkommen entfalten konnte, wurde ich erst durch die Sowjetmacht“.

In dieser Einheit von Wissenschaft und Parteilichkeit hat Gubkin stets gehandelt. Davon zeugen sowohl seine wissenschaftlichen Leistungen für die Entwicklung der Erdölgeologie als auch sein gesellschaftliches Engagement. Gubkin gehörte mehrere Wahlperioden hindurch dem Zentralen Exekutivkomitee der UdSSR an. Ferner war er Mitglied des Zentralkomitees und des Präsidiums des ZK der Gewerkschaft „Geologischer Dienst“. Von den Werktätigen Bakus wurde I. M. Gubkin 1937 als Abgeordneter des Obersten Sowjets der UdSSR gewählt.

Auf dem Brüsseler Weltfriedenskongreß 1936 vertrat I. M. Gubkin die UdSSR als Delegierter seines Landes.

Leben und Werk Gubkins sind eng mit der Entwicklung von Wissenschaft und Gesellschaft während eines für die gesamte Menschheit bedeutungsvollen Zeitabschnitts verknüpft. Gubkin erlebte den Übergang vom Kapitalismus zum Sozialismus im ersten Land der Erde. Der Beginn dieser Epoche stellte an die progressiven Wissenschaftler besonders hohe Anforderungen; I. M. Gubkin hat diese in Ehren erfüllt.

Die Schüler Gubkins haben sein Werk fortgesetzt, und sein Name als Symbol für sein Handeln hat viele junge Erdölgeologen in der UdSSR und in anderen Ländern des sozialistischen Lagers zu hohen Leistungen angespornt.

Den Namen „I. M. Gubkin" tragen gegenwärtig zahlreiche Institutionen sowie Städte und Dörfer in der UdSSR. Für hervorragende wissenschaftliche und technische Leistungen bei der Erschließung von Erdöl und Erdgas zum Wohle der Sowjetgesellschaft sowie als Beitrag zum Weltfundus der Wissenschaft und Technik vergibt das Präsidium der Akademie der Wissenschaften der UdSSR alljährlich den *Gubkinpreis.*

Damit fand das Lebenswerk Gubkins eine weitere Anerkennung durch die Partei- und Staatsführung der Sowjetunion.

Bibliographie

Ausgewählte Arbeiten

[1] Majkopskij neftenosnyj rajon. Neftjano-Širvanskaja neftenosnaja ploščad'. — Trudy geol. komit., n. s., 78 (1912).
[2] Mirovye neftjanye mestoroždenija. — Moskva: 1934.
[3] Učenie o nefti. 1. Aufl. Moskva 1932; 2. Aufl. Moskva 1937; 3. Aufl. Moskva 1975.
[4] Grjazevye vulkany Sovetskogo Sojuza i ich svjaz' s genezisom neftjanych mestoroždenij. — Trudy XVII sess. meždun. geol. kongr., Bd. IV, Moskva 1937.
[5] Uralo-Volžkaja neftenosnaja oblast' (Vtoroe Baku) (postume Ausgabe). — Moskva: 1940.
[6] Ausgewählte Werke. — Moskva—Leningrad Bd. 1. 1950; Bd. 2. 1953, (russ.).

Arbeiten über I. M. Gubkin

[7] Gubkin, I. M. In: Große Sowjetenzyklopädie 2. Ausg., Bd. 13. — Moskva: Verl. Gr. Sowjet. enzykl. 1952. S. 170—172, (russ.).
[8] — (1871—1939). In: Wörterbuch „Erdölgeologie". — Moskva—Leningrad: Verl. Gostoptechizdat 1952. S. 128—131, (russ.).
[9] Fedorov, S. F.: Ivan Michajlovič Gubkin. In: Sb. Ljudi russkoj nauki — geologija/geografija. — Moskva: Gos. izdat. fiz.-mat. Lit. 1962. S. 185—193.
[10] Gubkinskie čtenija 1968 g. — Moskva: 1969 (Sb. der Hochschule MINCHIGP „I. M. Gubkin" mit fünf Arbeiten über Leben und Werk I. M. Gubkins).
[11] Gubkinskie čtenija — k 100 letiju so dnja roždenija. — Moskva: izd. Nedra 1972 (Sammelband von 43 Arbeiten über Leben und Werk I. M. Gubkins).
[12] Wegert, F.: Iwan Michailowitsch Gubkin — der Vater der sowjetischen Erdölgeologie. — Z. angew. Geol., Berlin 5 (1959) 4, S. 179, 1 Lit.
[13] Bakirow, A. A.; Pätz, H.; Rjabuchin, G. E.: Iwan Michailowitsch Gubkin — Der Begründer der sowjetischen Erdölgeologie. — Z. angew. Geol., Berlin 17 (1971) 8, S. 323—328, 1 Abb., 6 Lit.
[14] — Referat zu „Lesungen über Gubkin" von H. Pätz. — Z. angew. Geol., Berlin 18 (1972), S. 177—178.

Manuskripteingang: 22. Februar 1977

Anschrift des Autors:

Doz. Dr. H. Pätz, Bergakademie Freiberg, Sektion Geowissenschaften, Wissenschaftsbereich Geologie von Erdöl, Erdgas und Kohlen
DDR - 92 Freiberg, Schließfach 47

Schriftenr. geol. Wiss. · Berlin 14 (1979) · S. 133—143

Andrej Dmitrievič Archangel'skij (1879—1940)

Von Dem'jan Ignat'evič Gordeev, Moskau

Mit einer Abbildung

Andrej Dmitrievič Archangel'skij war ein weit über die Grenzen seines Vaterlandes bekannter sowjetischer Geologe, der viel zur Erweiterung der Kenntnisse über den geologischen Bau der Sowjetunion, besonders ihres europäischen und mittelasiatischen Teils, beigetragen hat. Nicht weniger bedeutend sind seine Aktivitäten für das Wissen von den allgemeinen Gesetzmäßigkeiten der Entwicklung der Erdkruste. Er hat in seinem umfangreichen wissenschaftlichen Werk wesentliche Beiträge auf folgenden Gebieten hinterlassen: Paläontologie, Stratigraphie, regionale Geologie, Petrographie der Sedimentgesteine, vergleichende Lithologie, rezente Prozesse der Sedimentbildung am Beispiel des Schwarzen Meeres, Genese und Verteilungsgesetzmäßigkeiten verschiedener sedimentärer Bodenschätze (Erdöl, Phosphorite, Bauxite, sedimentäre Eisenerze), Tektonik, geologische Interpretation geophysikalischer Daten, die Lehre von den Geosynklinalen und Plattformen sowie über ihre Stellung und Rolle in der Entwicklung der Erdkruste.

Er war ein vorzüglicher Pädagoge, Professor an mehreren Hochschuleinrichtungen Moskaus, ein guter Organisator kollektiver geologischer Forschungen und ein fortschrittlicher Gelehrter, der seine wissenschaftliche und organisatorische Tätigkeit unmittelbar nach der Großen Sozialistischen Oktoberrevolution im Jahre 1917 den Interessen und Erfordernissen des sowjetischen Staates widmete. Akademiemitglied seit 1929.

Андрей Дмитриевич Архангельский — выдающийся советский геолог, много сделавший для познания геологического строения территории Союза Советских Социалистических Республик — особенно его европейской и среднеазиатской части, а также для познания общих закономерностей развития земной коры. Диапазон его научного творчества весьма широк палеонтология, стратиграфия, региональная геология, петрография осадочных пород, сравнительная литология, современные процессы осадкообразования на примере Черного море генезис и закономерности распространения ряда осадочных полезных ископаемых (нефть, фосфориты, бокситы, осадочные железные руды и др.), тектоника, геологическая интерпретация геофизических данных учение о геосинклиналях и платформах и о их месте и роли в развитии земной коры.

Первоклассный педагог, профессор ряда высших учебных заведений Москвы; создатель учебного курса „Геология СССР". Хороший организатор коллективных геологических исследований. Горячий патриот, посвятивший свою жизнь, научную и организаторскую деятельность интересам и запросам Советского государства сразу же после Великой Октябрьской социалистической революции 1917 года. Академик с 1929 г.

Andrei Dmitrievich Arkhangelsky was an eminent Soviet geologist who cared much for the knowledge of the geological structure of the Soviet territory, in particular of the European and Central Asiatic parts, as well as for the knowledge of universal regularities of development of the earth's crust. His scientific work has a wide extent and includes palaeontology, stratigraphy, regional geology, petrography of sedimentary rocks, comparative lithology, recent processes of sedimentation illustrated by the Black Sea, genesis and regularities of distribution of a number of sedimentary mineral resources (oil, phosphorites, bauxites, sedimentary iron ores), tectonics, geological interpretation of geophysical data, theory of geosynclines and platforms, as well as their position and role in the development of the earth's crust.

He was a first-class pedagogue, professor of a number of university institutions of Moscow, author of the textbook "Geology of the U.S.S.R.", and a good organizer of collective geological research work. Furthermore, he was a zealous patriot who, immediately after the Great Socialist October Revolution in 1917, devoted his life, and his scientific and organizational activities to the interests and necessities of the Soviet state. He was a member of the Academy since 1929.

Andrej Dmitrievič Archangel'skij wurde am 8. Dezember 1879 in Rjasan geboren, wo er 1898 das Gymnasium mit einer Goldmedaille beendete. Im gleichen Jahr immatrikulierte er sich an der Moskauer Universität, ursprünglich um Zoologie zu studieren, doch bald richteten sich seine Interessen auf die Chemie. Wegen seiner Teilnahme an der demokratischen Studentenbewegung wurde er nach einem Jahr von der Universität ausgeschlossen, ein Jahr später aber wieder zugelassen. Während dieser Studienunterbrechung lebte er einige Monate (1899—1900) in Jasnaja Poljana in der Familie von Lew Nikolaevič Tolstoi (1828—1910), wo er Hauslehrer bei dessen beiden jüngsten Kindern war. An die Universität zurückgekehrt, begeisterte er sich unter dem

Einfluß der Vorlesungen von Professor A. P. Pavlov (1854—1929) für die Geologie und schloß 1904 in dieser Fachrichtung die Universität ab. Als Student untersuchte er unter Feldbedingungen den geologischen Bau des Saratower und Simbirsker (heute Uljanowsker) Wolgagebiets. Für seine Diplomarbeit „Die Paläozänablagerungen des Saratower Wolgagebiets und ihre Fauna" wurde er Kandidat der Wissenschaften; nach Abschluß der Prüfungen blieb er an der Universität.

Von 1904—1913 war Archangel'skij Assistent am Lehrstuhl für Geologie bei seinem Lehrer A. P. Pavlov. Neben seiner pädagogischen Tätigkeit beschäftigte er sich umfassend mit regionalen geologischen Untersuchungen im Südostabschnitt des Europäischen Rußlands und in Mittelasien. Er studierte vorwiegend tertiäre (hauptsächlich paläogene) und kretazische Ablagerungen sowie die regionale Tektonik. Gleichzeitig wurden von ihm in mehreren zentralen und südöstlichen Gouvernements des europäischen Rußlands Phosphoritlager erkundet.

Im Jahre 1913 verlegte ARCHANGEL'SKIJ seinen Wohnsitz von Moskau nach dem damaligen St. Petersburg, wo er 1914 die Stelle eines Hauptgeologen des Geologischen Komitees erhielt und bis 1916 in dessen Auftrag Untersuchungen vorwiegend in Mittelasien durchführte. In dieser Dienststellung verblieb er bis zum Jahre 1924.

Im Frühjahr 1917 legte ARCHANGEL'SKIJ an der Moskauer Universität seine Monographie „Die Oberkreideablagerungen im Osten des Europäischen Rußlands" (veröffentlicht 1912) als Dissertation vor. Er verteidigte sie so hervorragend, daß er den Grad eines Doktors der Mineralogie und Geognosie erhielt, d. h. den Magistergrad übersprang. Die Opponenten der Verteidigung, Professor A. P. PAVLOV und Dozent D. I. ILOVAJSKIJ (1878—1935) unterstrichen die große wissenschaftliche und methodische Bedeutung dieser Arbeit.

Anfang 1918 kehrte ARCHANGEL'SKIJ nach Moskau zurück. Unmittelbar nach Übersiedlung der sowjetischen Regierung von Petrograd nach Moskau arbeitete er bewußt für eine pädagogische, gesellschaftliche und wissenschaftliche Forschung in Übereinstimmung mit den neuen staatlichen Aufgaben. Noch im selben Jahr gründete er einen Lehrstuhl für Geologie im Moskauer Vermessungsinstitut und an der Moskauer Technischen Hochschule; er hielt dort über mehrere Jahre Geologie-Vorlesungen. Ab 1918 war er Professor der Moskauer Universität und von 1920—1929 las er seinen Vortragszyklus „Geologie der UdSSR", der in moderner, erweiterter Fassung noch heute dort existiert. Diesen Kurs las er ferner von 1920—1929 an der Fakultät für Geologische Erkundung (wo er seit 1924 gleichzeitig Dekan war) der Moskauer Bergakademie und in den Jahren 1930—1933 an dem 1930 gegründeten Moskauer Institut für geologische Erkundung. In der zweiten Hälfte der dreißiger Jahre gab ARCHANGEL'SKIJ seine pädagogische Tätigkeit an den Hochschuleinrichtungen auf. Er errichtete nunmehr an der Akademie der Wissenschaften der UdSSR eine Aspirantur, sorgte für die Erarbeitung der Programme für die Aspiranturen und leitete im Geologischen Institut mehrere Verteidigungen von Kandidaten- und Doktordissertationen.

Bereits seit den zwanziger Jahren nahm ARCHANGEL'SKIJ aktiv Anteil an der Arbeit staatlicher sowjetischer Organe wie dem Volkskomissariat für Bildungswesen der Russischen Sozialistischen Föderativen Sowjetrepublik (Narkompros der RSFSR) [Mitglied der Kommission des Hauptkomitees für technische Berufsausbildung zur Reform der Hochschulen (Glavprofobr)]; gleichzeitig gehörte er dem Staatlichen wissenschaftlichen Rat (GUS) an. In den Jahren 1929—1934 war er Mitglied des Kollegiums des Narkompros der RSFSR, von 1934—1936 Mitglied des Präsidiums des Allunionskomitees für Hochschulangelegenheiten beim Zentralen Exekutivkomitee (CIK) der UdSSR usw. Von 1936 bis an sein Lebensende war die wichtigste gesellschaftliche Tätigkeit ARCHANGEL'SKIJS die Teilnahme an der Arbeit der Obersten Attestationskommission (VAK).

ARCHANGEL'SKIJ widmete als Hauptgeologe der Moskauer Abteilung des Geologischen Komitees dem Problem der Kursker Magnetanomalie seit 1919 seine besondere Aufmerksamkeit. Von 1923—1926 war er Mitglied des Präsidiums und Leiter der geologischen Abteilung der Sonderkommission zur Erforschung der Kursker Magnetanomalie (OKKMA) beim Präsidium des Obersten Sowjets der Volkswirtschaft (VSNCH). Von 1925—1930 war er dann Leiter der geologischen Abteilung und stellvertretender Direktor des Staatlichen Erdölforschungsinstituts; hier beschäftigte er sich vorzugsweise mit den Bildungsbedingungen von Erdöllagerstätten. Von 1930—1934 arbeitete er im Institut für Geologie und Mineralogie des Volkskomissariats für Schwerindustrie (Narkotjazprom), wo er die Sucharbeiten auf Bauxite und die Untersuchungen zur Erforschung ihrer Genese leitete.

Im Jahre 1925 wurde ARCHANGEL'SKIJ zum korrespondierenden Mitglied der Akademie der Wissenschaften der UdSSR, und 1929 zum Akademiemitglied gewählt. 1934 wurde er im Zuge der Übersiedlung der Akademie der Wissenschaften der UdSSR von

Leningrad nach Moskau zum Direktor des Geologischen Instituts der Akademie ernannt und 1936 außerdem zum Vorsitzenden der Kasachischen Filiale. 1939 trat er aus Gesundheitsrücksichten vom Amt des Institutsdirektors zurück. In den letzten Jahren seines Lebens war er Chef der Komplexexpedition der Akademie der Wissenschaften der UdSSR zur Erforschung des Europäischen Flachlands der Sowjetunion.

Für die Untersuchung der erdölführenden Provinzen des Schwarzmeergebiets und insbesondere für sein Werk „Die Bildungsbedingungen des Erdöls im Nordkaukasus" (1927) wurde Archangel'skij im Jahre 1928 der Leninpreis verliehen.

Ein Jahr vor Ausbruch des Großen Vaterländischen Krieges verstarb er am 16. Juni 1940 in Moskau.

Die wissenschaftliche Tätigkeit Andrej Dmitrievič Archangel'skijs wurde von drei Richtungen bestimmt: den Fragen der Volkswirtschaft, aktuellen theoretischen Problemen der Geologie und der Ausbildung von Kadern für die geologische Forschung und Erkundung.

Die Felduntersuchungen Archangel'skijs zu Beginn des 20. Jahrhunderts an der unteren Wolga wurden, wie bereits erwähnt, mit der monographischen Bearbeitung von Paläontologie und Stratigraphie der Paläozänablagerungen erfolgreich abgeschlossen (1904). Die von seinem Lehrer A. P. Pavlov erarbeitete stratigraphische Abfolge dieser Bildungen wurde von Archangel'skij präzisiert und stärker paläontologisch untermauert. Er berührte diese Frage später gelegentlich wieder. Seine letzte Publikation über die Paläogenablagerungen des Wolgagebiets war mit der Herausgabe des Westteils des 94. Blattes der „Allgemeinen geologischen Karte des Europäischen Rußlands der UdSSR" (1928) verbunden. Seit dieser Zeit sind infolge der großen hydrotechnischen Bauten, so z. B. des Wolga-Don-Kanals, vielfältige neue Fakten durch Bohrungen und detailliertere Untersuchungen natürlicher Anschnitte gewonnen worden. Dieses Material führte zu etlichen Korrekturen in der Stratigraphie der Paläogenablagerungen des Territoriums, doch immer blieb das von Archangel'skij (1904) erarbeitete Schema die Basis.

Die mehrjährigen Felduntersuchungen Archangel'skijs im Südosten des europäischen Teils Rußlands sowie in Mittelasien wurden im Jahre 1912 mit der Monographie „Die Oberkreideablagerungen im Osten des Europäischen Rußlands" abgeschlossen. Darin, und in einigen früheren Arbeiten wurden vom Autor die Grundlagen neuer Wissenschaftszweige vorgelegt: der Petrographie der Sedimentgesteine, der vergleichenden Lithologie und der Paläoozeanographie sowie neue Methoden in der Geologie erarbeitet: 1. die Faziesanalyse; 2. die Bestimmung der Beckentiefe und der Wassertemperatur nach mikropaläontologischen Daten; 3. detaillierte paläogeographische Rekonstruktionen. In diesen Arbeiten wurden von ihm zugleich zahlreiche Fragen der Stratigraphie, der stratigraphischen Paläontologie, der Paläofaunistik paläozäner und oberkretazischer Ablagerungen, ferner der Paläogeographie des Paläozäns und der Oberkreide berührt; es wurden die Bildungsbedingungen der Kreide und der kreideähnlichen Mergel analysiert. Bereits auf der XII. Tagung der russischen Naturforscher und Ärzte (28. 12. 1909 bis 6. 1. 1910) berichtete Archangel'skij über erste Ergebnisse seiner Arbeiten und legte den Grundstein für die Lithologie als selbständiger Disziplin in Rußland. In seiner weiteren wissenschaftlichen Tätigkeit bearbeitete er zahlreiche methodische Fragen der Lithologie zur Klärung der Bildungsbedingungen verschiedener Lagerstätten. Dabei wandte er die vergleichend-lithologische Methode an, indem er die rezenten Analoga der Sedimentgesteine und die Ablagerungsbedingungen der letzteren erforschte. Archangel'skij wurde in Rußland so zu einem der Begründer nicht nur der vergleichend-lithologischen, sondern mehr noch der historisch-geologischen Methode.

Nach dieser Arbeit Archangel'skijs erschienen seine Untersuchungen über die Sedimente des Schwarzen Meeres. Das Material war von der hydrographischen Expedition JU. M. SOKAL'SKIJS (1856—1940) mit ihrem Schiff „Pervoe Maja" über ein Tiefsee-Fall-Lot gewonnen worden. Die vielseitigen Forschungen dauerten von 1926 bis 1929. Die Sedimente wurden nicht losgelöst von ihren Bildungsbedingungen untersucht. So wurden einbezogen: das Relief von Ufer und Meeresboden, die Zusammensetzung der Ufergesteine, der Charakter der Wasserströmungen, das allgemeine Regime des Meeres, der Einfluß untermeerischer Rutschungen usw. Die Untersuchungsergebnisse sind ursprünglich in mehreren kleinen Artikeln veröffentlicht worden; später dann wurden sie in dem Buch „Die geologische Geschichte des Schwarzen Meeres" (1932) und danach in der umfangreichen, erweiterten Monographie „Der geologische Bau und die Entwicklungsgeschichte des Schwarzen Meeres" (1938) zusammengefaßt, die er gemeinsam mit seinem Schüler und langjährigen Mitstreiter N. M. STRACHOV veröffentlichte.

Die vergleichend-lithologischen Untersuchungen ARCHANGEL'SKIJS waren vielfältig und umfangreich: Kreide als Sediment, Glaukonit, Phosphorite, Bauxite, erdölproduktive Gesteine, kieselige Gesteine, rezente Sedimente des Schwarzen und zum Teil des Kaspischen Meeres usw. So führte ihn der Vergleich von Schwarzmeerschlamm mit Gesteinen erdölführender Ablagerungen des Krim-Kaukasus-Gebiets zu interessanten Schlußfolgerungen über die Akkumulationsbedingungen produktiver Serien und über die Bildung des Erdöls. Diese Untersuchungen wurden mit dem Beitrag „Die Bedingungen der Erdölbildung im Nordkaukasus" (1927) abgeschlossen. Gestützt auf seine Theorie gab er eine Prognose über mögliche erdölführende Becken in der Ostrussischen Senke in den Grenzen zwischen Wolga-Ural-Gebiet und der Karpatenvorsenke sowie in Mittelasien und auf der Sibirischen Tafel. Diesbezüglich sind seine Artikel „Wo und wie sind neue Erdölfelder in der UdSSR zu suchen?" (1929) und „Wo ist Erdöl zu suchen?" (1929) noch heute lesenswert. In allen diesen von ihm genannten Bezirken wurden später neue Erdöllagerstätten entdeckt.

Zur Genese des Erdöls wurden in den zwanziger und dreißiger Jahren eine Vielzahl der unterschiedlichsten, zum Teil einander widersprechender Hypothesen vertreten, von denen nicht eine das Problem löste oder als theoretische Grundlage der Prognose und Suche nach neuen erdölführenden Gebieten zu dienen vermochte. ARCHANGEL'SKIJ erarbeitete eine Theorie über Bildung erdölproduzierender Serien in Becken mit durch Schwefelwasserstoff verseuchtem Wasser. Es wurde von einer Verbindung dieser verseuchten Region mit bestimmten Phasen orogener Bewegungen ausgegangen, durch die sich das große marine Becken in einen Komplex kleiner Meere, Buchten und Meeresarme mit einem anderen hydrochemischen Regime umwandelte. Diese Theorie war später der Kritik ausgesetzt, es wurden Korrekturen daran vorgenommen, aber widerlegt wurde sie bis in unsere Zeit nicht.

In den Jahren 1908—1912 nahm ARCHANGEL'SKIJ an Felduntersuchungen zur Erkundung von Phosphoritlagerstätten teil. Die Forschungsergebnisse wurden in den „Arbeiten der Kommission des Moskauer Landwirtschaftsinstituts zur Untersuchung von Phosphoritlagern Serie 1. Bericht über die geologische Untersuchung der Phosphoritlager unter der Redaktion von Professor JA. V. SAMOJLOV" publiziert. Darin veröffentlichte ARCHANGEL'SKIJ (zum Teil mit anderen Autoren) 11 Artikel. Den Phosphoriten widmete er auch bei anderen Arbeiten seine Aufmerksamkeit, so in seinen Monographien „Die Oberkreideablagerungen im Osten des Europäischen Rußland" (1912) und „Die Oberkreideablagerungen Turkestans" (1916).

Die Böden großer Regionen der UdSSR benötigen eine Phosphordüngung, doch war die industrielle Phosphoritverarbeitung bis zur Oktoberrevolution unbedeutend. JA. V. SAMOJLOV (1870—1925) und ARCHANGEL'SKIJ erarbeiteten 1920 gemeinsam den „Abriß der Phosphoritlagerstätten Rußlands", und im Jahre 1927 veröffentlichte ARCHANGEL'SKIJ in dem Sammelband „Die Phosphorite der UdSSR" drei zusammenfassende Artikel zur Stratigraphie, Petrographie, Chemie und Genese der russischen Phosphorite sowie der Geschichte ihrer Erforschung. Beigefügt war eine Verbreitungskarte phosphoritführender Gesteine und deren Untersuchungsgrad auf dem Territorium des europäischen Teils der UdSSR. Diese Arbeiten wurden nicht nur in der UdSSR publiziert, sondern auch in Spanien (1928) in den Materialien des XIV. Internationalen Geologischen Kongresses, Madrid 1926. Damit beendete ARCHANGEL'SKIJ die erste Etappe zur Untersuchung der Phosphorite der Sowjetunion.

Im Jahre 1927 nahm der XV. Parteitag der Kommunistischen Partei der Sowjetunion (Bolschewiki) Kurs auf die Kollektivierung der Landwirtschaft. Erneut stand die Frage der Versorgung der Landwirtschaft mit Mineraldünger, der Erhöhung diesbezüglicher Produktionskapazitäten, neuer Formen und Typen der Erforschung seiner natürlichen Ressourcen. ARCHANGEL'SKIJ war zu diesem Zeitpunkt mit der Erfüllung anderer wissenschaftlicher Aufgaben betraut, doch die Phosphorite blieben bis an sein Lebensende ein Gegenstand seines schöpferischen Denkens.

Interessant sind die Überlegungen ARCHANGEL'SKIJS zur Herkunft der Phosphoritknollen, die bis heute nicht gänzlich geklärt ist. In seinen Arbeiten aus der Zeit vor der Revolution vertrat er die Auffassung, daß in den von ihm untersuchten Bezirken die Phosphorite in marinen Becken mit normaler Versalzung bei Unterbrechungen oder Verlangsamung der Sedimentgenese gebildet wurden, bei schnellen bodennahen Strömungen, mit teilweiser Auswaschung der soeben gebildeten Sedimente oder bei Transgressionen, starkem Fazieswechsel und dadurch bedingtem massenhaftem Absterben der Fauna. Letzteres ist nun Hauptursache für die Phosphatanreicherung. Diese Konzeption ist als biogene (biolithische) Hypothese bekannt geworden. In den dreißiger Jahren legten sowjetische Geologen und Phosphoritforscher an Hand neuer Fakten eine chemische Hypothese vor. ARCHANGEL'SKIJ, der nicht wenig zur Klassifikation der Phosphoritlagerstätten beigetragen hatte, kam zu dem Ergebnis von möglicherweise unterschiedlichen Genesen. So schrieb er (1930): ,,Wir haben keinen Grund, anzunehmen, daß uns die Gesetze der Phosphorkonzentration in den Sedimentgesteinen schon völlig erschlossen sind: es wird wahrscheinlich richtiger sein, zu sagen, daß sie noch sehr unvollständig erforscht sind, und deshalb können außer den bekannten Lagerstättentypen sehr wohl andere existieren, die uns bislang vollkommen fremd sind. Deshalb muß bei den Sucharbeiten auch die Verteilung des Phosphors in Sedimentgesteinen allgemein geklärt werden mit dem Ziel, seine allgemeinen Akkumulationsgesetze abzuleiten. Erst wenn wir diese geklärt haben, werden wir in der Lage sein, das Phosphoritproblem zu beherrschen."

Er hielt beispielsweise die Entstehung von Phosphoritlagerstätten auf dem Wege metasomatischer Vorgänge sowohl auf dem Meeresboden, wie auch auf dem Festland, besonders in Kalksteinen und Kreide für möglich, darüber hinaus aber auch in Tripel und Diatomeenerde.

So hat ARCHANGEL'SKIJ einen großen Beitrag zur Kenntnis der Phosphorite in der UdSSR geleistet; die schöpferische Weiterentwicklung und die praktische Anwendung seiner Ideen unter Berücksichtigung neuer geologischer Fakten ist bis heute bei der Suche von Phosphoritlagern und der Klärung der Perspektiven der Phosphoritführung aktuell.

In den Jahren 1931—1934 leitete ARCHANGEL'SKIJ die lithologische Abteilung eines Instituts für Geologie und Mineralogie der Volkswirtschaft. Hier wurden von ihm verschiedene Untersuchungen zur Lithologie der Sedimentgesteine durchgeführt: die Abhängigkeit der chemischen Zusammensetzung sedimentärer Eisenerze von ihren Bildungsbedingungen, die Ursachen von Kupferanreicherungen in sedimentären Gesteinen, zu den Bildungsbedingungen der Eisenerze am Flusse Chopjor und andere. Einen wichtigen Platz unter diesen Forschungen nehmen die Arbeiten ein, die von dem großen Geologenkollektiv unter seiner Leitung zur Verbreitung der Typen und der Genese der Bauxite auf dem Territorium der UdSSR geleistet wurden. In der Zeit von 1932—1935 war ARCHANGEL'SKIJ der Organisator und Leiter mehrerer geologischer

Suchexpeditionen in verschiedene Landesteile (in das Gebiet von Tichvin bei Leningrad, den Ural, nach Kasachstan, in die Jenissei-Gebirgsketten, nach Mittelasien, in den Donbass). Da sie nach den Theorien ARCHANGEL'SKIJS über Herkunft und Verteilungsgesetzmäßigkeiten der Bauxite forschten, entdeckten die in die genannten Bezirke gesandten Expeditionen zahlreiche neue Bauxitlagerstätten.

ARCHANGEL'SKIJ nahm an, daß die früher weit verbreitete Theorie zur Bildung der Bauxite, nach der sie Produkte der Verwitterung und Anreicherung am Ort der Entstehung darstellen, nicht richtig sei. Nach ihm sind die Bauxite chemische Sedimente der ufernahen Zonen der Meere (marine Bauxite) oder der ufernahen Zonen von Süßwasserseen (See- und Sumpf-Bauxite). Die wichtigsten Mineralkomponenten (Verbindungen des Eisens, Aluminiums und Titans) dieser natürlichen Bildungen fielen aus molekularen oder kolloidalen Lösungen in Form von Gelen aus. Quelle der Tonerde war dabei die Lateritverwitterung der Alumosilikatgesteine der nahegelegenen Festlandsbereiche. Dabei verglich ARCHANGEL'SKIJ die Bauxite und die sedimentären Eisenerze, d. h. die geochemische hypergene Geschichte von Al_2O_3 und Fe_2O_3.

Seine Ansichten über die Herkunft der Bauxite legte ARCHANGEL'SKIJ zum erstenmal 1933 in der Arbeit „Zur Frage der Bildungsbedingungen der Bauxite in der UdSSR" dar; seine letzten Arbeitsergebnisse im Jahre 1937 in dem Artikel „Über die Herkunft der Bauxite und die Suche nach neuen Lagerstätten" (in „Die Bauxite der UdSSR", Bd. 1, Teil V). Insgesamt berührte er die Bauxitfrage in sieben verschiedenen Beiträgen.

Seit der Zeit der Erarbeitung der Theorie der chemischen sedimentären Bildung der Bauxite durch ARCHANGEL'SKIJ sind einige Jahrzehnte vergangen. Die sowjetischen Geologen konnten an Hand dieser Theorie und ihrer ständigen Weiterentwicklung zahlreiche neue Lagerstätten dieses Minerals nachweisen. Heute sind außer den marinen, den See- und See-Sumpf- etliche andere Typen von Bauxitlagerstätten bekannt: Karst-, Dolinen-, Deluvial-Typen usw. Den Prozessen der Diagenese wird ständig steigende Bedeutung beigemessen, was für die Geologen der dreißiger Jahre kein Diskussionsgegenstand war, auch für ARCHANGEL'SKIJ nicht. Die einzelnen Typen von Bauxitlagerstätten haben unterschiedliche Herkunft. Gegenwärtig gibt es zu ihrer Genese nicht wenige Theorien (Hypothesen). Aber zahlreiche Lagerstätten sind mit der Theorie von ARCHANGEL'SKIJ noch heute gut zu deuten.

Insgesamt kann man trotz aller Vorbehalte aus der historischen Perspektive bestätigen, daß die Rolle ARCHANGEL'SKIJS für die Entwicklung von Geologie und Geochemie der Bauxitlagerstätten groß war und ist.

In den ersten 15 Jahren nach der Großen Sozialistischen Oktoberrevolution war das wissenschaftliche Schaffen ARCHANGEL'SKIJS eng mit seiner pädagogischen Tätigkeit verbunden. Indem er während dieser Jahre in verschiedenen Hochschuleinrichtungen die „Geologie der UdSSR" las, mußte er sich zwangsläufig sehr gründlich mit dem geologischen Bau und der geologischen Geschichte des ausgedehnten Territoriums der UdSSR beschäftigen. In den Jahren 1913—1922 studierte er ausführlich den Tafel-Abschnitt westlich vom Ural und publizierte 1923 in der „Einführung in das Studium der Geologie des Europäischen Rußland" die von ihm aufgestellte erste tektonische Interpretation der Russischen Tafel. N. S. ŠATSKIJ (1895—1955), Schüler und langjähriger Mitarbeiter ARCHANGEL'SKIJS umriß, als er im Jahre 1951 über die tektonischen Vorstellungen ARCHANGEL'SKIJS bis zu den dreißiger Jahren sprach, sie durch folgende fünf Thesen: 1. das gesamte Tafelgebiet wird von einem präkambrischen Gneisfundament und einer Decke fast horizontal liegender sedimentärer Bildungen aufgebaut; 2. das Fundament der Tafel ist in große Hebungen und Horste zerschlagen, deren Prototyp der Baltische Schild darstellt sowie Senken, die überwiegend durch große Brüche gegeneinander abgegrenzt sind; 3. die Senken zeigen Tendenz zur Absenkung, die Horste zur Hebung; 4. die Senken werden durch sekundäre Störungen, die Wälle, kompliziert; 5. die Entwicklungsgeschichte der Senken und der benachbarten Geosynklinalen zeigt, daß ihre Bewegungen sehr ähnlich sind und die Wälle sich in den schwächsten Teilen der Tafel unter dem Einfluß tangentialer Bewegungen der Tafel und der peripheren Faltenzonen bildeten [26, S. 27].

Später änderte Archangel'skij, als er sich nochmals mit der Tektonik der Russischen Tafel beschäftigte, seine Vorstellungen. Im Jahre 1940, einige Wochen vor seinem Tode, gab er einen kleinen Artikel zum Druck „Zum Bau der Russischen Tafel" [Doklady Akad. nauk SSSR, Moskva 28 (1940) 2, S. 154]. Darin schrieb er, daß das neue Faktenmaterial

„... zwingt, den Bau des gefalteten Fundaments der Russischen Tafel anders als früher zu betrachten. Anstelle einer einheitlichen großen präkambrischen Scholle zeigt sie sich uns jetzt als Komplex einiger präkambrischer Massive, die voneinander durch mehr oder weniger breite Zonen paläozoischer Faltenstrukturen getrennt sind. Solche Massive sind der Baltische Schild mit dem sogenannten Polesskij Wall oder der Polesskij Brücke, das Woronesh-Massiv und der Asow-Podolische Schild, der, im Gegensatz zu früheren Anschauungen, vom Polesskij Wall durch eine sehr tiefe Senke getrennt ist. Der Baltische Schild wird vom Woronesh-Massiv durch eine altpaläozoische Faltenzone getrennt, die an der Basis der Moskauer Syneklise liegt, aber das Asow-Podolische Massiv vom Woronesher, und vielleicht vom Polesskij durch herzynische Strukturen, die im Innern der Schwarzmeersenke liegen und es möglicherweise auch von Süden her umrahmen".

Nach dem Tode Archangel'skijs zeigte umfangreiches, neues Faktenmaterial, daß der Bau der Russischen Tafel bei weitem komplizierter ist, als das im Jahre 1940 angenommen werden konnte.

Vom Beginn der dreißiger Jahre an widmete Archangel'skij der Geologie des östlichen Landesteils — dem Ural, Sibirien, dem Fernen Osten — verstärkte Aufmerksamkeit. Er erfaßte in seiner Eigenschaft als Hochschullehrer allmählich das gesamte Territorium der Sowjetunion und, ausgehend von der Erforschung der geologischen Struktur und der Geschichte der Tafel, gelangte er zur geologischen Deutung der fernen Faltengebirge. Im Jahre 1932 erschien sein zusammenfassendes Werk „Der geologische Bau der UdSSR. Europäischer und mittelasiatischer Teil". Zwei Jahre später wurde es in zwei Teilen in zweiter Auflage herausgegeben. Darin wurde bereits der geologische Bau der Sowjetunion bis zum Jenissei dargelegt. Gleichzeitig arbeitete Archangel'skij gemeinsam mit Šatskij an dem kurzen „Tektonischen Schema der UdSSR" (1933), mit der großen ersten tektonischen Karte der UdSSR. Die dritte Auflage von „Der geologische Bau der UdSSR" erschien im Jahre 1941; Ende der vierziger Jahre wurde dann die vierte Auflage mit Bd. I (1947) und Bd. II (1948) herausgegeben.

Gemeinsam mit Šatskij gab Archangel'skij in dem „Kurzen Abriß der geologischen Geschichte der UdSSR" (1937) eine thematische Übersicht, die dem XVII. Internationalen Geologischen Kongreß in Moskau vorgelegt wurde.

Archangel'skij interessierte sich besonders für die geologische Struktur der südöstlichen Umrahmung der Russischen Tafel. Im Jahre 1936 veröffentlichte er, gemeinsam mit V. V. Fedynskij den Artikel „Geologische Ergebnisse gravimetrischer Untersuchungen in Mittelasien und Südwestkasachstan". Darin schrieben die Autoren:

„Ustjurt und Kara-Kum sind von außergewöhnlichem Interesse, da sich uns in diesem Gebiet das Problem der Verbindung der Faltengebirgsstrukturen Europas und Asiens darbietet. So verbirgt sich nordöstlich von Ustjurt unter ungestörten oder schwach dislozierten mesozoischen und tertiären Ablagerungen das Ural-Faltensystem, dessen südliche Ausläufer im Mugodshary-Gebirge unter 48° nördlicher Breite sichtbar werden; östlich vom Delta das Amu-Darja ziehen in Form der Sultan-Uiz-Dag-Hügelkette die letzten Ausläufer des Tjan-Schan hin; im Westen verschwinden unter den tertiären Ablagerungen Ustjurts die Falten des Mangyschlak-Gebirges, die als Fortsetzung der Donez-Gebirgskette betrachtet werden; schließlich liegen in der Südwestecke des Plateaus die Faltensysteme von Tuar-Kyr und der Krasnowodsker Halbinsel, für die eine Verbindung zum Kaukasus angenommen wird. In welcher Beziehung alle die aufgezählten Systeme zueinander stehen, bleibt im wesentlichen noch unbekannt" (S. 5).

In seinen tektonischen Untersuchungen wandte ARCHANGEL'SKIJ die paläogeographische Methode an, die zum erstenmal A. P. KARPINSKIJ (1846—1936) vorschlug. Diese als tektonisch-paläogeographisch bezeichnete Methode wurde durch ARCHANGEL'SKIJ vervollkommnet, der sie durch neue geophysikalische Aufnahmen ergänzte. Seit 1924 widmete er sich der geologischen Interpretation gravimetrischer und magnetischer Aufnahmen des Territoriums der UdSSR und schenkte den geophysikalischen Daten ständig steigende Aufmerksamkeit. Der Ursprung dieser Richtung seines wissenschaftlichen Wirkens geht bis in die erste Hälfte der zwanziger Jahre zurück. Wie bereits in seiner Biographie gezeigt, beschäftigte er sich seit 1919 mit den Untersuchungen in der Kursker Magnetanomalie. Neben dem von ihm angeleiteten Kollektiv junger Geologen, das umfangreiche Felduntersuchungen durchführte,

„... erarbeitete er nicht nur die Geologie der sedimentären Schichten, die das präkambrische Massiv mit seinen reichen Eisenerzen bedecken, verfaßte er nicht nur vollständige Berichte über die Erkundung der Lager im Bezirk Ščigry, im Gebiet des Timsker Minimums und im Starooskol'-sker und Ogibnjansker magnetischen Rücken, sondern begann auch zum erstenmal in der UdSSR ausführlich das Verhältnis zwischen Schwereanomalien, Magnetanomalien und geologischem Bau in Osteuropa zu bearbeiten" (ŠATSKIJ 1944, S. 12).

Seine letzten Arbeiten zur Geologie der Kursker Magnetanomalie veröffentlichte A. D. ARCHANGEL'SKIJ 1926, doch die geologische Interpretation geophysikalischer Daten, die in den Jahren der Arbeit an der Kursker Magnetanomalie begonnen hatte, dehnte er später auf das gesamte Gebiet der UdSSR aus, sie dabei ständig vervollkommnend. Erwähnenswert ist hier seine „Geologie und Gravimetrie" (1933) und weitere Artikel (1932, 1936, 1937, 1939, 1940), von denen einige gemeinsam mit Geophysikern geschrieben wurden, hauptsächlich mit FEDINSKIJ. So kann man sagen, daß ARCHANGEL'SKIJ der erste Geologe der Sowjetunion war, der einen engen Kontakt der Geologen und Geophysiker anstrebte und erreichte.

In den letzten Jahren seines Lebens ging ARCHANGEL'SKIJ in den theoretischen Verallgemeinerungen immer häufiger über die Grenzen der Sowjetunion hinaus, streifte die Geologie Westeuropas, später der ganzen Welt. Die von ihm abgeleiteten Gesetzmäßigkeiten in der Entwicklung der Faltenzonen und ihrer Beziehungen zu den Tafeln führten ihn zu neuen Verallgemeinerungen über die Entwicklung der Erdrinde als Ganzes: zur Negierung des Gesetzes von HAUG (1861—1927), nach dem den Regressionen auf den Tafeln Transgressionen in den Geosynklinalen entsprechen; zur Ablehnung der Isostasie als der Grundlage einer geologischen Interpretation von Gravitationsanomalien; zur Verneinung der Kontraktionshypothese; zur Bestätigung der Hypothese, daß sich Plattformen und Geosynklinalen gegenseitig umwandeln können; zur Bejahung ihrer Instabilität und einer zyklischen Entwicklung bei einer allgemeinen Tendenz zur Vergrößerung der Tafeln; zur Betonung einer Verbindung zwischen Hebung und Faltung; zur Bestätigung der Abhängigkeit der Schwingungsbewegungen der Erdkruste von der Dichteänderung der Massen unterhalb der Erdkruste unter dem Einfluß des radioaktiven Zerfalls.

Bedeutend war der Anteil ARCHANGEL'SKIJS an der Entwicklung der geologischen Kartographie in der UdSSR. Damit beschäftigte er sich während seiner gesamten wissenschaftlichen Tätigkeit, besonders seit dem Jahre 1917 als die Arbeiten zur Herstellung des Kartenwerks im Maßstab 1 : 1000000 und die Redaktion dieser Blätter organisiert werden mußten.

Wie ARCHANGEL'SKIJ in seiner Autobiographie (1939, S. 11) schrieb, zeichneten sich in der wissenschaftlichen Tätigkeit seiner letzten Lebensjahre besonders drei Richtungen ab: „1. zusammenfassende Verallgemeinerungen zur Geologie der UdSSR; 2. Erforschung der Grundgesetzmäßigkeiten der geologischen Entwicklung der Erdkruste; 3. Untersuchung der Beziehungen zwischen geophysikalischen Erscheinungen

(Schwerkraft, Erdmagnetismus) und dem geologischen Bau in der UdSSR sowie in Eurasien insgesamt".

Die wissenschaftliche Tätigkeit Archangel'skijs darf nicht von seiner pädagogischen getrennt und seine Rolle bei der Ausbildung junger Geologen nicht vergessen werden. Ein hervorragender Lektor, lebhafter Berichterstatter, guter Organisator, der es verstand, die Jugend zu schöpferischen Kollektiven zusammenzuschließen, hat er in den zwanziger und dreißiger Jahren eine Vielzahl sowjetischer Geologen ausgebildet, von denen später nicht wenige weltbekannt wurden. Heißblütig, aufbrausend und in Diskussionen oft schroff, hatte er in seiner Tätigkeit auch Gegner. Doch keiner von ihnen bestritt seine umfassende Bildung, seinen Beitrag zum wissenschaftlichen Fortschritt und seinen großen Einfluß bei der Erziehung der Jugend zum wissenschaftlichen Denken.

Bibliographie

Ausgewählte Arbeiten[1])

[1] Paleocenovye otloženija Saratovskogo Povolž'ja i ich fauna. In: Materialy dlja geologii Rossii, Bd. 22, Teil I. — 1904.

[2] Verchnemelovye otloženija vostoka Evropejskoj Rossii. — Moskva: 1912.

[3] Fosfority. Očerk fosforitovych mestoroždenij Rossii. In: Estest. proizvod. sil'y Rossii, Bd. 4, poleznye iskopaemye, H. 25. — Petrograd: 1920. (Gemeinsam mit Ja. V. Samojlov.)

[4] Vvedenie v izučenie geologii Evropejskoj Rossii. Čast' I. Tektonika i istorija razvitija Russkoj platformy. — Moskva—Petrograd: 1923.

[5] Uslovija obrazovanija nefti na Severnom Kavkaz. — Moskva—Leningrad: 1927.

[6] Geologičeskoe stroenie i geologičeskaja istorija SSSR, v dvuch tomach. 4. Aufl. — Moskva—Leningrad: Bd. I. 1947; Bd. 2. 1948. (1. Aufl. 1932.)

[7] Geologija i gravimetrija. — Moskva—Leningrad—Novosibirsk: 1933.

[8] O proischoždenii boksitov i poiskach novych mestoroždenij. In: A. D. Archangel'skij (Red.): Boksity, Bd. I, Teil I. — Moskva—Leningrad: 1937.

[9] Geologičeskoe stroenie i istorija razvitija Černogo morja. — Moskva—Leningrad: 1938. (Gemeinsam mit N. M. Strachov.)

[10] O stroenii Russkoj platformy. — Bjull. Mosk. obšč. ispyt. prir., otd. geol., Moskva (1940) 3—4, S. 5—37.

[11] Izbrannye trudy A. D. Archangel'skogo, v dvuch tomach. — Moskva: Bd. I. 1952; Bd. 2. 1954.

Arbeiten in deutscher, französischer oder englischer Sprache

[12] Sur quelques ostrea du paléocène et du crétacé supérieur de la Russie. — Ežeg. geol. mineral. Rossii, 7 (1904—1905), S. 203—215.

[13] Le progrès des études des dépôts paléocènes en Russie à partir de 1905 jusqu'en 1911. — Ežeg. geol. mineral. Rossii, 14 (1912) 4—5, S. 134—147.

[14] General results of the prospecting in the northern zone of the Kursk magnetic anomalies. In: Trudy Osoboj komissii po issledovaniju Kurskich magnitnych anomalij pri Prezidiume VSNCH SSSR. Teil 7, Trudy geologičeskogo otdela, pod red. A. D. Archangel'skogo. — Moskva—Leningrad: 1926. S. 141—151.

[15] Hydrogen sulphide contamination of the Tertiary sea basins of the Crimea and Caucasus region and probable connection of this phenomenon with the origin of petroleum. — Bjull. Mosk. obšč. ispyt. prir., otd. geol., Moskva 4 (1926) 1—2, S. 121—131.

[16] Histoire de l'étude des gisements de phosphates de la Russie et statistique générale de ses réserves en phosphates. Les réserves mondiales en phosphates. Information faite par l'initiative du Bureau du XIV Congrès Géologique International. Espagne, 1926. Avec la collaboration des Services Géologiques et specialistes des différents pays. (Geologorum conventus XVI, Hispania, 1926). Vol. I. — Madrid: Graficas Reunidas S. A. 1928. S. 235—248.

---

1) Insgesamt sind in der Liste der Arbeiten A. D. Archangel'skijs etwa 230 Titel genannt.

[17] Stratigraphie et conditions géologiques de la formation des phosphates de Russie. (Geologorum conventus XIV, Hispania, 1926.) Vol. I. — Graficas Reunides S. A. 1928. S. 249—260.
[18] Les types pétrographiques et chimiques des phosphates des Russie (Geologorum conventus XIV, Hispania, 1926). Vol. I. — Madrid: Graficas Reunides S. A. 1928. S. 261—274.
[19] Les gisements des phosphates cénomaniens et tertiaires de la dépression de la Russie méridionale (Geologorum conventus XIV, Hispania, 1926). Vol. I. — Madrid: Graficas Reunides S. A. 1928. S. 275—296. (Gemeinsam mit V. N. KRESTOVNIKOV und N. S. ŠATSKIJ.)
[20] Carte de l'exténsion des roches phosphatées et de leur degré d' exploration. 1926. (Geologorum conventus XIV, Hispania, 1926), Vol. I. — Madrid: Graficas Reunides S. A. 1928.
[21] Wo und wie sind neue Erdölfelder in der UdSSR zu suchen? — Petroleum, Berlin **25** (1929) 37, S. 1253—1256; 45, S. 1494—1498.
[22] Outline of the structure and history of the Russian platform. (Guidebook for the Second Intern. Congr. soil science, vol. I). — Moscow: Org. Com. Secon. Intern. Congr. soil science 1930. S. 37.
[23] Structure géologique et histoire géologique de l'USSR. Intern. Geol. Congr. Rep. 17-th Sess. The Union of Soviet Socialistic Republics. 1937. Bd. 2. — Moskva: 1939. S. 285—304.

Literatur über A. D. ARCHANGEL'SKIJ

[24] ARCHANGEL'SKIJ, ANDREJ DMITRIEVIČ. — Bol'šaja sovetskaja enciklopedija, Bd. 3, 1926, S. 525—526; 2. Aufl. Bd. 3, 1950, S. 160—161; 3. Aufl. Bd. 2, 1970, S. 278; S. 820—821.
[25] ŠATSKIJ, N. S.: ANDREJ DMITRIEVIČ ARCHANGEL'SKIJ (1879—1940). — Moskva: Mosk. obšč. ispyt. prir. 1944. 60 S. (mit Publikationsliste).
[26] — Osnovnye napravlenija naučnoj raboty akademika A. D. ARCHANGEL'SKOGO. In: Pamjati akademika A. D. ARCHANGEL'SKOGO. Voprosy litologii i stratigrafii SSSR. — Moskva: izd. Akad. nauk SSSR 1951. S. 21—31.
[27] Žizn' i tvorčestvo akademikov A. D. ARCHANGEL'SKOGO i N. S. ŠATSKOGO. In: Očerki po istorii geologičeskich znanij. Bd. 16. — Moskva: izd. Nauka 1973. S. 5—123.

Manuskripteingang: 3. Mai 1977

Übersetzung aus dem Russischen von Dipl.-Min. A. KRÜGER, Berlin

Anschrift des Autors:

Prof. Dr. D. I. GORDEEV, Moskauer Staatliche Lomonosov-Universität, Geologische Fakultät,
Institut für Geschichte der Geologischen Wissenschaften
UdSSR - 117234 Moskva V-234, Leninberge

Schriftenr. geol. Wiss. · Berlin 14 (1979) · S. 145—152

Aleksandr Evgen'evič Fersman (1883—1945)

Von Peter Krüger, Berlin

Mit einer Abbildung

Aleksandr Evgen'evič Fersman war ein hervorragender russisch-sowjetischer Mineraloge und einer der Begründer und Theoretiker der Geochemie. Er stellte sein Wissen und seine Fähigkeiten dem jungen Sowjetstaat zur Verfügung und leistete als Wissenschaftsorganisator vor allem innerhalb der Akademie der Wissenschaften der UdSSR sowie bei der rohstoffwirtschaftlichen Erschließung des Sowjetlandes Beachtliches. Sein Wirken legte den Grund für die sowjetische geochemische Schule.

Александр Евгеньевич Ферсман был замечательным русско-советским минералогом и одним из основоположников и теоретиков геохимии. Своим и знаниями и талантом он служил молодому советскому государству. В Академии наук СССР он как организатор науки внес существенный вклад в создание сырьевой базы СССР. Своим трудом он стал основоположником советской геохимической школы.

Aleksandr Evgen'evich Fersman was a prominent Russian-Soviet mineralogist and one of the founders and theorists of geochemistry. He placed his knowledge and abilities at the disposal of the young Soviet state and realized outstanding performances as a scientific organizer, above all within the Academy of Sciences of the U.S.S.R. and by opening up raw materials of the Soviet country. His activities laid the foundations of the Soviet geochemical school.

Aleksandr Evgen'evič Fersman entstammte einer Offiziersfamilie. Er wurde 1883 im damaligen Sankt Petersburg geboren. Nach Abschluß des Gymnasiums studierte er von 1901—1903 an der Universität Odessa Naturwissenschaften und ab 1903 an der Moskauer Universität bei V. I. Vernadskij Mineralogie. Nach erfolgreichem Studium (1907) bereitete er sich in Deutschland bei V. Goldschmidt und H. Rosenbusch, in Frankreich bei Lacroix auf eine Professur in Moskau vor und besuchte in diesen Ländern, aber auch in Österreich, der Schweiz und Italien zahlreiche Minerallagerstätten. Nach seiner Rückkehr wurde er 1909 Assistent am Mineralogischen Kabinett der Moskauer Universität und erhielt 1910 eine Professur an der Schanjawskij-Volksuniversität Moskau, wo er 1911 erstmalig Geochemie-Vorlesungen hielt. Nach Auflösung der Moskauer Universität durch die zaristische Regierung im Jahre 1911 ging A. E. Fersman nach Petersburg, wo er ab 1912 Oberkustos der mineralogischen Abteilung des Geologischen Museums der Akademie der Wissenschaften wurde. Er nahm in der Folgezeit an nicht wenigen mineralogisch-geologischen Expeditionen der Akademie teil, wie an den Radiumexpeditionen und Erkundungsarbeiten der Edelstein- und Granitpegmatitvorkommen im Ural. Neben seiner Forschungstätigkeit widmete er sich aktiv der Popularisierung des neuen geochemischen Wissenschaftszweigs, unter anderem in der von ihm mitherausgegebenen Zeitschrift „Priroda".

Der Ausbruch des 1. Weltkriegs eröffnete eine neue Etappe in der wissenschaftlichen Tätigkeit A. E. Fersmans. Als Sekretär der 1915 bei der Akademie der Wissenschaften gegründeten „Kommission zur Erforschung der natürlichen Produktivkräfte Rußlands" (KEPS) war er wesentlich an der Organisierung und Durchführung rohstofforientierter Forschungen und Expeditionen beteiligt.

Nach dem Sieg der Oktoberrevolution wurde die Arbeit der KEPS weitergeführt und Fersman entwickelte sich zu einem der fähigsten Leiter und Organisatoren der Akademie der Wissenschaften, zu deren ordentlichem Mitglied er 1919 gewählt wurde. Er übernahm 1919 die Leitung des Mineralogischen Museums der Akademie, arbeitete aktiv in vielen Kommissionen und Komitees, organisierte und leitete zahlreiche mineralogisch-geochemische Expeditionen in den Ural, nach Mittelasien sowie auf die Kola-Halbinsel und beteiligte sich aktiv an der Auswertung des Materials. Von 1924 bis zu seinem Tode war er Mitglied des Präsidiums der Akademie der Wissenschaften der UdSSR. Er wurde für den Zeitabschnitt 1924—1927 zum akademischen Sekretär und von 1927—1929 zum Vizepräsidenten der Akademie gewählt. Neben seiner Tätigkeit im

Rahmen der Akademie der Wissenschaften leitete er gleichzeitig weitere Forschungseinrichtungen: er war Rektor des Geographischen Instituts in Leningrad (1920—1928), Direktor des Instituts für ärchäologische Technologie bei der Staatlichen Akademie für Geschichte der materiellen Kultur (1921—1928), und von 1927—1934 leitete er als Direktor das Institut für Luftbild-Kartierung. Außerdem arbeitete er langfristig in Regierungs- und Wirtschaftsgremien der UdSSR mit. So war er ab 1920 Mitglied der Regierungskommission zur Begutachtung der Murmansk-Eisenbahn, woraus sich seine intensiven Forschungsarbeiten zur Rohstofferschließung der Kola-Halbinsel ableiteten; als Mitglied des Komitees für Chemisierung der Volkswirtschaft beim Rat der Volkskommissare half er beim Aufbau der sowjetischen Chemieindustrie und bei der Bereitstellung entsprechender Rohstoffe.

Auf seine Initiative hin wurde 1930 das Institut für Geochemie, Mineralogie und

Kristallographie der Akademie der Wissenschaften gegründet, dessen Direktor er bis zu seinem Tode war.

FERSMAN wurde für seine großen wissenschaftlichen und wirtschaftspolitischen Verdienste mehrfach von der Sowjetregierung, von Regierungen der Unionsrepubliken, von Wirtschaftsvereinigungen, Dienststellen und anderen Institutionen ausgezeichnet. Für seine Verdienste bei der Bereitstellung von Rohstoffen für die chemische Industrie und seine Beiträge zur Chemisierung der Volkswirtschaft der UdSSR wurde er 1928 vom Rat der Volkskommissare mit dem Leninpreis ausgezeichnet, und 1941 wurde ihm für seine Monographie „Die Bodenschätze der Kola-Halbinsel. Gegenwärtiger Zustand. Analyse. Prognose." der Stalinpreis erster Klasse zuerkannt. Seine Leistungen wurden im Ausland durch die Verleihung der Ehrenmitgliedschaft in mehreren wissenschaftlichen Vereinigungen gewürdigt.

Wiederholt weilte FERSMAN zu Kongressen und zum Erfahrungsaustausch im Ausland. Zwischen 1926 und 1936 besuchte er mehrmals Deutschland, Dänemark, Norwegen, die Tschechoslowakei, Österreich, die Schweiz und Belgien. In Berlin hielt er 1927 anläßlich der „Russischen Naturforscherwoche" vielbesuchte Vorlesungen zur Geochemie. Ein Jahr später wurde er zum Ehrenmitglied der Deutschen Geographischen Gesellschaft gewählt. Als Generalsekretär des XVII. Internationalen Geologischen Kongresses in Moskau war er wesentlich an dessen Gelingen beteiligt. Im gleichen Jahr wurde er zum Mitglied der Amerikanischen und der Londoner Mineralogischen Gesellschaft gewählt.

Diese — lückenhafte — Aufzählung gibt bereits ein Bild von der außergewöhnlichen Aktivität und unermüdlichen Energie, mit der FERSMAN als Wissenschaftler, Lehrer und Organisator tätig war. Er war ein hervorragender Redner und publizistisch äußerst aktiv. Er hinterließ fast 1000 gedruckte Arbeiten, 250 Zeitungsartikel sowie populärwissenschaftliche und schöngeistige Bücher. Diese rastlose Tätigkeit blieb nicht ohne Folgen für seine Gesundheit. Ab 1933 mußte er sich wegen eines chronischen Nierenleidens immer häufiger in ärztliche Behandlung begeben und in Sanatorien Heilung suchen.

Der faschistische Überfall auf die Sowjetunion im Jahre 1941 beendete die Periode des friedlichen Schaffens im Leben FERSMANS. Verstärkt beschäftigte er sich mit der Sicherung des Rohstoffbedarfs der UdSSR und den Fragen der militärischen Geologie. Er leitete zeitweilig die Kommission der Akademie der Wissenschaften der UdSSR zur geologisch-geographischen Unterstützung der Sowjetarmee und widmete sich der Popularisierung der Wissenschaft und ihrer mobilisierenden Rolle bei der Zerschlagung des Agressors.

Die Geochemie, zu deren Begründern und Theoretikern FERSMAN gehörte, entwickelte sich aus der Mineralogie, und auch FERSMANS erste wissenschaftliche Veröffentlichungen waren Mineralbeschreibungen und mineralchemische Analysenergebnisse. Doch schon in der unter V. GOLDSCHMIDTS Leitung in Heidelberg erarbeiteten Monographie „Der Diamant" (erschienen 1912) äußerte er sich neben der exakten Beschreibung zu den physikalisch-chemischen Bildungsbedingungen der Diamanten [29].

FERSMAN entwickelte die geochemischen Vorstellungen VERNADSKIJS selbständig weiter. Er kam von statisch-mineralogischen immer mehr zu dynamisch-geochemischen Auffassungen und formulierte bereits 1912:

„Die Minerale selbst sind nur zeitweilige Produkte der chemischen Reaktion der Erde ... Der Mineraloge sieht nur einzelne Momente aus der langen Kette von Naturereignissen ... Vor den Augen des Mineralogen läuft jene Kette chemischer Prozesse ab, die die Elemente in der Erdrinde nur langsam umgruppieren. Wenn ein Mineral nur eine Etappe eines langdauernden Prozesses ist, dann muß man natürlich als Einheit der eigenen Forschungen nicht das Mineral nehmen, sondern jene Bestandteile, ... die wir Elemente nennen." Und die Geochemie als selbständigen Wissenschaftszweig nennend, fährt er fort: „Und wir werden von der alten Mineralogie mit ihrem Forschungsobjekt, den Mineralen, übergehen zu der jungen Geochemie, deren Einheiten die chemischen Elemente sind" [2].

Den ersten Vorlesungen zur Geochemie, die er 1911 in Moskau hielt [1], folgten die „Grundrisse der Geochemie“ [2, 3] und von 1919—1922 die Vorlesungsserie „Geochimija Rossii“ [7]. Die geochemischen Arbeiten der nächsten Jahre trugen vorwiegend regionalen Charakter, wobei die geochemische Erforschung der Kola-Halbinsel dominierte. Dabei ist die Praxisbezogenheit bei gleichzeitiger hoher Wissenschaftlichkeit ein herausragendes Merkmal dieser Darstellungen [12, 15, 21, 23, 30, 31].

Von großer Bedeutung sind Fersmans Veröffentlichungen zum Pegmatitproblem. So untersuchte er als erster den Prozeß der Pegmatitbildung [30], wobei er sich auf eine detaillierte Erfassung der Minerale und ihrer Paragenesen bekannter russischer Pegmatitvorkommen sowie auf eine umfassende Auswertung der Fachliteratur stützte [35, 17, 40, 41]. Die gewonnenen Paragenesetabellen führten zur Erkenntnis typomorpher Minerale, die die einzelnen Stadien seiner Pegmatitklassifikation charakterisierten. So konnte er die Rolle der einzelnen chemischen Elemente im Prozeß der Pegmatitbildung und später die Rolle der geoenergetischen Faktoren herausarbeiten. Durch seine intensiven Studien der Palygorskit-Gruppe [28] kam er ebenfalls zu weitreichenden Verallgemeinerungen der hypergenen Prozesse, und er konnte die große Bedeutung der „mutabilen“ Verbindungen, d. h. der Verbindungen mit veränderlicher chemischer Zusammensetzung nachweisen. Seine Erfahrungen bei der Erforschung der Nichtmetalle widerspiegeln sich in verschiedenen Nachschlagewerken, z. B. im „Chemisch-technischen Nachschlagewerk“ [4].

Die Expeditionen nach Mittelasien, die unter Fersmans Leitung durchgeführt wurden, ergaben zur Mineralogie und Geochemie der Hypergenese ebenfalls neue Erkenntnisse und führten zur Klärung der Genese der Tuja-Mujun-Uranlagerstätte [10, 13] und der Schwefellagerstätte in der Wüste Kara-Kum [11]. Hier hatte er ebenfalls stets die schnelle Erschließung und volkswirtschaftliche Nutzung der Lagerstätten zum Ziel.

Seit Ende der zwanziger Jahre begann Fersman seine topogeochemischen Arbeiten stärker zu verallgemeinern und theoretisch zu durchdringen. Er führte den Begriff „Clarke“ für die Bezeichnung der Häufigkeit der chemischen Elemente, sowie die heute geläufigen Begriffe „geochemische Epoche“, „geochemische Provinz“ und „geochemischer Knoten“ ein. Einen wesentlichen Beitrag zur Verbreitung der geochemischen Vorstellungen Fersmans stellten seine Vorlesungen dar, die er aus Anlaß der „Russischen Naturforscherwoche“ 1927 in Berlin hielt [14, 33, 34]. Sie erschienen 1929/1930 unter dem Titel „Geochemische Migration der Elemente“ in deutscher Sprache [36, 37].

Fersman nutzte mehrfach deutsche Publikationsorgane, um in ihnen die wirtschaftlichen und wissenschaftlichen Errungenschaften der jungen Sowjetunion zu propagieren [31—41]. Zwei seiner Arbeiten wurden in Leipzig sogar in Esperanto herausgebracht: „Die Chemie des Universums“ [46] und „Der Weg der Wissenschaft in die Zukunft“ [47].

Sein auf der theoretischen Verallgemeinerung und Durchdringung aller damaligen geochemischen Fakten und Erkenntnisse basierendes Hauptwerk ist die vierbändige „Geochemie“, die zwischen 1933 und 1939 erschien [20]. Nach einer Äußerung von Smirnov stellt dieses Werk die Deklaration einer neuen Wissenschaft, ihre Untermauerung und die Widerspiegelung des derzeitigen Entwicklungsstands dieser Wissenschaft dar. Band I enthält die geschichtliche Entwicklung der Geochemie, die Lehre von den Clarkes und vom Aufbau der Geosphären; Band II behandelt die geochemischen Prozesse und ihre Ergebnisse; Band III die auf dem Periodensystem basierenden geoenergetischen Theorien, die Gitter- und Ionenenergien (EK-Werte), die geochemischen Fragen der Paragenese und die Theorie des Paragens sowie die geochemischen Aureolen und die Dispersion und Konzentration der Elemente. Band IV enthält Abhandlungen zur Geochemie einzelner Elemente. Leider konnte er die geplanten Bände V und VI, die die Fragen der Topogeochemie und der regionalen Geochemie enthalten sollten, nicht mehr vollenden.

FERSMAN gab folgende Definition der Geochemie: „Die Geochemie erforscht die Geschichte der chemischen Elemente und Atome in der Erdkruste und ihr Verhalten bei verschiedenen thermodynamischen und physikochemischen Bedingungen der Natur“ [20, Bd. I, S. 26].

Die praktische Anwendung der Geochemie hatte FERSMAN stets besonders verfolgt. So veröffentlichte er unter anderem die Beiträge „Chemische Probleme der Industrie“ [9], „Geochemische Probleme der Union“ [10], „Die Perspektiven der Verbreitung der Bodenschätze auf dem Territorium der Union“ [19] und 1940 die umfangreiche Arbeit „Die geochemischen und mineralogischen Methoden der Suche mineralischer Rohstoffe“ [22], in der er die vielseitigen rationellen Möglichkeiten geochemischer Suchmethoden aufzeigte. Er kam zu dem bemerkenswerten Schluß, daß „die Gesetze der Geochemie die Menschheit vor die Aufgabe stellen, technische Lösungen zur Nutzung armer zerstreuter Erze zu suchen“ [20, Bd. II, S. 313]. Es war demzufolge logisch, daß er sich auch der technologischen Erforschung zur Verbesserung der Materialeigenschaften und der komplexen Gewinnung von Nutzkomponenten widmete [16].

Beeindruckt von den Möglichkeiten, die das Flugzeug für die geologische Forschung bietet, widmete er sich über viele Jahre der Aerogeologie und publizierte hierüber etliche Artikel [32].

FERSMAN hatte sich wiederholt mit der Rolle der Steine bei der Entwicklung der menschlichen Kultur beschäftigt. Seiner Feder entstammen Arbeiten über die Edel- und Schmucksteine Rußlands [5, 6] und ein „Grundriß zur Geschichte der Steine“ in zwei Bänden [26].

Abschließend sei auf das umfangreiche populärwissenschaftliche Werk FERSMANS hingewiesen. Seine Bücher „Unterhaltsame Mineralogie“, „Erinnerungen an Steine“, „Meine Reisen“, „Unterhaltsame Geochemie“ fanden große Verbreitung und wurden in etliche Sprachen übersetzt [41—44].

Nach dem Tode FERSMANS gab die Akademie der Wissenschaften der UdSSR von 1952—1962 seine ausgewählten Werke in sieben Bänden [27] und eine Sammlung kleinerer Arbeiten heraus [25].

FERSMAN äußerte sich im Verlaufe seines Lebens häufig zu philosophischen Grundfragen seiner Zeit. Er trat stets als Verfechter materialistischer Gedanken auf, wobei er sich im Laufe der Zeit vom „naiven“ Materialismus des Naturforschers zum Verfechter des dialektischen und auch historischen Materialismus entwickelte. Die Ausarbeitung der neuen Wissenschaft Geochemie verlangte die Klärung des philosophisch-weltanschaulichen Standpunkts, und dieses Ringen widerspiegelt sich z. B. in seinen frühen „Grundrissen zur Geochemie“ von 1912 und 1913 [2, 3]; letztere Arbeit trägt den Untertitel „Existiert eine Grenze für unsere Naturerkenntnis?“, oder im Abriß von 1922 „Errungenschaften der Wissenschaft (die Erfolge EINSTEINS und ARRHENIUS’)“ [8]. Diese materialistische Weltanschauung verband sich bei FERSMAN mit dem Enthusiasmus des sozialistischen Aufbaus in der UdSSR und beides sicherte ihm bei der Lösung von wirtschafts- und staatspolitischen Aufgaben einen realistischen, dabei oft bereits weit in die Zukunft weisenden Standpunkt [9, 15, 16, 19, 23, 24, 38, 39].

Das wissenschaftliche Werk A. E. FERSMANS ist, wie die angeführte Literaturauswahl zeigt, noch heute von großer Aktualität. Gleichzeitig läßt diese erste Analyse erkennen, welch geringer Teil seines Lebenswerks dem Leser außerhalb der UdSSR bekannt ist. Das gilt auch für uns, was um so bedauerlicher ist, da FERSMAN einen Teil seiner Arbeiten in deutscher Sprache veröffentlichte. Es dürfte an der Zeit sein, das Werk dieses Mitbegründers, Theoretikers und Popularisators der Geochemie auch in der DDR umfassender zu erschließen.

Bibliographie

Arbeiten in russischer Sprache

[1] Kurs geochimij. — St. Petersburg: 1912. 2 S.
[2] Očerki po geochimii. Zadači sovremennoj mineralogii. — Priroda, (1912) 7—8, S. 859—872.
[3] Očerki po geochimii. Suščestvujut li granicy našemu poznaniju prirody?. — Priroda, (1913) 3, S. 301—310.
[4] Chimiko-techničeskij spravočnik, č. 1. — Petrograd: NCHTI 1918. 158 S.
[5] Dragocennye i cvetnye kamni Rossii. Bd. 1. — Petrograd: 4. gos. tip. 1919. 420 S.
[6] Samocvety Rossii. Bd. 1. — Petrograd: Ross. Akad. nauk 1921. 214 S.
[7] Geochimija Rossii. — Petrograd: NVHTI 1922. 214 S.
[8] Zavoevanija nauki (Dostiženija Ejnštejna i Arreniusa). — Nauka i technika, (1922) 1, S. 4—8.
[9] Chimičeskie problemy promyšlennosti. — Leningrad: NCHTI 1924. 52 S.
[10] Tuja-Mujunskij radievyj rudnik. — Priroda, (1924) 1—6, S. 57—88.
[11] Geochimičeskie problemy sernych bugrov v pustyne Karakumy. In: Sernaja problema v Turkmenistane. — Leningrad: 1926. S. 55—88.
[12] Geochimija Urala. General'nyj plan chozjaistva Urala. — Sverdlovsk: Uralplan 1927. S. 41 bis 46.
[13] K morfologii i geochimii Tjuja-Mujuna. — Trudy izuč. radija, 3 (1927), S. 1—93.
[14] Nedelja sovetskich učenych v Berline i ee meždunarodnoe značenie. — Naučnyj rabotnik, (1927) 9, S. 76—83.
[15] Apatito-nefelinovaja problema Chibinskich tundr. — Leningrad: GCHTI 1929. 96 S.
[16] Mineral'nye syr'e v promyšlennosti buduščego. In: Materialy po chimizacii narodnogo chozjajstva SSSR, 4. — 1929. S. 71—73 (hierin auch andere Artikel Fersmans).
[17] Pegmatity. Ich naučnoe i praktičeskoe značenie. Bd. 1. — Leningrad: Akad. nauk SSSR 1931. 646 S.
[18] Geochemičeskie problemy Sojuza. Očerk pervyj. Osnovnye čerty geochimii Sojuza. — Leningrad: Akad. nauk SSSR 1931. 39 S.
[19] Perspektivy rasprostranenii poleznych iskopaemych na territorii Sojuza. — Leningrad: Akad. nauk SSSR 1932. 78 S.
[20] Geochimija. Bd. 1. Leningrad: GCHTI 1933. 328 S.; Bd. 2. Leningrad: ONTI Chimteoret 1934. 354 S.; Bd. 3. Leningrad: GCHTI 1937. 503 S. Bd. 4. Leningrad: GNTI chim. lit. 1939. 355 S.
[21] Mineralogija i geochimija Chibinskich i Lovozerskich tundr. XVII. Meždunarodnyj geologičeskij kongress. Putevoditel. Severnaja ėkskursija. Kol'skij poluostrov. — Leningrad—Moskva: 1937. S. 94—106.
[22] Geochimičeskie i mineralogičeskie metody poiskov poleznych iskopaemych. — Moskva—Leningrad: Akad. nauk SSSR 1940. 446 S.
[23] Poleznye iskopaemye Kol'skogo poluostrova. Sovremennoe sostojanie. Analiz. Prognoz. — Moskva—Leningrad: Akad. nauk SSSR 1941. 345 S.
[24] Vystuplenie na antifašistskom mitinge učenych, sostojavšemsja v Moskve 12 oktjabrja 1941 g. — Vestn. Akad. nauk SSSR, (1941) 9—10, S. 10—12.
[25] Očerki po mineralogii i geochimii. — Moskva: Akad. nauk SSSR 1959. 200 S.
[26] Očerki po istorii kamnja. — Moskva: Akad. nauk SSSR. Bd. 1. 1954. 371 S.; Bd. 2. 1961. 371 S.
[27] Izbrannye trudy. — Moskva: Akad. nauk SSSR. Bd. 1. 1952. 862 S.; Bd. 2. 1953. 768 S.; Bd. 3. 1955. 798 S.; Bd. 4. 1958. 588 S.; Bd. 5. 1959. 858 S.; Bd. 6. 1960. 742 S.; Bd. 7. 1962. 592 S.

Arbeiten in deutscher Sprache

[28] Über die Palygorskitgruppe. — Izd. Akad. nauk, 6. ser., St. Petersburg 2 (1907) 3, S. 255—274.
[29] Goldschmidt, V.; Fersman, A.: Der Diamant. — Heidelberg: C. Winters Universitätsbuchhdlg. 1911. 274 S.
[30] Über die magmatischen Pegmatite des Urals. — Dokl. Akad. nauk SSSR., A, (1925) 4—6, S. 69—72.

[31] Die Mineralien der Chibina und Lujavr Tundren. — N. Jb. Mineral. etc., Abh., Abt. A, Stuttgart 55 (1926), S. 34—46.
[32] Flugzeug in der geologischen und geographischen Forschung. Eindrücke beim Flug Berlin—Moskau. — Geologie, Leipzig (1927) 42, S. 1076—1079.
[33] Zur russischen Naturforscherwoche in Deutschland. — Deutsch-russ. mediz. Z., Berlin (1927) 6, S. 333—335.
[34] Die russische Forscherwoche in Berlin. — Osteuropa, Berlin **2** (1927) 8—9, S. 462—465.
[35] Die Schriftstruktur der Granitpegmatite und ihre Entstehung. — Z. Kristallogr., **69** (1928) 1—2, S. 77—104.
[36] Die Migration der chemischen Elemente in der Erdrinde und ihre wissenschaftliche und praktische Bedeutung. In: Die Naturwissenschaft in der Sowjetunion. — Berlin: Ost-Europa Verl. 1929. S. 96—122.
[37] Geochemische Migration der Elemente. — Abh. prakt. Geol. Bergwirtschaftslehre, Halle **18** (1929) 1, 116 S.; **19** (1930) 2, 86 S.
[38] Problem der Nichterze in der Weltwirtschaft. — Internat. Bergwirtschaft, Halle (1929) 17, S. 267—270.
[39] Die Organisation der Wissenschaft in der UdSSR. — Minerva-J., Berlin **5** (1929) 10—11, S. 173—177.
[40] Über die geochemische genetische Klassifikation der Granitpegmatite. — Mineral.-petrogr. Mitt., Heidelberg **41** (1931) 2, S. 200—213.
[41] Geochemische Diagramme. — N. Jb. Mineral. etc., Abh., Abt. A, Stuttgart 64 (1931), S. 663 bis 679, (Brauns-Festband).
[42] Erinnerungen an Steine. — Berlin: SWA-Verl. 1948. 102 S.
[43] Verständliche Mineralogie. — Berlin: Verl. N. Leben 1949. 288 S.
[44] Meine Reisen. — Berlin: Verl. N. Leben 1952. 159 S.
[45] Unterhaltsame Geochemie. — Berlin: Verl. N. Leben 1953. 376 S.

Arbeiten in Esperanto

[46] La Kemio de l'Universo. — Leipzig: Eldona Fako Kooperative 1925. 79 S. (Biblioteko Sennaciulo, Serio: Moderna Scienco; Sennaciesa Asocio Tutmonda. Serio: Moderna Scienco).
[47] La vojo al Scienco de Estondo (Der Weg der Wissenschaft in die Zukunft). Leipzig, Eldano Fako Kooperativa 1928. 52 S. (Biblioteko Sennaciulo, Serio: Moderna scienco; Sennacieca Asocio Tutmonda, Serio: Moderna Scienco).

Literatur über A. E. Fersman

[48] Perel'man, A. I.: Aleksandr Evgen'evič Fersman. Materialy k bibliografii učenych SSSR, ser. geol. nauk, Heft 19. — Moskva: izd. Nauka 1964.
[49] Pisarževskij, O. N.: Aleksandr Evgen'evič Fersman 1883—1945. — Moskva: izd. Molodaja gvardija 1955. 454 S.; 2. Aufl. 1959. 319 S.
[50] Saukov, A. A.: Fersman, Aleksandr Evgen'evič. In: Bol'šaja Sovetskaja Enciklopedija, 2. Aufl., Bd. 44. — Moskva: 1956. S. 644—646.
[51] Šubnikova, O. M.: Očerk žizni i dejatel'nosti A. E. Fersmana. — Zap. vses. mineral. obšč., 2. ser., **75** (1946) 1, S. 55—64.

Literatur über A. E. Fersman in deutscher Sprache

[52] Fersman, Alexander. In: J. C. Poggendorff's biographisch-literarisches Handwörterbuch für Mathematik, Astronomie, Physik mit Geographie, Chemie und Kristallographie und verwandte Wissensgebiete. Bd. 6, 1923—1931. — Berlin: Verl. Chemie 1937: S. 728—730.
[53] Behrendt, F.: Fersmann, A., Geochemische Migration der Elemente, Halle 1929. Rez. in: Z. prakt. Geol., **38**, (1930) 7, S. 107—108; Geol. Cbl., Abt. A, Geol., **45** (1931) 4, S. 226—227.
[54] Fischer, W.: Gesteins- und Lagerstättenbildung im Wandel der wissenschaftlichen Anschauung. — Stuttgart: E. Schweizerbart'-sche Verlagsbuchhdl. 1961. S. 255ff.
[55] Gerasimovskij, V. I.; Ščerbina, V. V.: A. E. Fersmans Rolle in der Entwicklung der Wissenschaft über die nutzbaren Bodenschätze. — Geologie, Berlin **20** (1971) 6/7, S. 715—719.

[56] Gordeev, D. I.; Druščič, V. V.; Tichomirov, V. V.: Zur Geschichte der deutsch-russischen Wechselbeziehungen auf dem Gebiet der Geologie. — Z. geol. Wiss., Berlin 4 (1976) 1, S. 21—31.
[57] Krut'ov, G. A.: Wissenschaftliche Beziehungen in der Lehre über die Mineralparagenese. — Z. geol. Wiss., Berlin 4 (1976) 2, S. 237—244.
[58] Lebedev, V. I.: Die geoenergetische Theorie A. E. Fersmans und ihre Entwicklung in einem Vierteljahrhundert. — Freiberger Forsch.-H., C, Berlin (1960).
[59] Leutwein, F.; Sommer-Kulaszewski, M.: Allgemeine Mineralogie. Lehrbriefe. — Freiberg, Bergakad., HA Fernstudium 1958.
[60] Scheumann, K.-H.: Alexander Evgenievich Fersman. — Fortschr. Mineral., 26 (1950), S. 21.

Neue Veröffentlichungen über A. E. Fersman und weniger bekannte Arbeiten Fersmans

[61] Fersman, A. E.: V. I. Lenin i izučenie proizvoditel'nych sil SSSR. — Vestn. Akad. nauk SSSR, (1940) 4/5. S. 64—73. In: Problemy mineral'nogo syr'ja. — Moskva: izd. Nauka 1975. S. 5—13.
[62] Fersman, A. E.: Kompleksnoe ispol'zovanie iskopaemogo syr'ja. — Leningrad: 1932. In: Problemy mineral'nogo syr'ja. — Moskva: izd. Nauka 1975. S. 14—22.
[63] Fersman, A. E.: Problema redkich elementov. Materialy po chimizaci narodnogo chozjajstva SSSR, 4 (1929), S. 95—103. In: Problemy mineral'nogo syr'ja i redkich elementov, Heft 11. — Moskva: IMGRE 1976. S. 5—8.
[64] Ginzburg, A. I.: Razvitie idej A. E. Fersmana o tipomorfizme mineralov. — Zemlja i vselennaja, Moskva (1977) 3, S. 49—53.
[65] Petruševskij, B. A.: Kakim ja pomnju Aleksandre Evgen'eviča Fersmana. — Zemlja i vselennaja, Moskva (1977) 3, S. 54—58.
[66] Ščerbina, V. V.: Interesy A. E. Fersmana v oblasti kosmochimii i planetarnoj geologii. — Zemlja i vselennaja, Moskva (1977) 3, S. 45—48.

Das Leben und die wissenschaftlichen Leistungen von A. E. Fersman werden umfassend in den folgenden zwei Sammelbänden gewürdigt:

[67] Autorenkollektiv: Problemy mineral'nogo syr'ja. — Moskva: izd. Nauka 1975.
[68] Autorenkollektiv: Problemy mineral'nogo syr'ja i redkich elementov. Bd. 11. — Moskva: izd. IMGRE 1976.

Manuskripteingang: 22. Februar 1977

Anschrift des Autors:

Dr. P. Krüger, Zentrales Geologisches Institut
DDR - 104 Berlin, Invalidenstraße 44

Schriftenr. geol. Wiss. · Berlin 14 (1979) · S. 153—162

Afrikan Nikolaevič Kryshtofovich (1885—1953)

Von Rudolf Daber, Berlin

Mit 2 Abbildungen

Afrikan Nikolaevič Kryshtofovich war einer der bedeutendsten Vertreter der Paläobotanik in der ersten Hälfte unseres Jahrhunderts. Seit 1914 Mitarbeiter des Geologischen Komitees in Petersburg/Leningrad nahm er an zahlreichen Expeditionen nach Sibirien und Sachalin teil und bearbeitete die reichhaltigen Floren des Jura des Ussuri-Gebiets (1910, 1916, 1932), der oberen Kreide von Sachalin (1923, 1936) und des Tertiärs zahlreicher Fundorte der UdSSR (1911—1965). Wichtige Werke zur Florenentwicklung des Tertiärs erschienen noch nach seinem Tode. Grundlegend sind seine theoretischen Ausführungen zur Ausbreitung der Oberkreide- und Tertiärfloren und zu ihrer pflanzengeographischen Existenz in Form von Zonen in Europa und Asien. Für sein bisher in vierter Auflage (1957) erschienenes Lehrbuch „Paläobotanik" (erste Auflage 1941) erhielt A. N. Kryshtofovich 1946 den Stalinpreis.

1945 wurde er Mitglied der Ukrainischen Akademie der Wissenschaften, 1953 Korrespondierendes Mitglied der Akademie der Wissenschaften der UdSSR.

Африкан Николаевич Крыштофович был одним из выдающихся представителей палеоботаники первой половины нашего столетия. С 1914ого года он был сотрудником Геологического комитета в Петерсбурге/Ленинграде и участвовал во многих экспедициях в Сибирь и на Сахалин. Он изучал богатые флоры юрских отложений Уссурийского края (1910, 1916, 1932), верхнемеловых отложений Сахалина (1923, 1936) и третичных отложений многочисленных местонахождений СССР (1911—1965). Важные труды его о развитии флор третичного возраста появились лишь посмертно. Основополагающими являются его теоретические труды и расселении верхнемеловых и третичных флор и фитогеографической зонельной дифференциями Европы и Азии. За вышедший первым изданием в 1941ом году учебник „Палеоботанику" А. Н. Крыштофович получил в 1946 году Сталинскую премию; последний, четвертый тираж его вышел в 1957ом году. В 1945ом году он стал членом Академии наук УССР, в 1953ом году — членом-корреспондентом Академии наук СССР.

Afrikan Nikolaevich Kryshtofovich was one of the most important representatives of palaeobotany in the first half of our century. He was a fellow-worker of the Geological Commitee in St. Petersburg/Leningrad since 1914, participated in numerous expeditions to Siberia and Sakhalin, and studied the abundant Jurassic floras of the Ussuri district (1910, 1916, 1932), those of the Upper Cretaceous of Sakhalin (1923, 1936), as well as of the Tertiary of numerous localities of the U.S.S.R. (1911—1965). Important papers on the floral development of the Tertiary were only published after his death. His theoretical descriptions of the distribution of Upper Cretaceous and Tertiary floras, with the inclusion of their phytogeographical existence in the form of zones in Europe and Asia, are of fundamental importance. For his textbook on "Palaeobotany" so far published in a fourth edition in 1957 (first edition in 1941) Kryshtofovich was awarded the Stalin Prize in 1946. In 1945 he became a member of the Ukrainian Academy of Sciences, and, in 1953, a corresponding member of the Academy of Sciences of the U.S.S.R.

Afrikan Nikolaevič Kryshtofovich wurde am 9. November 1885 im Dorf Kryshtopowka bei Pawlograd (Bezirk Dnjepropetrowsk) geboren und erhielt seine Ausbildung an der Oberschule sowie an der Neurussischen Universität in Odessa. In den Jahren 1903—1908 studierte er in Odessa Botanik. 1911—1914 lehrte er bereits Paläobotanik in Odessa und befaßte sich mit der Bearbeitung fossiler Floren des Jura des Ussuri-Gebiets (1910), des Tertiärs Wolhyniens (1911, 1912) und der oberen Kreide von Uralsk

(1914). Seit 1914 finden wir ihn als Mitarbeiter des Geologischen Komitees in Petersburg/Leningrad.

Wie seine ersten Arbeiten belegen, begann er seinen Weg als Botaniker. Als Student publizierte er Aufsätze über die Krimflora, befaßte sich mit der Orchidee *Orchis comperiana* und untersuchte die Ursachen der Waldlosigkeit des Jaila-Gebirges auf der Krim. Er beschrieb die Besonderheiten dieser Gebirgsflora, die anstelle von alpinen und subalpinen Elementen nur Steppenelemente enthält. Die Entdeckung der oberkarbonischen Samenfarne, über die auf dem Internationalen Botanischen Kongreß in

Wien 1905 berichtet wurde, mögen ihn tief beeindruckt haben und veranlaßten ihn zu einem 1907 veröffentlichten ausführlichen Referat. Darin würdigt er den von D. H. Scott (1905) erzielten Erkenntnisfortschritt, der darin bestand, die Zusammengehörigkeit von bestimmten Stammstrukturen, Achsen, Kupulen, Samen und Gabelwedeln vom Typ *Lyginopteris hoeninghausi* bewiesen zu haben. Trotzdem behält Kryshtofovich in seiner Hochschulabschlußarbeit die botanisch-ökologisch-pflanzengeographische Grundausrichtung bei und beschreibt die Flora der südlichen Krim, des Baidar- und des Laspa-Tals, wobei er 600 Pflanzennamen aufführt! Er untersucht die Verteilung immergrüner Pflanzen und der mediterranen Elemente der Südküste der Krim und vertritt Gedankengänge biozönotischer Richtung, wobei er Besonderheiten floristischer und faunistischer Art zugleich im Auge hat.

Wichtig erscheint ihm für eine Untersuchung der Biologie der Pflanzen auch das

Wissen um die lange oder kurze Lebensdauer (Keimfähigkeit) von Samen und so klassifiziert er danach die höheren Pflanzen in Mikrobionten (Samen 1—3 Jahre keimfähig), Mesobionten (Samen 3—15 Jahre keimfähig) und Makrobionten (Samen 15 bis 25 Jahre keimfähig). Es wird berichtet, daß KRYSHTOFOVICH noch in seinem letzten Lebensjahr mit Samen von *Nelumbo* (Lotosblume) aus China derartige Keimversuche machte.

Seine botanisch-geographischen Interessen konzentrierten sich nicht nur auf die Krim, sondern wandten sich den Steppen in Südrußland und der Provinz von Irkutsk zu. Dabei gelangte er zur Erkenntnis der wichtigen Rolle der Steppengebiete in der geologischen Geschichte Rußlands. Er sammelte alle Gesichtspunkte der Botaniker und Geographen in bezug auf Böden, Flora, Vegetation und begann schließlich Kartenskizzen der Änderung der geographischen Landschaft zu zeichnen. Nicht zuletzt auf diese Weise wurde er zu paläobotanischen Problemen geführt und lenkte schließlich selbst die Aufmerksamkeit der Botaniker auf die ehemaligen Konturen des sarmatischen und pontischen Meers und die daraus resultierende Wechselwirkung zum Klima und zur Vegetation des jungtertiären Festlands (1914).

Aus dieser seiner ersten botanischen Entwicklung übernahm KRYSHTOFOVICH für seine große paläobotanische Schaffensperiode die für ihn so typische breite paläogeographische Betrachtung des Faktenmaterials. Während sich andere Autoren mehr mit einzelnen Pflanzen und Arten beschäftigten, hat er sich mit Floren und Florenentwicklungen befaßt. Er strebte eine Geschichte der Florenentwicklung der ganzen Erde an. Davon legen Arbeiten wie „Die Grönland-Tertiärflora des Nordural und die botanisch-geographischen Provinzen der Tertiär-Periode“ (1928) Zeugnis ab. Nach seinem Tode erschienen die Arbeiten „Die Entwicklung der pflanzengeographischen Gebiete der Nordhalbkugel während des Tertiärs“ (1955) und „Herkunft der xerophytischen Pflanzenformation im Licht der Paläobotanik“ (1954).

Groß sind seine Verdienste um die Erforschung der Jura- und Kreidefloren in der UdSSR und zahlreiche heute berühmte Fundorte wurden zuerst von ihm bearbeitet. In den Jahren 1917—1924 war er im Auftrage des Geologischen Komitees in Wladiwostok tätig. Etwa 15 Jahre lang nahm er an zahlreichen geologischen Expeditionen in den Fernen Osten unter schweren Bedingungen teil. KRYSHTOFOVICH verfügte über ein großes Wissen, das der Praxis der Arbeit entstammte. Er pflegte vielfältige Kontakte zu einem breiten Kreis von Geologen, die die weiten Gebiete der UdSSR untersuchten. Im Jahre 1941 stellte er einen Katalog der fossilen Pflanzen der UdSSR zusammen, der der erste und bisher einzige Führer durch die fossilen Pflanzen und die Literatur darüber in der UdSSR geblieben ist. Auch ausländische Fachliteratur übersetzte er zusammen mit V. M. KRISTOV in das Russische und machte sie so seinen Landsleuten zugänglich. Erwähnt seien: R. KRÄUSEL „Die paläobotanischen Untersuchungsmethoden“ (1929/1932) and A. C. SEWARD „Plant Life through the Ages“ (1933/1936).

Vorlesungen und Kurse hat er an verschiedenen Universitäten gehalten und über die Fortschritte der Paläobotanik der UdSSR berichtete er in Sammelreferaten. In der Geographischen Gesellschaft der UdSSR war er aktiv tätig und die Allunionsgesellschaft für Paläontologie wählte ihn zu ihrem Vorsitzenden. Ebenso war er in der Geologischen Gesellschaft Chinas, Englands und der USA Mitglied bzw. Ehrenmitglied.

International bekannt wurde sein Lehrbuch „Paläobotanik“, das 1941 erschien (4. Auflage 1957). Für dieses Lehrbuch erhielt KRYSHTOFOVICH 1946 den Stalinpreis.

Seit dem Jahre 1948 kam er wieder jedes Jahr zusammen mit seiner Ehefrau Wera nach Odessa und las dort an der Universität die „Paläobotanik“ (1951—1952), hielt Vorträge und leitete die Arbeit des wissenschaftlichen Nachwuchses. In Odessa wohnte er im Botanischen Garten der Universität in der Nähe des Meeres.

Es sind uns mehrere Bilder von ihm überliefert und in Sammelwerken abgedruckt. In der Schrift „Die Wissenschaftler des Geologischen Komitees“ ist er als Student (1903) und in der ihm zu Ehren herausgegebenen Festschrift des Komarov-Instituts der Akademie der Wissenschaften der UdSSR (1957) ist er als 25jähriger mit einem Hammer in der rechten und einem Pflanzenfossil in der linken Hand abgebildet. Im zweiten Band seiner gesammelten Schriften (1962) finden wir ihn mit Wickelgamaschen, Schreibmaschine schreibend in einem Expeditionszelt in Sachalin im Jahre 1929 44jährig nun bereits den charakteristischen, wenig behaarten Kopf über die Arbeit geneigt zeigend. Etwa aus der gleichen Zeit (1925) stammt ein Gruppenbild, wiedergegeben in seiner sehr lesenswerten „Geschichte der Paläobotanik der UdSSR" (1956), das ihn am Arbeitstisch stehend zusammen mit Frau Prof. Dr. M. F. Neuburg, Prof. Dr. I. V. Palibin und Prof. Dr. M. D. Zalesskij umgeben von hohen Sammlungsschränken zeigt. Dieses ist vielleicht das sprechendste Bild, das uns von dieser bedeutenden sowjetischen Paläobotanikergeneration überliefert ist. Das letzte Lebensbild (1950) zeigt ihn 65jährig, freundlich lächelnd in einem Korbstuhl im Botanischen Garten von Odessa sitzend, veröffentlicht im Band III seiner gesammelten Werke (1966). Aber vielleicht ist das ebenfalls in diesem Band wiedergegebene Bild, das ihn 65jährig am mit Schriften und Büchern vollgepackten Arbeitstisch sitzend zeigt, hinter ihm eine Bücherwand, mit schmucklosem Arbeitskittel, in sich gekehrt und konzentriert halb auf ein kleines Fossil in seiner linken Hand, halb auf den vor ihm liegenden Text eines Buches blickend, ein Lineal als zufälliges Lesezeichen, die Lupe in der rechten Hand, das einzig wirkliche Bild, das ihn im Arbeitsprozeß wiedergibt. Weitere Bilder zeigen ihn en face, so in der 4. Auflage seines nach seinem Tode erschienenen Lehrbuchs.

Immer war es A. N. Kryshtofovich ein Bedürfnis, sich als Paläobotaniker in einer Folge von Paläobotanikergenerationen der ganzen Welt zu verstehen. In dieser Art ist seine „Geschichte der Paläobotanik der UdSSR" (1956) ein ganz eigener und wesentlicher Beitrag zur Geschichte der Wissenschaften in der UdSSR. Im Kapitel zur Geschichte der Paläobotanik bildet er folgende 16 Persönlichkeiten ab: O. Heer (1809—1883), J. Velenovsky (1858—1949), D. H. Scott (1854—1934), A. C. Seward (1863—1941), A. Brongniart (1801—1876), D. de Saporta (1823—1895), E. Berry (1875—1945), W. Gothan (1879—1954), B. Sahni (1891—1949), A. Nathorst (1850—1921), C. Merklin (1821—1904), M. D. Zalesskij (1877—1946), A. N. Krassilov (1862—1914), I. V. Palibin (1879—1949), K. K. Šaparenko (1908—1941), A. V. Jarmolenko (1905—1944).

Während seines ganzen Lebens fühlte sich A. N. Kryshtofovich mit der Universität Odessa verbunden. Seine Dissertation „Über die Kreideflora Sachalins" verteidigte er 1926 in Odessa. Er starb am 8. November 1953.

Eine beachtenswerte und zu bewundernde Eigenart der Wissenschaftsentwicklung in der UdSSR besteht wohl darin, daß über die erzielten wissenschaftlichen Leistungen viel gewissenhafter Buch geführt wird, als dies bei uns üblich war und ist. Die Herausgabe fast aller wissenschaftlichen Arbeiten von Kryshtofovich in Form von drei Sammelbänden (1959, 1962, 1966) der Akademie der Wissenschaften der UdSSR (V. L. Komarov Botanisches Institut) und die Veröffentlichung von umfangreichen Kryshtofovich-Manuskripten, lange Jahre nach seinem Tode (1953 bis 1971!) ist eine ganz beachtliche Leistung, die der Paläobotanischen Forschung, dem Ansehen der sowjetischen Wissenschaft in der Welt und einer konsequenten, intensiven wissenschaftlichen Buchführung dient, die nichts an erzielten Ergebnissen verlorengehen läßt.

Eine ähnliche Arbeitsweise lassen einige von Kryshtofovich verfolgte Themen erkennen. Die Kreideflora Sachalins z. B. wird mehrfach im Abstand von einigen Jahren neu bearbeitet und man erkennt beim Vergleich der Arbeiten, z. B. derjenigen von 1937 (wiedergegeben im Band II, S. 211—289, 1962) und der Neubearbeitung durch Kryshtofovich und Baikovskaja 1960 den Anreicherungsprozeß. Offenbar besteht darin eine Linie der wissenschaftlichen Arbeit und gleichzeitig der Sorge um die Erhaltung des erreichten Wissensniveaus.

Kryshtofovich hat in seiner „Geschichte der Paläobotanik der UdSSR" (1956) nicht nur einen großen historischen Überblick, sondern auch eine gewissenhafte Liste seiner eigenen Arbeiten hinterlassen. Eine Liste aller Publikationen von Kryshtofovich ist

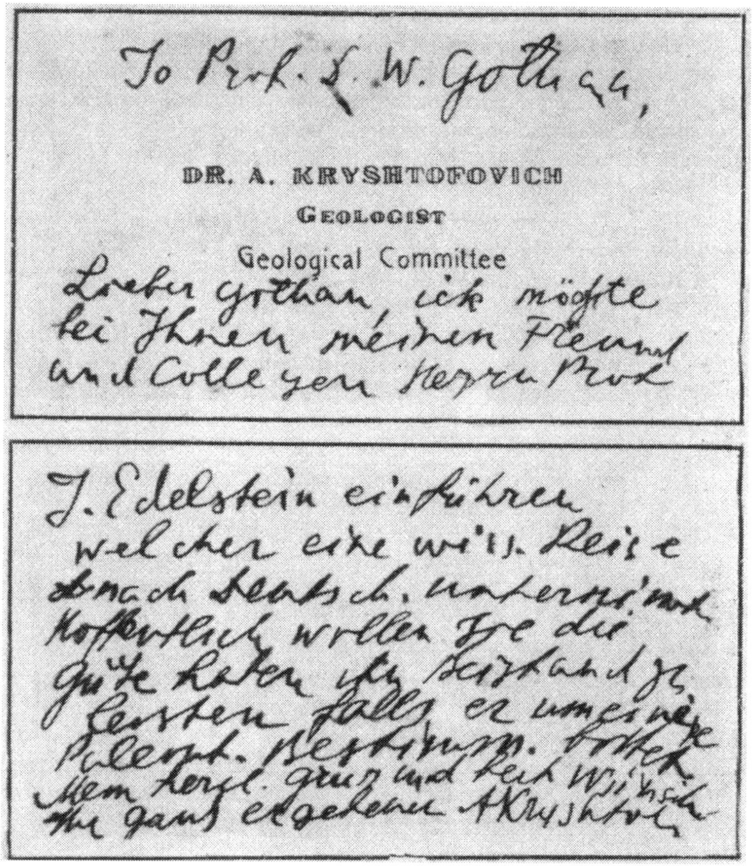

Abb. Visitenkarte von A. N. KRYSHTOFOVICH mit kurzen Zeilen an W. GOTHAN

im Band I seiner Gesammelten Werke, S. 467–484, abgedruckt, sie enthält 471 Titel bis 1958. Die erstgenannte von KRYSHTOFOVICH gegebene Liste darf als Aufzählung der allerwichtigsten Titel aufgefaßt werden, weshalb sie hier am Ende des Beitrages wiedergegeben wird. Wer sich ausführlicher und genauer informieren will, kann auf diese beiden Literaturverzeichnisse verwiesen werden.

KRYSHTOFOVICH war, wie sein historischer Überblick (1956) verdeutlicht, nicht der erste Paläobotaniker Rußlands und unter den Paläobotanikern der ersten Hälfte dieses Jahrhunderts nicht der älteste, aber sicherlich war er derjenige Paläobotaniker, der den entscheidenden Anteil daran hatte, daß in der UdSSR eine eigenständige Paläobotanik mit internationalem Ansehen entstand. So wurde er 1941 zum Verfasser eines nunmehr in vierter Auflage vorliegenden umfangreichen Hochschullehrbuchs der Paläobotanik, das sowohl internationales und klassisches Wissen wie auch in der UdSSR erzielte paläobotanische Ergebnisse in sich vereinigt. Das Buch ist reich bebildert und enthält Wiedergaben von Originalen zahlreicher Sammlungen (darunter auch der DDR), von mikroskopischen Präparaten (z. B. von R. FLORIN) und Rekonstruktionszeichnungen (z. B. von M. HIRMER, K. MÄGDEFRAU, B. SAHNI, R. FLORIN, um nur ganz wenige Namen zu zitieren). KRYSHTOFOVICH gehört ebenso wie W. GOTHAN zu den Paläobotanikern, die uns keine Rekonstruktion irgend einer fossilen Pflanze hinterlassen haben. Das

Lehrbuch belegt aber, wie gewissenhaft KRYSHTOFOVICH über erzielte Fortschritte auf dem Gebiet der Rekonstruktion fossiler Pflanzen Buch führte.

Das Lebenswerk KRYSHTOFOVICHS könnte nach zwei, drei Themen gegliedert werden. Ein Themenkomplex wäre den ältesten Floren, ein Themenkomplex den mesozoischen und der eigentliche, große Themenkomplex den jüngeren, Oberkreide- und Tertiär-Floren gewidmet. Sicherlich reizte ihn die Problematik älterer Floren, doch bis auf wenige Arbeiten im Altpaläozoikum hatte er wohl berücksichtigt, daß sich hiermit schon einige seiner Zeitgenossen intensiv befaßten. Trotzdem hinterließ er uns in Form seiner *Aldanophyton*-Arbeit 1953 ein großes Rätsel der Evolution der Pflanzenwelt. Er beschrieb aus eindeutig durch Fauna als Kambrium belegten Schichten aus dem Aldanplateau in Sibirien eigenartige Pflanzenreste als Vorläufer bärlappartiger Urlandpflanzen (Band III, S. 30—33). Vermutlich handelt es sich um noch nicht auf dem Lande lebende Meerestange und bisher ist es nicht gelungen, davon mikroskopische Präparate herzustellen; trotzdem ist dies ein grundsätzlicher Beitrag zur Problematik der ältesten Flora der Küstenzonen.

Bereits 1927 (Band III, S. 34—39) beschrieb KRYSHTOFOVICH Unterdevonpflanzenreste aus dem Ural, aus Turkestan sowie Sibirien und machte damit auf Fundpunkte aufmerksam, über die später andere sowjetische Verfasser umfangreiche Arbeiten veröffentlichten. Oft waren die KRYSHTOFOVICH zu seiner Zeit zur Verfügung stehenden Reste nur bruchstückhaft, wie z. B. zu seiner Notiz 1933 über *Archaeopteris*- und andere Funde aus der Timansk-Tundra (Band III, S. 48—50), doch sie genügten zum Nachweis.

Mit seiner 1910 veröffentlichten Arbeit über die Juraflora des Ussuri-Gebiets begann KRYSHTOFOVICH mit einer Tradition, der er selbst mit mehreren weiteren Arbeiten folgte und die nach seinem Tode z. B. von VAKHRAMEEV und DOLUDENKO mit der Bearbeitung des Bureja-Beckens (1961) eindrucksvoll fortgeführt wurde. KRYSHTOFOVICH hatte sich 1910 und 1915 mit *Cladophlebis*-Arten, *Taeniopteris* und *Macrotaeniopteris*, *Nilssonia*, *Ginkgo*, *Czekanowskia* und *Phoenicopsis*, mit *Coniopteris*, *Eboracia* und *Todites* befaßt und damit die Linie für spätere Bearbeitungen festgelegt. Bereits im Jahre 1916 folgte die erste größere Erweiterung der Kenntnisse, 1923/1924 konnte er *Pleuromeia*- und *Hausmannia*-Funde bekannt geben. Allein mit diesen frühen mesozoischen Arbeiten aus dem Fernen Osten der UdSSR hat sich KRYSHTOFOVICH bleibende Verdienste erworben. Ein besonders eindrucksvoller Fund einer Bennettiteen-Blüte aus der Kollektion von A. G. KUNECOV (1918 gesammelt), wurde von ihm als *Williamsonia pacifica* KRYSHT. veröffentlicht (Band I, S. 129, Taf. XVI). Auch die Unterkreidefunde von *Marchantites Yabei* KRYSHT. und *Weichselia reticulata* im südlichen Ussuri-Gebiet (Band I, S. 135, Taf. VI) sind erwähnenswert. In neuerer Zeit befaßte sich V. A. KRASSILOV (1967, 1976) mit den Kreidefloren des Amur-Gebiets im Hinblick auf das frühe Auftreten der ersten Bedecktsamer.

KRYSHTOFOVICHS Hauptanliegen ist es wohl gewesen, den großen Florenwandel in der Kreide- und Tertiärzeit zu erforschen und dabei insbesondere die Vegetationsentwicklungen in den weiten Räumen Asiens und des hohen Nordens im Verlauf der letzten 100 Millionen Jahre zu erfassen. Dabei begann er mit der Korrektur der zu seiner Zeit herrschenden Ansichten über die weite Verbreitung miozäner Floren im Fernen Osten, in Alaska und Grönland. Er selbst faßt die während 40 Jahren erzielten Ergebnisse und Einsichten in einem 1955 erschienenen Aufsatz unter dem Titel „Die Entwicklung der pflanzengeographischen Gebiete der Nordhalbkugel während des Tertiärs" (Band I, S. 287—307) zusammen, der ein Programm für die tertiärpaläobotanische Forschung darstellt.

Er verweist auf die Unterschiede großer kontinentaler Gebiete einerseits und oft von Transgressionen betroffener Gebiete wie Mittel- und Westeuropa andererseits, insofern die Florenentwicklungen in ersteren kontinuierlicher verliefen, während sie in letzteren abrupte Unterbrechungen erfuhren, wobei Gründe und Ursachen für den Wandel dem Forscher verborgen bleiben.

Er nennt als großen Erforscher der Tertiärfloren im vorigen Jahrhundert O. Heer und erwähnt, daß dieser alle jene Floren altersmäßig zum Miozän stellte, die ihm seiner Schweizer-Heimat-Miozän-Flora ähnlich schienen, so auch die Alttertiärfloren und einen Teil der Oberkreidefloren Grönlands, Spitzbergens, Alaskas, Sachalins, der Flüsse Tschulym und Bureja und des Staates Nebraska in USA. Dabei blieb der wichtige Umstand unberücksichtigt, daß die in Grönland vorherrschende Gattung *Trochodendroides*, damals noch zu *Populus* gezählt, in ihrer in Grönland gefundenen Ausbildung in Europa unbekannt war. So entstand der falsche Schluß von einer geologisch lange Zeit gleichförmig vorherrschenden Flora in weiten Gebieten der Nordhalbkugel!

Nach dem ersten Versuch Englers (1879), die geographische Verteilung der Floren im Tertiär begrifflich zu fassen, widmeten sich Kryshtofovich und Palibin 1914/1915 diesem Problem. Dabei ergab sich, daß sich die Oberkreide/Tertiärflora sehr allmählich und ohne Einwanderer auf den Kontinentalgebieten der Nordhalbkugel entwickelte. Mit Ausnahme des Südrands und in Kasachstan waren immergrüne Angiospermen nicht vertreten. Erst 1929—1930 entwickelte Kryshtofovich für diese Florendifferenziertheit Begriffe, er unterschied eine „Turgai-Flora" von einer „Poltawa-Flora" mit immergrünen Elementen. Die Floren des grönländischen und nordsibirischen Gebiets wurden von ihm für älter als die beiden benannten Floren bestimmt (sogenanntes Thule-Florengebiet nach Seward 1939).

Ferner erkannte Kryshtofovich die Ausbreitung breitblättriger Turgai-Angiospermen in Gebiete, die vorher von der immergrünen Poltawa-Flora eingenommen waren, etwa zu Anfang des Tertiärs und mit starker Verspätung sich bis nach Westeuropa hin auswirkend.

Im Jahre 1953 faßt Kryshtofovich zusammen: In der Zeit vom Cenoman bis Senon hatte die Flora der Erde noch eine relativ eintönige Zusammensetzung und besaß Relikte der mesophytischen Flora. Neben Gattungen und Familien, die heute ausgestorben sind, bildeten sich bereits damals alle hauptsächlichen Familien der heutigen Flora heraus. Die Nordhalbkugel war bis in die hohen nördlichen Breiten nicht oder nur schwach geographisch differenziert, allerdings deutet die Nordgrenze der damaligen Verbreitung der Palmen bereits auf eine solche schwache Differenzierung hin. Bemerkenswert ist auch, daß Relikte der Oberkreideflora heute in gemäßigten Breiten fortexistieren (*Ginkgo*, *Metasequoia*, *Cercidiphyllum*, *Platanus*) nicht aber in tropischen Zonen. Die nachfolgende klimatisch bedingte Differenzierung der beiden Floren führt Kryshtofovich auf später entstandene Arteigentümlichkeiten dieser Floren zurück, Arteigentümlichkeiten, die sich von den oberkreidezeitlichen unterscheiden.

Aus der Oberkreideflora entwickelte sich im Paläozän nach Kryshtofovich von Belgien bis zur Wolga und in Asien eine Flora immergrüner Angiospermen mit Kastanien (*Dryophyllum*), *Dewalquea*, *Macclintockia*, *Sabal*, *Cinnamomum*, *Persea*, *Litsea*, *Platanus* und gewissen großblättrigen Formen, die unter Namen wie *Grewiopsis*, *Cissites* und andere geführt werden. Zu gleicher Zeit entwickelte sich nördlich des 50.—55. Breitengrades im Nordosten Asiens, in Alaska, Kanada und der nördlichen USA eine Paläozänflora anderer Zusammensetzung, unter mehr gemäßigten klimatischen Bedingungen als heute. Ihr Anfangsstadium mag schon in der oberkreidezeitlichen Zagajan-Flora (von Kryshtofovich und Baikovskaja 1952 bearbeitet, s. Bd. III, S. 184—320) gelegen haben. Damit entstand auf dem sehr großen Territorium der Arktis, Nordasiens und Nordamerikas eine Flora, in der zahlreiche Arten von *Trochodendroides* — heute nur noch mit einer Art als Relikt von Japan bis Taiwan existierend — lebten, daneben Ulmen, Eichen, *Acer*, *Liquidambar*, *Myrica*, *Taxodium*, *Metasequoia*, *Macclintockia*. Beachtlich erwies sich die zum Teil gigantische Größe der Blätter gewisser Dikotylen dieser nördlichen Paläozänflora mit Längen bis zu 40 cm. Kryshtofovich bezeichnet die Unterschiede zwischen beiden Gebieten als ökologisch und floristisch bedingt. Deshalb nennt er das Ganze „Holarktisch-paläozäne Flora", aber unterscheidet nichtsdestoweniger zwei Zonen oder Territorien, eine nördliche „Grönländische" (Thule-Provinz) und eine südliche „Gelindener Paläozänflora".

In späterer Zeit wandelten sich die anfänglich ökologisch bedingten Unterschiede der beiden Florengebiete in zwei pflanzengeographische Gebiete um: „Turgai"- und „Poltawa-Flora" (nach der Benennung von Kryshtofovich). Die erstere erweiterte sich, beginnend im Alttertiär, auf Kosten des Poltawa-Gebiets. Die Pflanzenwelt des letzteren nun, die sich aus der Gelindener Pflanzenprovinz entwickelte, verlor ihre paläozänen Elemente wie *Dryophyllum* und *Dewalquae*; bestehen blieben die Palmen (*Nipa, Sabal*) und es vergrößerte sich die Bedeutung und Verschiedenartigkeit der Lorbeergewächse, der Myrtaceen und Proteaceen. Im Turgai-Gebiet dagegen ist das schnelle Aussterben der Arten von *Trochodendroides* charakteristisch, *Cercidiphyllum* blieb als Relikt erhalten. Nach Westeuropa zu erfolgte das Vordringen der großblättrigen Turgai-Flora langsam und immergrüne Elemente (z. B. *Cinnamomum*) bleiben vergleichsweise lange erhalten. Es handelt sich dabei um den Vorgang der Einführung laubwerfender Baumarten. Bis zum Pliozän setzte sich in Mitteleuropa dieser Prozeß der langsamen Verdrängung der Poltawa-Flora fort, um dann von den pleistozänen Vereisungen scharf abgerissen zu werden.

Das von Kryshtofovich entworfene und durch das Auffinden zahlreicher nun klassischer Fundpunkte belegte Bild der Florenentwicklungen ist nicht nur ein Leitfaden der Tertiärpaläobotanik, sondern wirft auch für die moderne Geotektonik Probleme auf, bilden doch die reichen Nordfloren und insbesondere die Palmenverbreitung bis in den hohen Norden Asiens einen Kreis reicher Florenverbreitung, in die bei Theorien der Polverschiebung ein Kältepol nicht verlegt werden kann. Kryshtofovich stand demzufolge den Wegenerschen Gedankengängen ausgesprochen skeptisch gegenüber. Andererseits sind auch grundsätzliche evolutionstheoretische Prämissen erkennbar, zu denen man sich skeptisch äußern kann, z. B. ob eine gedankliche Rückprojektion heutiger Reliktformen wie *Trochodendron*, zu ehemals großräumiger Bedeutung in allen Punkten beweisbar ist, oder ob sich diese Formen letztendlich nur als *Cercidiphyllum*-Arten oder Unterarten erweisen. Wir wollen hier das gedankliche Risiko als theoretisch bewegenden Faktor im Leben von Kryshtofovich würdigen und dabei gleichzeitig betonen, daß er, im Gegensatz zu mitteleuropäischen Autoren der gleichen Zeit, sich niemals zu phantastischen Bestimmungen im Einzelfall (Bromeliaceen, Pandanaceen) verleiten ließ. Sein Werk ist einer kühl- und klardenkenden Aufklärung bisher Unbekanntem verpflichtet.

Bibliographie

Eine ausführliche Liste der Arbeiten von A. N. Kryshtofovich findet sich in den folgenden zwei russischsprachigen Publikationen von A. N. Kryshtofovich:
Istorija paleobotaniki v SSSR. — Moskva: izd. Akad. nauk SSSR 1956. 111 S.
Izbrannye trudy. Bd. I. — Moskva—Leningrad: izd. Akad. nauk SSSR 1959. S. 467—484.

Es folgt hier eine Auswahl der wichtigsten Arbeiten, die Titel werden in deutscher Sprache gegeben.

1910 Jurapflanzen des Ussuri-Gebiets
1911 Über die Pflanzenreste der Tertiärsandsteine in Wolhynien
1912 Zur Altersfrage des Sandsteins der Poltawa-Schicht mit Pflanzenresten in Wolhynien
1914 Die letzten Funde der Sarmat-Mäot-Flora in Südrußland
1914 Die Entdeckung der Bedecktsamerflora in Kreideablagerungen des Gebiets von Uralsk
1915 Jurapflanzen vom Tirma-Fluß im Amur-Gebiet, gesammelt von Dokturovskij
1915 Die amerikanische graue Nuß (*Juglans cinerea* L.) aus Süßwasserablagerungen Jakutiens
1916 Material zur Kenntnis der Juraflora des Ussuri-Gebiets

1916 Einige Vertreter der chinesischen Flora in Sarmat-Ablagerungen des Flusses Krinka (Woisk-Donsk-Gebiet)
1921 Tertiärpflanzen des Flusses Amagu im Primorje-Gebiet, gesammelt von A. G. KUZNECOV 1919
1921 Über die Tertiärflora des Posjet-Bucht
1923 Äquivalente der Tongking-Unterjuraablagerungen im Ussuri-Gebiet
1923 Über die Kreideflora von Russisch-Sachalin
1924 *Pleuromeia sternbergi* und *Hausmannia ussuriensis* n. sp. in mesozoischen Ablagerungen des südlichen Ussuri-Gebiets
1924 Eine devonische Psilophytenflora im Kusnezk-Alatau
1926 Ein Rest der Palme *Nipadites burtini* BRONGNIART aus dem Eozän bei Wosnessensk im Gebiet von Odessa
1929 Dikotyle Bedecktsamer in Äquivalenten der Potomac-Schichten auf dem Zutschan im Ussuri-Gebiet
1929 Grundzüge der Florenevolution in Asien in der Tertiär-Periode
1930 Hauptmerkmale der tertiären Florenentwicklung Asiens
1932 (zusammen mit V. D. PRINADA) Material zur mesozoischen Flora des Ussuri-Gebiets
1933 Die Flora des Flusses Loswa im Nordural mit dem grönländischen Element *Macclintockia*
1933 Angara-Serie, Baikal-Abschnitt
1933 Die Tertiärflora der Korfa-Bucht auf Kamtschatka
1933 (zusammen mit V. D. PRINADA) Über die Rät-Lias-Flora des Tscheljabinsk-Braunkohlenbeckens des Ostural
1933 (zusammen mit V. D. PRINADA) Über die Obertriasflora Armeniens
1933 (zusammen mit V. D. PRINADA) Beschreibung der mesozoischen Flora der UdSSR
1936 Die Hauptwege der Entwicklung der Flora Asiens
1936 Material zur Tertiär-Unterduisk Flora in Sachalin
1937 Kreideflora Sachalins. I. Mgatsch und Polowinka
1937 Oberdevon-Pflanzen aus dem nordöstlichen Teil der Lowosersker Tundra der Kolahalbinsel
1937 Über die Kreideflora der Küste am Ochotskischen Meer und Nordkamtschatkas
1937 Über Devonfloren in Kasachstan
1938 Die Miozänflora in der Ukraine und ihre Verbindung über den Ural mit der Tertiärflora Asiens
1939 Baikalische oder kontinental-mesozoische Ablagerungen der UdSSR
1939 Zur Geschichte des Pflanzenreichs vom Norddwina-Becken und dem Transkaukasus
1939 (zusammen mit M. I. BORZUK) Miozän-Pflanzen aus dem Irtisch-Fluß beim Berg Tara in Westsibirien
1941 Katalog der fossilen Flora der UdSSR
1941 (1945, 1957) Paläobotanik
1945 Die Erhaltungsformen der Pflanzenreste und ihre Bedeutung für die Klärung der Fragen der Entstehung der Steinkohle
1946 Miozän-Pflanzenreste aus der Zuifunsk-Serie des Ussuri-Gebiets
1946 Herkunft und Entwicklung der mesozoischen Flora
1946 Evolution der Pflanzendecke in der geologischen Vergangenheit und die Hauptfaktoren für diese Vegetationsevolution
1950 Pflanzenevolution nach paläobotanischen Fakten
1951 (zusammen mit T. N. BAIKOVSKAJA) Sarmat-Pflanzen aus Amwroziewka im Donezbecken
1951 Tertiärpflanzen aus Paitschicha
1952 Der Wasserfarn *Azolla* in Tertiärablagerungen Sibiriens
1952 Tertiärpflanzen aus der Kanewsk-Schicht
1952 Oberkreidepflanzen vom Lemwa-Fluß
1953 Wie soll man fossile Pflanzen sammeln
1953 Fossile Pflanzen aus dem Tertiärtravertin von Tarbagataja
1953 Einige merkwürdige Kreidepflanzen
1953 (zusammen mit P. I. DOROFEEV) Fossile Pflanzen des Flusses Waenga, einem Nebenfluß der nördlichen Dwina
1956 (zusammen mit sechs weiteren Verfassern) Die Oligozänflora des Berges Aschutass in Kasachstan (Paleobotanika Bd. I)
1958 Die Kreideflora des Anadyrlandes (Paleobotanika Bd. III)

1958 Die fossilen Floren der Penjin-Bucht, des Tastakh-Sees und des Rarytkin-Gebiets (Paleobotanika Bd. III)
1960 (zusammen mit T. N. BAIKOVSKAJA) Die Kreideflora Sachalins
1965 (zusammen mit T. N. BAIKOVSKAJA) Die Sarmat-Flora des Krinka

Arbeiten zur Geschichte der Paläobotanik in der UdSSR

1926 Überblick über die Erforschung unserer fossilen Flora in den Jahren 1916—1925
1933 Die Paläobotanik der UdSSR in den vergangenen 15 Jahren
1937 Zwanzig Jahre sowjetische Paläobotanik
1941 Katalog der fossilen Flora der UdSSR
1943 Die Erfolge und die Entwicklung der Paläobotanik in der UdSSR in den letzten 25 Jahren
1945 Paläobotanik. Die Erfolge der biologischen Wissenschaft in der UdSSR in den letzten 25 Jahren
1956 Geschichte der Paläobotanik der UdSSR
1971 Universität (1903—1908)

Literatur über A. N. KRYSHTOFOVICH

KRYSHTOFOVICH, V. M.; MUZYLEV, S. A.: AFRIKAN NIKOLAEVIČ KRYSHTOFOVICH (biographische Skizze). In: Paleobotanika Bd. III. — Moskva: izd. Akad. nauk SSSR 1962. S. 2—29, (russ. mit weiteren Literaturhinweisen).

DOROFEEV, P. I.: A. N. KRYSHTOFOVICH als Paläobotaniker. In: Sbornik pamjati A. N. KRYSHTOFOVICHA. — Moskva: izd. Akad. nauk SSSR 1957. S. 7—11, (russ.).

KOLAKOVSKIJ, A. A.: A. N. KRYSHTOFOVICH als botanischer Geograph. — Ežegodn. vjesojus. paleont. obšč., 15 (1956), S. 16—22, (russ.).

Manuskripteingang: 12. Semptember 1977

Anschrift des Autors:

Prof. Dr. R. DABER, Museum für Naturkunde an der Humboldt-Universität zu Berlin
DDR - 104 Berlin, Invalidenstraße 43

Schriftenr. geol. Wiss. · Berlin 14 (1979) · S. 163—174

Sergej Sergeevič Smirnov (1895—1947)

Von Ludwig Baumann, Freiberg; Igor Leonidovič Nikol'skij,
Viktor Aleksandrovič Korčemagin, Donezk

Mit 3 Abbildungen

Sergej Sergeevič Smirnov gehört zu den bedeutendsten sowjetischen Wissenschaftlern und Hochschullehrern auf dem Gebiet der Lagerstättenlehre und ist der Mitbegründer einer neuen Teildisziplin der Geologischen Wissenschaften, der Metallogenie. Als vielseitiger Lagerstättengeologe, Mineraloge und Geochemiker stand seine wissenschaftliche Tätigkeit in einem engen Zusammenhang mit der Untersuchung und Erweiterung der mineralischen Rohstoffbasis der UdSSR. Vor allem in den östlichen Territorien der UdSSR (Transbaikalien, Kolyma, Ferner Osten) wurden von ihm zahlreiche neue Erzlagerstättendistrikte entdeckt bzw. modern bearbeitet. Von seinen vielfältigen geowissenschaftlichen Arbeiten sind besonders seine Forschungen auf den Gebieten der Mineralogie und Geologie von Erzlagerstätten sowie der Metallogenie von großem Wert. Sie bilden sein wertvollstes wissenschaftliches Erbe, welches von seinen zahlreichen Schülern gepflegt und systematisch weiterentwickelt wird.

Сергей Сергеевич Смирнов является одним из выдающихся советских ученых и преподавателей в области месторождений полезных ископаемых и основоположеником новой специальной дисциплины геологических наук — металлогении. Он был многосторонным поисковиком, минералогом и геохимиком, и его научная деятельность итличался тесной связью с исследованием и расширением сырьевой базы СССР. Прежде всего в восточной части СССР (Трансбайкалье, Колыма, Дальний Восток) он открыл или подвергал современному изучению многочисленные новые месторождения полезных ископаемых. Большую ценность из его многообразных геонаучных работ представляют его исследования в областах минералогии и геологии рудных месторождений и металлогении. Они составляют его ценнейшее научное наследие, к которому бережно относятся его многочисленные ученики и о систематической разработке которого они постоянно заботятся.

Sergej Sergeevich Smirnov is one of the most important Soviet scientists and university teachers in the field of geology of mineral deposits. He is a cofounder of metallogeny, a new partial discipline of the geological sciences. His scientific activity as a versatile deposit geologist, mineralogist and geochemist was closely related with the investigation and extension of the mineral raw material basis of the U.S.S.R. Numerous new ore deposit districts were respectively discovered and treated in a modern way above all in the eastern territories of the U.S.S.R. (Transbaikalia, Kolyma, Far East). Of his many geoscientific studies those he made in the fields of mineralogy, geology of ore deposits and metallogeny are of great value. They are his most valuable scientific heritage which is fostered and systematically continued by his numerous disciples.

S. S. Smirnov wurde am 16. September 1895 in der Familie eines Graveurs der Textilfabrik in Ivanovo-Voznesensk geboren. Im Jahre 1913 nahm er nach Absolvierung der Realschule das Studium an der Petersburger (heute Leningrader) Bergbauhochschule auf, das er 1919 erfolgreich abschloß. Die Jugend Smirnovs verlief in einer Zeit, in der die alte Gesellschaftsordnung Rußlands zerbrach und durch die Große Sozialistische Oktoberrevolution eine neue Ära der Menschheitsgeschichte eingeleitet wurde. Unter dem direkten Einfluß ihrer progressiven Ideen stellte Smirnov als Vertreter der jungen sozialistischen Intelligenz all seine Kräfte in den Dienst seines Volkes und war bis an sein Lebensende von einem tiefen patriotischen Pflichtgefühl gegenüber seiner sowjetischen Heimat erfüllt.

Nach dem Studium an der Bergbauhochschule arbeitete Smirnov zunächst als Assistent am Lehrstuhl für Mineralogie und als wissenschaftlicher Mitarbeiter in den mineralogischen Sammlungen. Die Kämpfe an den Fronten des Bürgerkriegs waren noch nicht beendet und das Land durch Zerstörung und Hunger gekennzeichnet, als die KPdSU und die junge Sowjetregierung bereits den planmäßigen Wiederaufbau im Lande organisierten. In dieser Situation waren insbesondere alle jungen und fortschrittlich denkenden Menschen mit Nachdruck zur aktiven Mitarbeit aufgerufen. Im Jahre 1921 begann daher Smirnov im Geologischen Komitee (heute Staatliches Geologisches For-

schungsinstitut VSEGEI) zu arbeiten. Hier war er neun Jahre tätig und entwickelte sich vom Nachwuchswissenschaftler zu einem erfahrenen wissenschaftlichen Mitarbeiter. Bereits 1930 wurde er zum Professor für Mineralogie an den Lehrstuhl seiner alten Hochschule berufen, den er bis zum Jahre 1939 leitete. Smirnov wirkte als ausgezeichneter Pädagoge und verwendete viel Arbeit und Energie auf die Ausbildung von Bergingenieur-Geologen und wissenschaftlichen Mitarbeitern. Sein ganzes Leben hindurch blieb er, trotz seiner vielseitigen Aufgaben und Verpflichtungen, im Grunde genommen immer Hochschullehrer. Sein persönliches Beispiel in bezug auf die Einstellung zur Arbeit, die methodisch fundierte und zielstrebige Durchführung seiner Untersuchungen sowie das Vermögen, seine umfangreichen Kenntnisse weiterzuvermitteln, trugen zur Ausbildung zahlreicher guter Montangeologen bei. „Die exakte Zielstrebigkeit bei der Darlegung des Stoffs, die temperamentvolle, lebhafte und exakte Darstellungsweise, das Vermögen, komplizierte Probleme klar dazulegen und die charakteristischen Besonderheiten des zu untersuchenden Objekts bildhaft zu demonstrieren, all das waren die Grundzüge seiner meisterhaften Darstellungsweise, die bewirkten, daß seine Beiträge ständig von Erfolg gekrönt waren" (A. G. BETECHTIN).

Die wissenschaftliche Tätigkeit SMIRNOVS läßt sich in zwei Perioden unterteilen. In der ersten Periode, die ungefähr den Zeitraum von 1920—1930 umspannt, beschäftigte er sich hauptsächlich mit mineralogischen und geologischen Untersuchungen im Ural, im südlichen Baikalgebiet, in Transbaikalien und in anderen Territorien Ostsibiriens. In der zweiten Periode von 1931—1947 bearbeitete SMIRNOV vor allem Lagerstättenprobleme Osttransbaikaliens, Werchojansks, des Kolyma-Gebiets und des Fernen Ostens. In dieser Zeit veröffentlichte er seine wichtigsten wissenschaftlichen Arbeiten auf den Gebieten der Lagerstättengeologie, der Theorie der Erzbildung und der Metallogenie.

Im Jahre 1939 wurde SMIRNOV zum korrespondierenden Mitglied und 1943 zum ordentlichen Mitglied der Akademie der Wissenschaften der UdSSR gewählt. Er war einer der Organisatoren der Abteilung Erze im Institut für Geologie der Erzlagerstätten, Petrographie, Mineralogie und Geochemie der Akademie der Wissenschaften der UdSSR (IGEM), dessen wissenschaftliche Leitung er viele Jahre inne hatte. Die Verdienste SMIRNOVS fanden nicht nur in der UdSSR, sondern auch im Ausland Anerkennung. Im Jahre 1947 wurde er zum Ehrenmitglied der Französischen Mineralogischen Gesellschaft ernannt. Die umfassende Tätigkeit SMIRNOVS erfuhr gleichfalls eine Würdigung durch hohe staatliche Auszeichnungen. Ihm wurde dreimal der Leninorden verliehen, des weiteren wurde er mit dem Rotbannerorden und der Medaille für ausgezeichnete Leistungen während des Großen Vaterländischen Krieges ausgezeichnet; 1946 wurde er Staatspreisträger 1. Klasse für den Aufbau der Rohstoffbasis der sowjetischen Zinnindustrie.

Nach mehrjähriger Unterbrechung plante SMIRNOV, während des Studienjahrs 1947/1948 seine Lehrtätigkeit an der Bergbauhochschule von Leningrad wieder aufzunehmen. Er wollte über ausgewählte Kapitel zur Theorie der Erzlagerstättenbildung lesen. Sein unerwarteter Tod am 20. August 1947 durchkreuzte jedoch diese Pläne. Auf dem „Volkovo kladbišče" in Leningrad wurde SMIRNOV in allen Ehren beigesetzt.

Wenn man die wissenschaftlichen Leistungen S. S. SMIRNOVS und sein arbeitsreiches Leben überblickt, läßt sich unschwer eine ausgeprägte, fest umrissene Grundhaltung erkennen: der Mensch muß der Gesellschaft dienen und die Wissenschaft muß voll und ganz für die Festigung und Erweiterung der materiellen Basis des Sowjetlands sorgen. Dieser Aufgabe ordnete er seine gesamte Tätigkeit unter, wobei er seine umfangreichen theoretischen Untersuchungen stets mit der Lösung praktischer Aufgaben der geologischen Sucharbeiten verband.

Bereits als Student begeisterte sich SMIRNOV für die Mineralogie und Geologie und studierte unter Anleitung der bekannten Geowissenschaftler E. S. FEDOROV und V. V. NIKITIN. Fundierte Kenntnisse, scharfe Beobachtungsgabe und die Liebe zur Forschungsarbeit machten ihn bald zu einem bekannten Mineralogen. Er bemühte sich vor allem um die genauere Bestimmung vieler Minerale, um die Erweiterung der bisherigen Vorstellungen von den Mineralkomplexen sowie die Ermittlung der Bildungsbedingungen verschiedener Minerale und ihrer Paragenesen. Durch die außergewöhnliche Gewissenhaftigkeit bei den makroskopischen und mikroskopischen Untersuchungen gelang in mehreren Erkundungsgebieten der Nachweis von bisher dort noch nicht bekannten Mineralen. Spätere, auf deren Basis organisierte Sucharbeiten führten dann zur Entdeckung von neuen Rohstofflagerstätten. Die erste Veröffentlichung SMIRNOVS erschien 1923 und war der Mineralogie des Chibine-Distrikts gewidmet (Ergebnisse der optischen Untersuchungen des Lamprophyllits und Astrophyllits). Im Jahre 1924 wurde an der Bergbauhochschule Leningrad bereits sein erstes kleines Lehrbuch: „Kurze Einführung in die Arbeiten zur Kristalloptik" veröffentlicht.

Die selbständigen Felduntersuchungen SMIRNOVS begannen 1921 im Ural im Bereich der Golderzlagerstätten von Kotschkar. Die Ergebnisse waren die Beschreibung eines seltenen Blei-Zink-Lagerstättentyps sowie die Einschätzung seiner industriellen Bedeutung. Bereits hier zeigte sich die Zielstrebigkeit der Untersuchungen, die für ihn und die gesamte sowjetische Geologenschule, deren führender Vertreter er wurde, so charakteristisch ist. Bei der Untersuchung von Erzproben aus der Lagerstätte Andrejewka (Ural) wies SMIRNOV erstmals solche seltenen Minerale wie Jordanit, Seligmannit, ferner verschiedene Oxydationsminerale der sulfidischen Erze nach.

Im Jahre 1923 wird SMIRNOV in das Südbaikalgebiet delegiert, das wegen seiner geologischen Eigenartigkeit und der verschiedenartigen Mineralisation der Phlogopitlagerstätte Sljudjanka von besonderem Interesse ist. Das Gebiet war praktisch noch unerforscht, die geologischen Informationen äußerst lückenhaft, und der Abbau der Phlogopitgänge wurde von Kleinstbetrieben vorgenommen. Das Ergebnis seiner Untersuchungen war eine geologische Karte dieser Region im Maßstab 1 : 50000. Bemerkenswert ist, daß bei den in den Jahren 1938—1939 vom Bergbaukombinat Sojuzsljudjanka durchgeführten geologischen Arbeiten diese geologische Karte noch immer die zuverlässigste Arbeitsgrundlage war.[1]) Noch erstaunlicher in bezug auf Vollständigkeit und Genauigkeit war die Beschreibung der Minerale dieser Lagerstätte, die als ein natürliches mineralogisches Museum angesehen werden kann und heute zum mineralogischen „Naturschutzgebiet" erklärt wurde. SMIRNOV hat unter anderem Phlogopit, Fluorapatit, Baikalit (Diopsid), Skapolith, Hornblenden nachgewiesen und beschrieben. Die Vorstellungen über die Genese der Phlogopitlagerstätte sowie über den gesamten komplizierten Ablauf der geologischen Bildungsprozesse sind in der Zwischenzeit natürlich erweitert worden, aber der Wert der von SMIRNOV vorgenommenen Mineralbeschreibungen hat sich bis heute erhalten und kann als Anschauungsbeispiel einer klassischen mineralogischen Untersuchung angesehen werden.

Ab 1925 begann SMIRNOV mit den Untersuchungen der Polymetall-Lagerstätten Osttransbaikaliens. Bis heute ist dieses schwer zugängige Territorium nicht vollständig erkundet. In diesem Gebiet, in dem zur Zarenzeit die Verbannten unter schwierigsten Bedingungen Zinn-, Silber-, Blei-Zink- und Golderze abbauen mußten, hatte sich im Erkenntnisstand bis zu Beginn der zwanziger Jahre wenig verändert. SMIRNOV sammelte zunächst Archivmaterial zur Geologie und über bergmännische Arbeiten in den damals bekannten Blei-Zink-Lagerstätten. Unter seiner Leitung wurde eine geologische Kartierung der Lagerstättenbezirke vorgenommen. Er untersuchte eine große Anzahl Proben, wobei er eine besondere Aufmerksamkeit den Mineralen der Oxydationszone widmete.

Auf der Grundlage dieser umfangreichen Feld- und Laborarbeiten fixierte SMIRNOV die für Osttransbaikalien charakteristischen Erzlagerstättentypen (Polymetall- und Eisenerzlagerstätten). In einer großen Monographie über die „Polymetallischen Lagerstätten Osttransbaikaliens" (1934) werden die zahlreichen Erzvorkommen eingehend behandelt. Von der komplizierten Zusammensetzung der untersuchten Erze zeugt die Tatsache, daß bei ihrer Charakteristik SMIRNOV 134 Erz- und Nichterzminerale beschrieb, von denen 81 Minerale in diesen Lagerstätten zum ersten Mal nachgewiesen wurden. Die primären Erzmineralisationen der Blei-Zink-Lagerstätten Osttransbaikaliens wurden in vier paragenetische Hauptformationen untergliedert, die bis heute ihre Gültigkeit behalten haben.

Für die Klärung der Genese zahlreicher Erzlagerstätten spielten die Untersuchungen SMIRNOVS auf dem Gebiet der Analyse der typomorphen Minerale gleichfalls eine wichtige Rolle. Besondere Bedeutung gewann dabei das vertiefte Studium der komplizierten und in ihrer Zusammensetzung unterschiedlichen Chlorite. Er konnte nachweisen, daß innerhalb der verschiedenartigen Chlorite charakteristische Varietäten auftreten, die ständige

---

[1]) An diesen Arbeiten ist einer der Verfasser dieses Beitrags, Prof. NIKOLSKIJ, unmittelbar mit beteiligt gewesen.

Begleiter bestimmter Erztypen sind. So sind z. B. für die Sulfid-Kassiterit-Erzformation hocheisenhaltige Chlorite charakteristisch.

Zusammenfassend bestand die theoretische und praktische Bedeutung der Tätigkeit SMIRNOVS in Transbaikalien bis 1932 in folgendem:

1. In der detaillierten und gründlichen analytischen Beschreibung von ca. 500 polymetallischen Lagerstätten Osttransbaikaliens und in der Bestimmung der regionalen Zonalität der Lagerstättenverteilung sowie in der Bewertung der Perspektiven für die Auffindung neuer Lagerstätten. In diesen Arbeiten kommt deutlich das Verantwortungsgefühl des Wissenschaftlers zum Ausdruck, der seine Forschungsarbeit letztlich im Sinne der Lösung volkswirtschaftlicher Aufgaben betreibt. Seine Tätigkeit steht unmittelbar mit der Schaffung der mineralischen Rohstoffbasis im Osten der UdSSR und mit der wirtschaftlichen Erschließung eines gewaltigen Gebiets im Zusammenhang.

2. Im Nachweis eines neuen Typs von Zinnerzformationen, der bei der Sicherung der einheimischen Rohstoffbasis eine wesentliche Rolle spielt. Hier muß daran erinnert werden, daß damals Lagerstätten der Quarz-Sulfid-Kassiterit-Formation noch wenig bekannt waren und ihre Bedeutung unterschätzt wurde; in den späteren Jahren stellte sich heraus, daß dieser Formationstyp auf dem Territorium der UdSSR stark verbreitet ist.

3. In der detaillierten Beschreibung und einer Höffigkeitsbewertung der Eisenerzlagerstätten Osttransbaikaliens; hier ist besonders bemerkenswert, daß SMIRNOV als einer der ersten die Eisenerzlagerstätten, die an die Trappformation im Gebiet von Angara und Ilim gebunden sind, als äußerst höffig und „als Rohstoffbasis für die künftigen metallurgischen Großbetriebe Ostsibiriens" einschätzte. Bei weitem nicht alle Fachwissenschaftler akzeptierten damals diese Schlußfol-

Abb. 1. Schematische Darstellung des Verhältnisses zwischen oxydischen Blei- und Zinkerzen im östlichen Teil der Lagerstätte von Turlansk

1 — Kalkstein; 2 — Brekzie; 3 — oxydisches Pb-Erz; 4 — oxydisches Zn-Erz

gerungen, doch durch die neuesten Aufschlüsse fanden die Prognosen Smirnovs eine eindeutige Bestätigung.

4. In dem gründlichen Studium der Mineralogie und Geochemie der Oxydationszonen von Sulfidlagerstätten. Diese Untersuchungen bildeten die Grundlage einer späteren Monographie (1936), die in drei Auflagen erschien und unter anderem ins Deutsche (1954) übersetzt wurde. Dieses Buch „Die Oxydationszone sulfidischer Lagerstätten" kann mit zu den wichtigsten neueren Arbeiten auf dem Gebiet der Mineralogie von Erzlagerstätten gezählt werden und für viele Geologen, die in der Erkundung von Sulfidlagerstätten tätig sind, gehört es mit zu den wichtigsten Handbüchern. In Auswertung von persönlichen Unterlagen aus Osttransbaikalien werden in diesem Buch die hypergenen Prozesse in ihrer Auswirkung auf die oberflächennahen Teile sulfidischer Lagerstätten gründlich analysiert. Es erfolgt eine eingehende Beschreibung der typischen Mineralparagenesen der Oxydationszonen von Lagerstätten. Des weiteren werden Kriterien entwickelt, die es gestatten, von den oberflächennahen Oxydationszonen der Lagerstätten auf die mineralische Zusammensetzung und den Charakter der primären Vererzung zu schließen, welches für eine effektive Suche und Erkundung von großer Bedeutung ist (Abb. 1).

Außer den erwähnten Veröffentlichungen erschienen an weiteren wichtigen Arbeiten dieser Forschungsetappe ein „Geologisch-ökonomischer Abriß der Polymetall-Lagerstätten Osttransbaikaliens" sowie die „Eisenerzlagerstätten Ostsibiriens und Aufgaben bei ihrer Untersuchung im zweiten Fünfjahrplan" (1932).

In der zweiten Schaffensperiode widmete Smirnov neben den weiteren Untersuchungen einzelner Gebiete eine zunehmende Aufmerksamkeit der Bearbeitung theoretischer Fragen der endogenen Erzlagerstättenbildung und der Gesetzmäßigkeiten der Lagerstättenverteilung. Notwendigerweise ergab sich in diesem Zusammenhang das Bestreben, ein möglichst großes Gebiet zu untersuchen und Smirnov richtete daher seine Aufmerksamkeit von Transbaikalien mehr und mehr nach Norden und Nordosten bis in das Gebiet der Tschuktschenhalbinsel. Dieses damals sehr wenig erforschte Gebiet mit Bereichen, in denen überhaupt noch keine geologischen Arbeiten durchgeführt worden waren, wurde in den dreißiger Jahren nach und nach erschlossen. Man entsandte die ersten geologischen Suchexpeditionen, deren Unterlagen und Berichte das Interesse Smirnovs weckten. Im Jahre 1933 zieht er nach gründlichem Studium der Unterlagen und des gesammelten Probenmaterials die Schlußfolgerung, daß in diesem Gebiet umfangreiche Zinn-, Wolfram-, Molybdän- und Goldlagerstätten sowie Lagerstätten anderer Metalle zu vermuten sind. Noch im Sommer desselben Jahres begab er sich selbst mit einem Suchtrupp in das Gebiet von Werchojansk und konnte dort unter Nutzung seiner Prognose die Zinnlagerstätte Imtandsha nachweisen. Darüber hinaus wurde mit diesen Untersuchungen die industrielle Bedeutung der Sulfid-Kassiterit-Formation endgültig bestätigt. Die weiteren, nach den Prognosen Smirnovs geleiteten Such- und Erkundungsarbeiten auf Zinnlagerstätten führten schließlich zur Schaffung einer umfangreichen Zinnerzrohstoffbasis der UdSSR. S. S. Smirnov entwickelte in diesem Zusammenhang eine Klassifikation der Zinnerzlagerstätten der UdSSR, in der er Pegmatit-, Quarz-Kassiterit- und Sulfid-Kassiterit-Lagerstätten unterschied, die er nach den geologischen Bildungsverhältnissen und nach der Mineralparagenese noch in weitere Untertypen gliederte.

Diese großen Erfolge führten zu einer Erweiterung der wissenschaftlichen und wissenschaftsorganisatorischen Tätigkeit Smirnovs. Auf Grund seines vorzüglichen Organisationstalents war er in der Lage, im wissenschaftlich-technischen Rat des Ministeriums für Geologie der UdSSR den Vorsitz zu führen, die Funktion eines stellvertretenden wissenschaftlichen Sekretärs der Abteilung geologische und geographische Wissenschaften an der Akademie der Wissenschaften der UdSSR auszuüben, die Arbeit der Abteilung Erze des geowissenschaftlichen Instituts der Akademie der Wissenschaften der UdSSR zu leiten, in den Redaktionsbeiräten mehrerer wissenschaftlicher Zeitschriften mitzuarbeiten, aktiv im Rat der Allunionsgesellschaft für Mineralogie tätig zu sein (ab 1945 als

Vorsitzender), des weiteren als Konsultant für Industriebetriebe zu wirken sowie als Initiator mehrerer wissenschaftlicher Konferenzen in Erscheinung zu treten. Dabei fand er noch Zeit für eine eingehende Auswertung und Deutung neuen Tatsachenmaterials sowie für ein gründliches Literaturstudium, deren Kenntnis nach Angaben seiner Kollegen fast enzyklopädisch zu nennen war.

In den dreißiger Jahren wurde das EMMONSsche Schema des zonalen Aufbaus von Hydrothermallagerstätten sehr populär. Es ist ein sehr übersichtliches Schema, das ein umfassendes Tatsachenmaterial auswertete und auf der bereits zu Beginn unseres Jahrhunderts entwickelten „Batholith-Konzeption" basierte. Ohne die zweifellos positiven wissenschaftlichen Leistungen von EMMONS, NIGGLI und anderen Wissenschaftlern dieser Zeit auf dem Gebiet der Entwicklung der Theorie der magmatogen-hydrothermalen Erzbildung schmälern zu wollen, wurde von SMIRNOV darauf hingewiesen, daß die Vorstellungen von EMMONS recht schematisch und zu theoretisch sind. Unter Berufung auf die Kenntnis eines umfassenden Tatsachenmaterials und in der geologischen Praxis überprüfter Vorstellungen von den Gesetzmäßigkeiten der Verteilung der endogenen Lagerstätten sowie unter Auswertung der Leistungen der sowjetischen Geologen kritisierte SMIRNOV mehrmals die theoretischen Vorstellungen der amerikanischen Wissenschaftler. In etlichen Artikeln, in Diskussionsbeiträgen auf wissenschaftlichen Konferenzen und in Vorlesungen warnte er vor einer Überbewertung dieser theoretischen Darstellungen. Ohne die Tatsache der zonalen Verteilung von Lagerstätten und hydrothermalen Mineralisationen zu negieren, wies SMIRNOV auf den unterschiedlichen Charakter dieser Zonalität in den verschiedenen Lagerstättendistrikten hin. Aus den nachgewiesenen Gesetzmäßigkeiten wurde von ihm die Schlußfolgerung gezogen, daß zwischen der zonalen Anordnung der Lagerstätten und dem sich in historischer Folge entwickelnden tektonisch-magmatischen Prozeß nur in seiner Gesamtheit ein Zusammenhang besteht. Als Gegenargumentation zu den Aussagen von EMMONS entwickelte SMIRNOV die Theorie von der intermittierenden Abspaltung der erzführenden Lösungen vom Magmenherd im Zusammenhang mit dem impulsartigen Auftreten der tektonischen Prozesse und der Spaltenbildung. Die Entstehung der unterschiedlichen Mineralparagenesen bzw. Lagerstättenformationen um den Intrusionskörper wurde auf die Entwicklung der Zusammensetzung der Lösungen in der Zeit zurückgeführt. Ihrerseits wiederum ist die Entwicklung der Lösungen von den Bildungstiefen der Magmenkörper und vom geotektonischen Charakter des Gebiets abhängig. Diese Zonalitätstheorie von SMIRNOV, die später von J. A. BILIBIN als „Pulsationszonalität" bezeichnet wurde, wird heute von vielen Geowissenschaftlern der Erde anerkannt. Besonders interessant sind in diesem Zusammenhang die Hinweise SMIRNOVS, daß man den häufig in den oberen Erdkrustenteilen zu beobachtenden räumlichen Zusammenhang zwischen hydrothermalen Vererzungen und magmatischen Bildungen nicht unbedingt als genetischen Zusammenhang betrachten darf. In jedem Falle steigen die erzführenden Lösungen aus tieferliegenden Magmenherden auf. Viele dieser progressiven Ideen finden heute durch die modernen geologisch-geochemischen und geochronologischen Untersuchungen eine umfassende Bestätigung.

In seinen Arbeiten behandelt SMIRNOV auch einige andere wichtige Probleme der Lagerstättenbildung, so z. B. die Möglichkeit der Abspaltung relativ konzentrierter saurer Lösungen aus dem Magma und ihre Transportfähigkeit von bedeutenden Metallmengen in Form von Halogen- und Komplexverbindungen. Des weiteren stellt er Überlegungen zur Rolle tief zirkulierender meteoritischer Wässer bei der Bildung endogener Lagerstätten an, deren Einfluß er nur stimulierenden Charakter zubilligt.

Große Aufmerksamkeit schenkte SMIRNOV der Klassifikation der endogenen Lagerstätten. Er hielt es für erforderlich, einheitliche Klassifikationsgrundsätze zu erarbeiten, um damit eine Gruppierung von gleichartigen Lagerstätten auf der Grundlage hinreichend objektiver Kriterien zu ermöglichen. Er analysierte eingehend die Klassifikationen von

LINDGREN, NIGGLI und SCHNEIDERHÖHN und machte verschiedene wertvolle Ergänzungen und kritische Bemerkungen. Bei der Kritik an NIGGLIS Klassifikation der magmatogenen Lagerstätten (1947) war SMIRNOV der Auffassung, daß eine Lagerstättenklassifikation auf der Basis der tektonisch-magmatischen Komplexe, die für die geostrukturellen Großeinheiten charakteristisch sind, erfolgen muß. Die weitere detailliertere Unterteilung der genetischen Lagerstättentypen muß dann unter Berücksichtigung des physikochemischen Bildungsregimes der Mineralparagenese bzw. Erzformation, der Bildungstiefe und der Bildungstemperatur vorgenommen werden.

Die kritischen Bemerkungen SMIRNOVS trugen immer den Charakter einer tiefgehenden Analyse der gültigen Vorstellungen. Dabei legte er nicht nur seine Gedanken dar, sondern führte daneben umfassende wissenschaftliche Diskussionen durch, an denen sich so bekannte Wissenschaftler wie V. A. NIKOLAEV, A. N. ZARICKIJ, J. A. BILIBIN und andere beteiligten. Auf diesen Konferenzen war stets eine große Anzahl von Wissenschaftlern und Geologen der Erkundungspraxis aus den verschiedensten Landesteilen anwesend. Das trug einerseits zur Darlegung und Diskussion der neuesten Informationen sowie andererseits zur fachlichen Weiterbildung der Teilnehmer und zur weiteren Vervollkommnung der Methodik von Suche und Erkundung der Erzlagerstätten bei.

Bereits seit 1934 beschäftigte sich SMIRNOV mit der Bearbeitung von Problemen der Metallogenie. In der Arbeit „Abriß der Metallogenie von Osttransbaikalien" (1936) wurde eine erste komplexe geowissenschaftliche Analyse dieses Gebiets gegeben, die entscheidend für die Zielrichtung und Strategie der dortigen geologischen Sucharbeiten wurde. SMIRNOV beschrieb die Lagerstätten im Rahmen des geologischen Baus Osttransbaikaliens, wobei sich auf Grund der komplexen Betrachtungsweise ein kausaler Zusammenhang zwischen der Bildung und räumlichen Anordnung der Lagerstätten der ver-

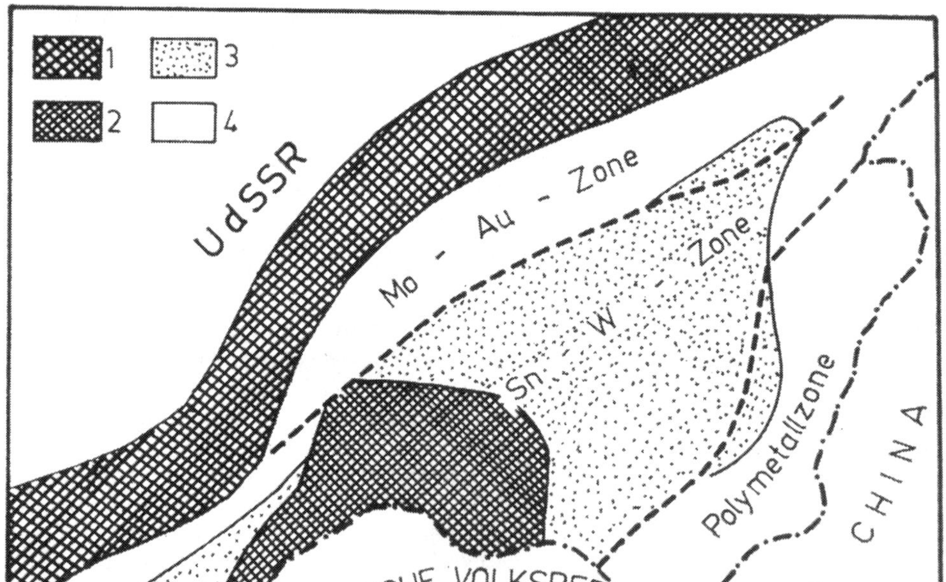

Abb. 2. Regionale Zonalität in der Lagerstättenverteilung von Osttransbaikalien

1 – Gebiet der prämesozoischen Faltung; 2 – Massiv von Agin; 3 – Zentralteil der mesozoischen Geosynklinale; 4 – Randteile der mesozoischen Geosynklinale

schiedenen Metalle und dem gesamten tektonisch-magmatischen Entwicklungsprozeß ergab. Im Ergebnis wurden drei Zonen der endogenen Lagerstättenbildung fixiert: eine polymetallische Zone im Osten, eine Zinn-Wolfram-Zone im zentralen Bereich und eine Gold-Molybdän-Zone im Westen des Gebiets (Abb. 2). Er wies nach, daß jede Zone durch einen eigenen tektonischen Bau, durch eine eigene geologische Entwicklung sowie durch einen eigenen Magmatismus gekennzeichnet ist. Der Wert dieser Arbeit kann nicht hoch genug eingeschätzt werden, und noch heute kann sie als Musterbeispiel für die Durchführung einer regionalen metallogenetischen Analyse angesehen werden. Es war eine der ersten sowjetischen Arbeiten, die mit die Grundlage für die Herausbildung einer neuen geowissenschaftlichen Teildisziplin — der Metallogenie-Minerogenie — darstellte.

Weitere wichtige metallogenetische Analysen führte S. S. SMIRNOV auch für andere lagerstättenführende Territorien der UdSSR durch. Eine gewisse Krönung dieser Untersuchungen bildete die Entwicklung der Konzeption vom planetaren zirkumpazifischen metallogenetischen Gürtel, der sich von „Kap Hoorn bis Alaska und von der Tschuktschen-Halbinsel bis Neuseeland erstreckt" und in seiner Gesamtheit „eine der Hauptquellen der Reichtümer der Welt" verkörpert. Bei dieser umfassenden regionalen Analyse wurde die in- und ausländische Fachliteratur gründlich ausgewertet, dazu kamen die großen persönlichen Erfahrungen bei der Untersuchung der Metallogenie Osttransbaikaliens, des Lagerstättengürtels von Werchojansk und der Tschuktschenhalbinsel. Ausgehend von den durchgeführten Arbeiten wurden innerhalb dieses Gürtels zwei Zonen ermittelt: eine innere Zone, die unmittelbar längs der Küste und der Inselbögen des Stillen Ozeans verläuft, und eine äußere Zone, die daran kontinentalseitig anschließt. Im Bereich der Innenzone mit ihren bevorzugt basischen Magmatiten treten Kupfer-, Gold- und Silberkonzentrationen in Erscheinung. In der äußeren Gürtelzone mit vorwiegend sauren Magmatiten befinden sich hauptsächlich Zinn-Wolfram-, Blei-Zink- und Antimonlagerstätten. Diese umfassende metallogenetische Rayonierung ermöglichte den gegenseitigen Zusammenhang vieler heute isolierter Lagerstättengebiete aufzuzeigen und bildete für die erfolgreiche Durchführung von Such- und Erkundungsarbeiten in diesen Bereichen eine wichtige Grundlage. Darüber hinaus waren die metallogenetischen Untersuchungen von genereller Bedeutung für die weitere Entwicklung dieser progressiven geowissenschaftlichen Teildisziplin. Sie wurden von J. A. BILIBIN, G. A. TVALČRELIDZE, E. T. ŠATALOV, V. I. SMIRNOV, E. A. RADKEVIČ, E. I. SEMENOV fortgesetzt, und heute wird diese Untersuchungsmethodik von zahlreichen Forschern verschiedenster Länder angewendet und weiterentwickelt.

Nicht wenige seiner begonnenen Arbeiten konnten von S. S. SMIRNOV nicht mehr vollendet werden. Doch abschließend läßt sich feststellen, daß dieser bedeutende sowjetische Geowissenschaftler in seinen vielfältigen wissenschaftlichen Arbeiten wesentliche Beiträge und entscheidende Impulse auf den Gebieten der Mineralogie und Geologie sowie insbesondere für die Lagerstättenlehre und Metallogenie gegeben hat. Die Aneignung und schöpferische Weiterentwicklung seines wissenschaftlichen Erbes sollte uns eine ständige Verpflichtung sein.

Bibliographie

Ausgewählte Arbeiten

[1] Nekotorye rezul'taty optičeskogo issledovanija astrofillita i lamprofillita Ghibinskich tundr. — Trudy Severn. naučno-promyšl. èksped., **16**, S. 58—59.

[2] Mineralogičeskie issledovanija v rajone stancii Sljudjanki, Krugo-Bajkal'skoj železnoj dorogi. — Izv. geol. komit., **43** (**1924**) 5, S. 549—563.

[3] Kratkoe vvedenie k rabotam po kristallooptike. — Leningrad: izd. Studenčeskoj izd. komis. Leningr. gornogo inst. 1924. 52 S.

[4] Kočkarskoe mestoroždenie rozovych i zolotistych topazov na Južnom Urale. — Zapad. Rossi. mineral. obšč., **24** (1925) 1, S. 3—20.
[5] Nekotorye dannye o Nerčinskich svincovo-cinkovych mestoroždenijach. — Izv. geol. komit., **44** (1924) 1, S. 18—27.
[6] Sul'foarsenit svinca, blizkij k iordanitu s Andreevskogo rudnika na Južnom Urale. — Zapad. Ross. mineral. obšč., **LIV** (1925) 1, S. 21—25.
[7] O vozmožnostjach nachoždenjia značitel'nych količestu mys'jakovych rud v Nerčinskom okruge. — Vestn. geol. komit., (1925) 1, S. 11—14.
[8] Nerčinskie svincovo-cinkovye mestoroždenija. — Vestn. geol. komit., (1925) 2, S. 29—39.
[9] O dvuch skapolitach s rečki Sljudjanki. — Zapad. Ross. mineral. obšč., **LIV** (1926) 2, S. 354—361.
[10] Andreevski svincovo-cinkovyj rudnik v Kočkarskom zolotonosnom rajone. — Izv. geol. komit., **45** (1926) 8, S. 923—944.
[11] Materialy k charakteristike Nerčinskich svincovo-cinkovych mestoroždenij. — Izv. geol. komit., **46** (1927) 8, S. 817—836.
[12] Nachodka olovjannogo kamnja v svincovo-cinkovych rudach Smirnoskogo mestoroždenija. — Vestn. geol. komit., (1927) 3, S. 4—6.
[13] Materialy k geologii i mineralogii Južnogo Pribajkal'ja. — Geol. komit. Materialy po obščej i prikladnoj geologii, **83** (1928), 76 S.
[14] Nachodka vanadievych rud v Sulejman-Sajskom svincovom mestoroždenii. — Vestn. geol. komit., (1928) 1, S. 29—30.
[15] Svincovoe mestoroždenie po S. Chapčerange i vnov' otkrytoe olovjannoe po M. Chapčerange. — Vestn. geol. komit., (1928) 5, S. 9—13.
[16] Iz mineralogičeskoj praktiki. — Vestn. geol. komit., (1928) 6, S. 52—53.
[17] O nekotorych itogach geologo-razvedočnych rabot za poslednie gody v Vostočnom Zabaj'-kal'ja (na cvetnye i redkie metally). — Vestn. geol. komit., (1928) 9/10, S. 34—37.
[18] Železorudnye mestoroždenija Zeležnogo Krjaza. — Gornyj ž., (1930) 6—7, S. 101—107.
[19] Mineralogičeskie zametki. — Izv. glavn. geol.-razv. upravl., **XLIX** (1930) 2, S. 89—103.
[20] Nerčinskie polimetalličeskie mestoroždenija (po dokl. S. S. SMIRNOVA). In: Rudnaja basa cvetn. metallopromyšl. Materialy geol.-razv. soveśč. mestorožd. rud cvetn. metallov pri geol.-razv. inst. cvetn. metallov GGRU s I po 9 marta 1930 g. — Moskva—Leningrad: Geol. izd. glav. geol.-razv. upr. 1930. S. 21—22; resoljucija, S. 86—87.
[21] Železorudnye mestoroždenija Vostočno-Sibirskogo kraja. — Irkutsk: 1931. 80 S.
[22] O Mysovskich železopudnych mestoroždenijach. — Moskva—Leningrad: Izv. glav. geol.-razv. upr., **L** (1931) 29, S. 457—489.
[23] Geologo-ekonomičeskij očerk polimetalličeskich mestoroždenij Vostočnogo Zabajkal'ja. In: Glavnejšie medye, svincovye i cinkovye mestoroždenija SSSR. — Moskva—Leningrad: GONTI, Geol. izd. glav. geol.-razv. upr. 1931. S. 306—338.
[24] Gruppa polešpatov. Rabočaja kniga po mineralogii, pod redakciej A. K. BOLDYREVA. Teil 2. — Moskva: 1932. S. 111—131.
[25] Bor'ba za železo v Vostočnoj Sibiri. — Razv. ned., (1932) 1, S. 20—23.
[26] Železorudnye mestoroždenija v Vostočnoj Sibiri i zadači ich isučenija vo vtoroj pjatiletke. — Geol. razv. rab. vtorom pjatiletii. Materialy konf. (12—24 aprelja 1932 g), Heft 3. — Moskva—Leningrad: izd. Standartizacija i racionalisacija. S. 88—92.
[27] K metallogenii Vostočnogo Zabajkal'ija. In: Pervyj Vost.-Sibirskij kraevoj naučno-issled. s-ezd. Iz trudov c-ezda. Heft I. — Moskva—Irkutsk: OGIZ Geol. sekc. 1932. S. 78—95.
[28] K mineralogii Srednesibirskoj platformy. — Probl. sov. geol., (1933) 10, S. 97—121.
[29] Angaro-Ilimskaja Železorudnaja provincija. — Razv. nedr., (1933) 20, S. 17—24.
[30] Metallogenija Zapadnogo Verchojan'ja. — Probl. sov. geol., (1934) 4, S. 1—27.
[31] Polimetalličeskie mestoroždenija Vostnočnogo Zabajkal'ja. — Trudy Vses. geol.-razv. ob'edin., 327 (1934), 490 S.
[32] Železorudnye mestoroždenija Burjat-Mongol'skoj ASSR. In: Probl. Burjat-Mongol. ASSR. Trudy Pervoj konf. izuč. provizvod. sil Burjat-Mongol'skoj ASSR. Bd. I. — Moskva—Leningrad: izd. Akad. nauk SSSR 1935. S. 100—121.
[33] Zona okislenija sul'fidnych mestoroždenij. — Leningrad und Moskva: 1936. 292 S.
[34] Šema metallogenii Vostočnogo Zabajkal'ja. — Probl. sov. geol., (1936) 10, S. 846—864.

[35] Rudnye mestoroždenija Verchojanskogo chrjebta. In: Geol. i polez. iskop. severa SSSR. Trudy Pervoj geol.-razv. konf. Glavcevmorputi. — Leningrad: 1936. S. 213—238.
[36] Nekotorye zamecanija o sul'fidno-kassiteritovych mestoroždenijach. — Izv. Akad. nauk SSSR, ser. geol., (1937) 5, S. 853—862.
[37] K voprosu o zonal'nosti rudnych mestoroždenii. — Izv. Akad. nauk SSSR, ser. geol., (1937) 6, S. 1071—1083.
[38] Severo-vostok Azii, ego metallogenija i olovonosnost'. — Izv. Akad. nauk SSSR, ser. geol., (1937) 5, S. 863—892 (zusammen mit V. A. CAREGRADSKIJ).
[39] Nekotorye novye dannye otnositel'no olovonosnosti severo-vostoka Azii. — Izv. Akad. nauk SSSR, ser. geol., (1938) 5/6, S. 803—806.
[40] Mineralogičeskij očerk Jana-Adyčanskogo rajona. — Trudy inst. geol. nauk Akad. nauk SSSR, mineral.-geochim. ser., (1941) 9, S. 1—62 (zusammen mit M. M. DUBOVIK, P. P. EPIFANOVYJ, A. O. ROZECVIT).
[41] K očenke olovorudnych rajonov. — Sov. geol., (1941) 3, S. 3—16.
[42] O koncentracijach bora v severo-vostočnoj rudnoj provincii. — Dokl. Akad. nauk SSSR, n. s., 45 (1944) 1, S. 22—24.
[43] Očerk metallogenii Vostočnogo Zabajkal'ja. — Moskva und Leningrad: 1944. 89 S.
[44] Sovremennoe sostojanie učenija o rudnych mestoroždenijach. In: Mater. geol. i polez. iskop. Severo-Vostoka SSSR. Ser. 1, vyp. 1. — Magadan: 1945. S. 5—25.
[45] Ob olovo-vol'framovom orydenii vostoka SSSR. — Izv. Akad. nauk SSSR, ser. geol., (1945) 6, S. 47—55.
[46] O tichookeanskom rudnom pojase. — Izv. Akad. nauk SSSR, ser. geol., (1946) 2, S. 13—28.
[47] Zametki po nekotorym voprosam učenija o rudnych mestoroždenijach. — Izv. Akad. nauk SSSR, ser. geol., (1946) 3, S. 3—13.
[48] Nekotorye obščie voprosy izučenija rudnych mestoroždenij. — Izv. Akad. nauk SSSR, ser. geol., (1946) 5, S. 17—34.
[49] Tichookeanskij rudnye pojas v predelach SSSR. — Priroda, (1946) 2, S. 52—60.
[50] O sovremennom sostojanii teorii obrazovanija magmatogennych rudnych mestoroždenij. — Zap. vses. mineral. obšč., 76 (1947) 1, S. 23—36.
[51] Uspechi v oblasti teorii obrazovanija magmatogennych rudnych mestoroždenij. In: Jubilejnyj sborn., posvjašč. tridčat. Velikoj Oktjabr. Soc. revol. T. II. — Moskva: 1947. S. 81—103.
[52] Zametki o chloritach olovjannych mestoroždenij. — Zap. Leningr. gorn. Inst., XVII—XVII (1948), S. 3—6.
[53] Zona okislenija sul'fidnych mestoroždenij. — Moskva: izd. Nauka 1951.
[54] Die Oxydationszone sulfidischer Lagerstätten. — Berlin: Akad.-Verl. 1954. 312 S., (in Deutsch).
[55] Izbrannye trudy. — Moskva: 1955.
[56] Polimetalličeskie mestoroždenija i metallogenija Vostočnogo Zabajkal'ja. — Moskva: 1961. 507 S.
[57] Rudnye mestoroždenija i metallogenija vostočnych rajonov SSSR. — Moskva: 1962. 358 S.

Literatur über S. S. SMIRNOV

[58] Akademik S. S. SMIRNOV. — Razv. nedr., (1947) 5, S. 84—85.
[59] BETECHTIN, A. G.: Pamjati akademika S. S. SMIRNOVA. — Vestn. Akad. nauk SSSR, (1948) 10, S. 65—69.
[60] BILIBIN, JU. A.: Rabota S. S. SMIRNOVA v oblasti metallogenii. — Zap. vses. mineral. obšč., 2 ser., 77 (1948) 1, S. 15—22.
[61] GRIGOR'EV, D. P.: S. S. SMIRNOV kak mineralog. — Zap. vses. mineral. obšč., 2 ser., 77 (1948) 1, S. 9—14.
[62] GRIGOR'EV, D. P.; ZAVARICKIJ, A. N.; NIKOLAEV, V. A. i drugie: SERGEJ SERGEEVIČ SMIRNOV. — Zap. vses. mineral. obšč., 2 ser., 76 (1947) 4, S. 225—227.
[63] GRIGOR'EV, D. P.; ŠAFRANOVSKIJ, I. I.: S. S. SMIRNOV. — Vydajušč. russk. mineralogi. — Moskva—Leningrad: 1949. S. 224—240.
[64] KORMILICYN, V. S.: S. S. SMIRNOV Vydajuščijsja issledovatel' rudnych mestoroždenij vostočnoj Sibiri. — Zap. vses. mineral. obšč., 2 ser., 100 (1976) 1, S. 88—92.
[65] LEVICKIJ, O. D.: Pamjati akademika S. S. SMIRNOVA. — Sov. geol., (1948), S. 29.

[66] LEVICKIJ, O. D.: Rabota akademika S. S. SMIRNOVA v oblasti mineralogii, geologii rudnych mestoroždenij i metallogenii. In: Vopr. genez. i zakonomer. razmešč. endogen. mestorož. — Moskva: izd. Nauka 1966. S. 7—10.

[67] NIKOLAEV, V. A.: Vstupitel'noe slovo na zasedanii Obščestva, 19. XI. 1947, posvjaščennom pamjati S. S. SMIRNOVA. — Zap. vses. mineral. obšč., 2 ser., 77 (1948) 1, S. 5—8.

[68] OBRUČEV, S. V.; SOLOV'EV, S. P.: Pamjati akademika S. S. SMIRNOVA. — Priroda, (1948) 4, S. 80—82.

[69] ŠČERBAKOV, D. I.: S. S. SMIRNOV i ego prognoznaja očenka olovonosnosti territorii SSSR. In: Vopr. genez. i zakonomern. razmešč. endogen. mestorož. — Moskva: izd. Nauka 1966.

[70] SOKOLOV, G. A.: Akademik SERGEJ SERGEEVIČ SMIRNOV. (K 50-letiju so dnja roždenija). — Vestn. Akad. nauk SSSR, (1946) 1, S. 64—66.

[71] SOKOLOV, G. A.: SERGEJ SERGEEVIČ SMIRNOV. — Izv. Akad. nauk SSSR, ser. geol., (1947) 1, S. 5—1.

[72] SOKOLOV, G. A.; VOL'FSON, F. J.; LUKIN, L. J.: O vklade akademika S. S. SMIRNOVA v razvitie teorii rudoobrazovanija. In: Vopr. genez. i zakonomern. razmešč. endogen. mestorož. — Moskva: izd. Nauka 1966. S. 15—23.

[73] STULOV, N. N.: Osnovopoloznik i glava sovetskoj metallogeničeskoj skolyakademik SERGEJ SERGEEVIČ SMIRNOV (1895—1947). In: Vydajušč. učenye gorn. inst. — Leningrad: 1948. S. 87—94.

[74] TOKAREV, V. A.: Vsesojuznoe mineralogičeskoe obščestvo — pamjati akademika S. S. SMIRNOVA! — Priroda, (1948) 4, S. 72—74.

[75] VOL'FSON, F. I.: Der Beitrag des Akademiemitglieds S. S. SMIRNOV zur Entwicklung der Erzlagerstättenkunde. — Geologie, Berlin 20 (1971), S. 703—709.

Manuskripteingang: 15. März 1977

Anschriften der Autoren:

Prof. Dr. L. BAUMANN, Bergakademie Freiberg, Sektion Geowissenschaften
DDR - 92 Freiberg, Schließfach 47

Prof. Dr. I. L. NIKOLS'KIJ, Dozent Dr. V. A. KORČEMAGIN, Polytechnisches Institut
Donezk, Artemastraße 58

Schriftenr. geol. Wiss. · Berlin 14 (1979) · S. 175–181

Nikolaj Sergeevič Šatskij (1895–1960)

Von Hans-Jürgen Teschke, Berlin

Mit einer Abbildung

Nikolaj Sergeevič Šatskij gehört zu den bedeutendsten sowjetischen Tektonikern dieses Jahrhunderts. Sein Lebenswerk umfaßt insbesondere Arbeiten zur regionalvergleichenden Tektonik der Sowjetunion, zahlreiche Kartenprojekte, ferner Beiträge zur Rohstofferkundung. Er begründete die Formationslehre. Als Direktor des Geologischen Instituts der Akademie der Wissenschaften der UdSSR wurde Šatskij für seine wissenschaftliche Tätigkeit und für seine Verdienste um die langfristige Rohstoff- und Energieprognose der Sowjetunion mit hohen staatlichen Auszeichnungen und Orden geehrt.

Николай Сергеевич Шатский был одним из выдающихся советских тектонистов нашего столетия. Свои исследования он посвятил в частности сравнительной региональной тектонике Советского Союза, составлению многочисленных проектов карт и поисковым работам. Он развивал учение о формациях. Будучи директором Геологического института АН СССР, за его научную деятельность и его заслуги в области долгосрочного прогноза сырья и энергии СССР Шатский был награжден высокими государственными наградами и орденами.

Nikolai Sergeevich Shatsky is one of the most important Soviet tectonic geologists of this century. His life-work mainly includes studies of comparative regional tectonics of the Soviet Union, numerous map projects, and contributions to the exploration of raw materials. He is the founder of the theory of formations. As director of the Geological Institute of the Academy of Sciences of the U.S.S.R. Shatsky was honoured by high distinctions and orders of the State for his scientific activities and merits on the long-term prognosis of raw materials and energy of the Soviet Union.

Nikolaj Sergeevič Šatskij wurde am 28. (16.) August 1895 in Moskau geboren. Eine sorgfältige Erziehung im Elternhaus – sein Vater war Buchhalter, seine Mutter führte das Haus – und eine solide Gymnasialausbildung waren die Grundlagen für ein bemerkenswert erfolgreiches Studium. Im Jahre 1913 wurde der junge Šatskij in der Physikalisch-Mathematischen Fakultät der Moskauer Universität immatrikuliert und widmete sich unter persönlicher Förderung von Prof. A. P. Pavlov bald ausschließlich geologischen Studien.

Bereits nach drei Jahren wurde Šatskij als Hydrogeologietechniker zu Erkundungsarbeiten in das Wolgagebiet entsandt, wo er, fast ganz auf sich allein gestellt, eine umfangreiche Kartierung und als deren Ergebnis die für den östlichen Teil der Russischen Tafel erste Strukturkarte anfertigte.

Im August 1916 wurde Šatskij einberufen, erlebte aktiv die große Oktoberrevolution mit und befand sich – abgesehen von einer kurzen Unterbrechung – bis 1921 als Offizier in einer Pioniereinheit im Kampfeinsatz gegen Weißgardisten und Interventionstruppen.

Im gleichen Jahr setzte Šatskij – nun unter den neuen gesellschaftlichen Verhältnissen – sein Studium fort, wurde aber, selbst noch Student, bereits mit Lehraufgaben betraut, zunächst als Assistent von A. P. Pavlov, dann bei G. F. Mirčink und ab 1924 als Mitarbeiter von A. D. Archangel'skij. Seine Lehrtätigkeit umfaßte in diesen Jahren Vorlesungen über die Geologie Sibiriens, Geotektonik, Strukturgeologie und Historische

Geologie ebenso wie Praktika zu Spezialthemen und die Betreuung von Diplomanden. Gleichzeitig wurde Šatskij in die für den Aufbau des jungen Sowjetstaats wichtige „Kommission zur Erforschung der Kursker Magnetanomalie" berufen und mit Feldarbeiten in verschiedenen Gebieten der Sowjetunion beauftragt (unter anderem Kaukasus, Kasachstan, Sibirien, Ferner Osten).

Im Jahre 1934 wurde Šatskij in das von Archangel'skij geleitete Geologische Institut der Akademie der Wissenschaften der UdSSR, Moskau, berufen, baute dort die Abteilung Tektonik auf und wurde im Jahre 1956 mit der Leitung dieses Instituts betraut.

Die wissenschaftliche Tätigkeit erstreckte sich in erster Linie auf die Lösung regionaltektonischer Probleme Eurasiens. Doch faßte er die Tektonik nie in engem struktur-

geologischem Rahmen auf, sondern stets in dialektischer Beziehung zum Entwicklungsprozeß insgesamt.

Die wissenschaftsorganisatorische und gesellschaftliche Tätigkeit Šatskijs umfaßte ein außerordentlich breites Spektrum. Er war Vorsitzender der „Kommission für tektonische Karten"; unter seiner Leitung entstanden zahlreiche geologische Kartenwerke, beispielsweise die 1960 auf dem 21. Internationalen Geologenkongreß in Kopenhagen erstmalig vorgelegte „Internationale tektonische Karte Europas i. M. 1 : 2,5 Mill.". In einer Vielzahl einflußreicher Gremien der Akademie der Wissenschaften und der geologischen Industrie stellte Šatskij seinen reichen Erfahrungsschatz als Konsultant in den Dienst der Volkswirtschaft. So war er von 1955—1959 Vorsitzender der Kommissionen „Gesetzmäßigkeiten der Verteilung von Bodenschätzen" und „Absolute Altersbestimmungen". Umfangreich war ferner seine Tätigkeit als Redakteur und Herausgeber einer Reihe bedeutender, vorwiegend regionalgeologischer Werke — Tektonik der UdSSR, Fragen der Geologie Asiens, Regionale Stratigraphie der UdSSR — und geologischer Fachzeitschriften.

Šatskij war Mitglied der Ungarischen, Tschechoslowakischen, Französischen und Londoner Geologischen Gesellschaft, Ehrenmitglied der Gesellschaft für Geologische

Wissenschaften der DDR. Für hervorragende Verdienste um den volkswirtschaftlichen Aufbau der Sowjetunion wurde ŠATSKIJ im Jahre 1946 mit dem Staatspreis, 1957 mit dem Lenin-Preis, zweimal mit dem Lenin-Orden, mit dem Rotbannerorden sowie mit anderen Medaillen ausgezeichnet.

Völlig unerwartet verstarb ŠATSKIJ am 31. Juli 1960 in Moskau.

NIKOLAJ SERGEEVIČ ŠATSKIJ wird mit vollem Recht zu den großen Forscherpersönlichkeiten der Geologie dieses Jahrhunderts gezählt. Er war vor allem Tektoniker, er war es jedoch nicht ausschließlich. Denn alle seine Arbeiten greifen in der Fragestellung, in der Methodik und in den Ergebnissen weit in andere Bereiche der Geowissenschaften und der geologischen Praxis hinein. Der Tektoniker war vor allem Historiker, der eine Krustenstruktur — ob es eine Antiklinale seiner Lehrjahre oder die präkambrischen Tafeln im Spätwerk waren — weniger unter morphologischen Kriterien, vielmehr und stets als Ergebnis eines historischen Entwicklungsprozesses sah. Sein Forschungsziel war das Werden einer Struktur und ihre Genese, weniger ihr eigentliches Sein. Erste, vorwiegend stratigraphische Aufgaben mögen dem jungen Assistenten den Blick dafür geschärft haben.

ŠATSKIJS Werk gibt uns ein Musterbeispiel für das Wechselverhältnis zwischen Theorie und Praxis in der geologischen Forschung. Er ist in keiner seiner Arbeiten „reiner Theoretiker". Alle seine Forschungen enthalten konsequent bereits im Ansatz die Frage nach der praxisbezogenen Nutzbarkeit. Es erscheint uns deshalb verständlich, daß ŠATSKIJ mehr zu analytischer Arbeitsweise tendierte, wogegen die großen Theorien in seinem Lebenswerk fehlen. Ja, er steht ihnen oft sogar recht skeptisch gegenüber. Seine ausgezeichneten regionaltektonischen Synthesen und theoretischen Verallgemeinerungen der fünfziger Jahre, etwa die „Vergleichende Tektonik der alten Tafeln", sind kein Widerspruch dazu, sondern eine Bestätigung dafür.

ŠATSKIJS frühe Arbeiten sind, wie bereits erwähnt, stratigraphische Forschungen in verschiedenen Gebieten des Landes zwischen Moskau und Ostsibirien. In der zentralen Osteuropäischen Tafel werden Detailprofile des Oberdevons-Unterkarbons aufgestellt, am Nordrand des Donbass gelingt es, über Faziesänderungen der Kreide-Tertiär-Abfolge die jüngste Geschichte des Donbass aufzuklären, und im Kaukasus werden erstmals stark gestörte Foraminiferen- und Maikop-Schichten zwischen Nordkaukasus und Transkaukasien korreliert.

In diesen ersten Arbeiten [3] wird eine Eigenschaft erkennbar, die für das ganze Schaffen ŠATSKIJS charakteristisch werden sollte: eine jedes Detail erfassende Beobachtungsgabe und die Fähigkeit, eine Vielzahl von Einzelheiten als Teile eines Ganzen zu erkennen und zu interpretieren. Eine weitere, wohl noch höhere Begabung zeigt sich bald. Bei der Untersuchung des Spätpräkambriums im Ural gelang ŠATSKIJ die Aufstellung eines Typusprofils; er erkannte in diesem, von ihm als Ripheikum ausgeschiedenen Zeitabschnitt einen dem kaledonischen und variszischen Zyklus entsprechenden selbständigen Entwicklungszyklus [4]. Die ripheische Geosynklinalentwicklung beginnt mit Klastika und basischen Effusiva, geht in flyschartige und karbonatische Bildungen über und endet schließlich mit Faltungsbewegungen und Molassesedimentation. In ŠATSKIJ reifte jedoch der Gedanke, ausgehend von diesem Eichprofil, das Jungpräkambrium anderer tektonischer Einheiten zu vergleichen, um auf diesem Wege zu übergeordneten Aussagen zu gelangen. Seine Ideen sollten sich in den folgenden Jahren glänzend bestätigen, nicht nur in regionaltektonischen Vergleichen jungpräkambrischer Geosynklinalen, sondern auch in der Korrelation von Geosynklinal- und Tafelprozessen. Die heutigen internationalen geologischen Korrelationsprogramme gehen in ihren Voraussetzungen zu einem großen Teil auf die theoretisch-methodischen Vorstellungen ŠATSKIJS zurück.

Obwohl diese Arbeiten des jungen Geologen vorwiegend stratigraphischen Charakter trugen, zeichnet sich in ihnen in zunehmendem Maße das Interesse an tektonischen Problemen ab. Wir finden kaum eine Veröffentlichung dieser Jahre, die nicht bereits bemerkenswerte tektonische Aussagen enthält. Er fällt schon früh durch die Zuverlässigkeit der Beschreibung tektonischer Phänomene sowie durch die Sicherheit ihrer kausalen Verknüpfung auf. Das betrifft insbesondere seine ersten Vorstellungen über die Abhängigkeiten zwischen Mächtigkeit, Fazies und tektonischem Relief. Es ist von Interesse, daß diese als „Neben"ergebnis praktischer Kartierungsarbeit gewonnenen, zunächst gelegentlich noch zögernd formulierten Erkenntnisse in den folgenden Jahren an Kontur gewinnen und die großen regionalen Synthesen der fünfziger Jahre bereits deutlich werden lassen.

Der methodischen Beschäftigung mit der Mächtigkeits- und Faziesanalyse folgte — gleichsam zwangsläufig — der im Wege ŠATSKIJS wohl wichtigste Schritt vorwärts: die stärkere Hinwendung zu historisch-genetischen Fragestellungen der Strukturentwicklung und die Einbeziehung stofflich-lithologischer Parameter für die Strukturanalyse. Beide Seiten im Denken ŠATSKIJS standen in einer ständigen dialektischen Wechselbeziehung und wurden in theoretisch ausgereifter Form als vergleichende Regionaltektonik und als Formationslehre zur Grundlage moderner tektonischer Forschung.

Im Jahre 1932 erschien als erste regionale Synthese die Arbeit „Grundzüge der Tektonik der Sibirischen Tafel und umrahmender Faltengebiete" [5]. Der wissenschaftliche Erfolg dieser Untersuchungen für ŠATSKIJ und die geologische Bedeutung ihrer Ergebnisse für die künftige wirtschaftliche Erschließung Sibiriens gründete sich auf die konsequente Anwendung einer komplexen Analysenmethode tektonischer Einzelformen, die räumliche (strukturelle), zeitliche (historische) und stoffliche (lithologische) Parameter miteinander in Beziehung setzt, um daraus individuelle und gemeinsame Eigenschaften zu trennen und schließlich überregional gültige Gesetzmäßigkeiten des Baus und der Entwicklung Sibiriens abzuleiten.

In dieser Arbeit wurde erstmalig der Begriff „Sibirische Tafel" in ihrer heutigen Fassung geprägt. Um den Wert und die Bedeutung dieser Untersuchungen im richtigen Maßstab zu sehen, müssen wir das vor rund 45 Jahren noch vergleichsweise unzulängliche Faktenmaterial berücksichtigen. ŠATSKIJ erweist sich als glänzender Meister der Intuition. Er definiert die noch heute gültigen lineamenttektonischen Grenzen des Kratons und erkennt ihre langzeitige entwicklungsbestimmende Dynamik, er gibt eine Rayonierung in Struktureinheiten mit jeweils spezifischem Bewegungsstatus. Es sind weniger die tektonischen Homogenitätszonen, die das forschende Interesse des Tektonikers in Sibirien anziehen, als vielmehr die strukturellen Diskontinuitäten, die Grenzbereiche zwischen Baueinheiten mit unterschiedlicher Mobilität und damit unterschiedlichem historischen Entwicklungsablauf. So greift ŠATSKIJ eine Problematik auf, der er bereits am Ostrand der Osteuropäischen Tafel nachgegangen ist: der tektonischen Entwicklung an der Grenze Proterozoikum—Phanerozoikum. Hier wie dort gelingt es ihm, einen selbständigen jungpräkambrischen Faltungszyklus auszuscheiden. Die Bezeichnung „baikalische Faltung" hat inzwischen weltweite Anwendung gefunden.

Es erscheint uns heute nur folgerichtig, wenn die Methode der vergleichenden Tektonik auf die drei alten Tafeln der Nordhemisphäre — Sibirische, Osteuropäische und Nordamerikanische Tafel — angewendet wird. Die Ergebnisse dieser Synthese werden in fünf Aufsätzen in den Izvestija Akad. Nauk SSSR (ser. geol.) [1] dargelegt. Als die wohl reifsten Arbeiten des Autors wurden sie zum Ausgangspunkt theoretischer Forschungen und zur Grundlage praktischer Lagerstättenerkundung im Bereich alter und junger Tafelstrukturen. Es sind im wesentlichen vier Typen von Strukturen, deren tektonische Stellung und Entwicklung, abstrahiert von lokalen Phänomenen, auf Grund überregional wirksamer Gesetzmäßigkeiten untersucht werden:

1. Nahtzonen, die im Frühstadium der Tafelentwicklung als deren Grenze gegen umgebende Mobilgebiete angelegt werden und in Abhängigkeit zu diesen im Verlauf ihrer Entwicklung bis zur Jetztzeit aktiv bleiben. Einen besonderen Typ bilden dabei die sogenannten einspringenden Winkel, die als Querstrukturen — z. B. Oslo-Graben, Ottawa-Syneklise, Wichita-System — in den Tafelblock eindringen.

2. Randsenken, im Grenzbereich zwischen Tafel und Orogen, deren Anlage und Entwicklung räumlich und zeitlich weitgehend kausal vom Entwicklungsgang des jeweiligen Orogens bestimmt wird.

3. Syneklisen als weitspannige, durch Verdichtung von Kruste-Mantelmaterial entstandene aktive Senkungsstrukturen, und die bei diesem Vorgang verbleibenden, weitgehend passiven Resthebungsgebiete.

4. Aulakogene, die — im Gegensatz zu den brucharmen Syneklisen — vorwiegend lineare Störungszonen erhöhter Mobilität darstellen, wie z. B. der Große Donbass.

Im Schaffen Šatskijs hat die Bearbeitung tektonischer Kartenwerke eine besonders große Bedeutung erlangt — keineswegs zufällig, sondern in konsequenter Weiterführung seiner geotektonischen Vorstellungen. Im Jahre 1933 legen Lehrer und Schüler in einer gemeinsamen Arbeit und einem beigegebenen Kartenschema Prinzipien und Methodik tektonischer Karten dar [6]. Nach dem historischen Prinzip werden im nördlichen Eurasien alte, präkambrisch konsolidierte Kratone sowie paläozoisch, mesozoisch und känozoisch gefaltete Orogene ausgeschieden. In den beiden folgenden Jahren arbeitet Šatskij an einer Analyse der arktischen Gebiete und südlich angrenzenden Kontinentalbereiche, deren Ergebnisse in der 1935 erschienenen Karte niedergelegt sind. Nach intensiven Studien zu Fragen der regionalvergleichenden Tektonik und zur Weiterentwicklung der Prinzipien und Legenden tektonischer Karten erscheint im Jahre 1951 die erste „Tektonische Karte der UdSSR" im Maßstab 1 : 4 Mill., eine umfassende Synthese aller damaligen Kenntnisse der theoretischen und regionalen Tektonik. Für die langfristige Strategie der Rohstofferkundung der Sowjetunion sollte diese von einem Kollektiv unter der Leitung von Šatskij erarbeitete Karte von unschätzbarem Wert werden. Nach Erscheinen der 2. Auflage im Maßstab 1 : 5 Mill. wurde Šatskij für diese Arbeiten mit dem Lenin-Preis ausgezeichnet. Auf der Weltausstellung 1959 in Brüssel erhielt die Karte den „Grand Prix". Damit bereiteten sich auch im internationalen Bereich die breite Anerkennung und der entscheidende Durchbruch vor: Die Sowjetunion wurde vom Internationalen Geologischen Kongreß mit der Erarbeitung einer Tektonischen Karte Europas, später einer Weltkarte beauftragt, die beide auf den von Šatskij gelegten Grundlagen aufbauen konnten.

Wenn wir das Gesamtwerk Šatskijs betrachten, so sind wir von der Breite seines Spektrums und der Fülle seiner Interessen beeindruckt. Unter diesem Aspekt haben wir auch die frühe Hinwendung zu stofflichen Fragen zu sehen: zunächst noch bei der Erdölprognose in der Ukraine, in Sibirien und im Wolga-Ural-Gebiet — vorwiegend methodisch, später als integrierender Teil tektonischer Komplexanalyse und schließlich zur Formationslehre ausgereift. Chronologisch lassen sich diese Arbeiten in drei Abschnitte zusammenfassen. Zwischen 1939 und 1953 wurden erste Definitionen und Beispiele gegeben, aus denen die künftige Entwicklungsrichtung dieser Forschungen ablesbar ist. In der Mitte der fünfziger Jahre erschienen die für die praktische Erkundung so bedeutsamen Arbeiten über mangan- und phosphoritführende Formationen und schließlich im Jahre 1960 [7] seine umfassende theoretische Verallgemeinerung.

Šatskij betrachtet sedimentäre Formationen als natürliche Gesteinskomplexe (-assoziationen), deren einzelne Glieder (Folgen) unter gleichen tektonischen Bedingungen entstanden und paragenetisch sowohl lateral als auch vertikal miteinander verknüpft sind. Von Anfang an werden in die methodischen Untersuchungen Fragen der lagerstättenkundlichen Praxis einbezogen. Die Betrachtung sedimentärer Bodenschätze ebenfalls als Formationen, ihre Darstellung in metallogenetischen Rayonierungskarten und die Ausarbeitung entsprechender methodischer Erkundungskriterien führen schon bald zu sichtbaren Erfolgen bei der Suche nach Eisen, Mangan und Phosphaten. Auf Grund seiner reichen Erfahrungen und somit seiner Autorität, aber auch seiner breiten Popularität wurde ŠATSKIJ 1955 zum Leiter der mit großen Vollmachten ausgestatteten Kommission „Gesetzmäßigkeiten der Verteilung nutzbarer Bodenschätze" ernannt. Es liegt in ŠATSKIJS Wesen begründet, daß er gerade in diese für die wachsende Volkswirtschaft der Sowjetunion bedeutende Tätigkeit seine ganze Energie legte.

Obwohl der Begriff Formationslehre auf das engste mit dem Namen ŠATSKIJS verknüpft ist, hat er doch bereits zu seinen Lebzeiten eine Vielzahl von Schülern zur Weiterentwicklung der von ihm begründeten Lehre angeregt. Auch das gehört zum Charakterbild dieses Forschers: Er war nie selbstherrlicher Einzelgänger, sondern stets fordernder und fördernder Kopf seines Kollektivs.

Eine Würdigung des wissenschaftlichen Werkes ŠATSKIJS wäre unvollständig, blieben die Beiträge zur Geschichte und Philosophie der Geologie unberücksichtigt. Wir sind geneigt, das forschende Interesse ŠATSKIJS an der Entwicklungsgeschichte einer tektonischen Struktur und an der Wissenschaftsgeschichte eines geologischen Gedankens auf eine gleiche Wurzel zurückzuführen. Zumal beide Interessen gleichzeitig und schon sehr früh nachweisbar sind. Daß es insbesondere CHARLES DARWIN war, dessen Evolutionstheorie er in ihrer Bedeutung für die geologische Wissenschaft erschloß, will uns als Bestätigung dafür erscheinen. Hier sind es, ausgehend unter anderem von den Überlegungen DARWINS zur Bildung von Korallenriffen und zur Magmendifferentiation in erster Linie die Probleme des Aktualismus, die ŠATSKIJ in zahlreichen Vorträgen und Publikationen einer fundierten Analyse zuführte. Doch bald wurden die wissenschaftsgeschichtlichen Forschungen zu einer umfassenderen Fragestellung erweitert. Am Beispiel CHARLES LYELLS konnte er zwei wichtige Erkenntnisse ableiten; in welchem Maße die DARWINsche Evolutionstheorie die Geologie des 19. Jahrhunderts beeinflußt hat und welche Bedeutung dadurch ihrerseits die Geologie für das Verständnis des Entwicklungsprozesses in der Natur, d. h. für die Durchsetzung der materialistischen Weltanschauung erlangte. Die Beschäftigung mit wissenschaftstheoretischen Fragen blieb jedoch nie Selbstzweck. So ist es bezeichnend für die wechselseitige Befruchtung von theoretischem Denken und wissenschaftlicher Tätigkeit, daß er den Aktualismus — unter Beachtung des Entwicklungs- (Evolutions-) prinzips — als Methode erkannte, sie gleichzeitig aber auch zum Bestandteil seiner vergleichend-historischen Arbeitsweise werden ließ und sie damit für die Lösung konkreter geotektonischer Probleme einsetzte [8].

Nicht ohne Nutzen für die Bestimmung der heutigen Position der Tektonik lesen wir ŠATSKIJS Untersuchungen zur Geschichte der Tektonik, beginnend mit den klassischen Arbeiten MURCHISONS bis zu KARPINSKIJ und ARCHANGELS'KIJ, deren Leistungen für den Fortschritt der Geowissenschaften er mit denen LEOPOLD VON BUCHS, ELIES DE BEAUMONTS, EDUARD SUESS' und anderen gleichsetzte [9]. An mehreren Stellen kreuzen sich auch hier philosophische Überlegungen des Theoretikers mit geologischen Erkenntnissen des Tektonikers. Eine davon ist der Neokatastrophismus, den er in Hypothesen zyklischer und global gleichzeitig wirksamer geologischer Umbildungsprozesse sah. An diesem Punkt setzt die — vielleicht nicht mit der von ŠATSKIJ sonst gewohnten Klarheit geführte — kritische Auseinandersetzung mit H. STILLE [10] und A. WEGNER und anderen an. So meinen wir, daß in der Zyklentheorie SERGE VON BUBNOFFS und der Postumitätstheorie ŠATSKIJS — beide Forscher verband eine sehr enge Freundschaft und Wertschätzung — weniger Gegensätzliches als gemeinsame und einander ergänzende Gedanken enthalten sind.

Wir betrachten das Lebenswerk ŠATSKIJS heute aus der zeitlichen Distanz von zwei Dezennien, in der die Tektonik eine zuvor nie gekannte Entwicklung durchlaufen hat.

Die neuen Erkenntnisse der marinen Geologie sowie aus tieferen Bereichen der Kontinente haben mobilistische Vorstellungen in den Vordergrund treten lassen, die im Denken ŠATSKIJS noch kaum bzw. nur eine kritisch reflektierende Rolle spielten. Es sind aber andererseits gerade die von ihm und seinen Schülern erarbeiteten Ergebnisse geotektonischer Rayonierung, die heute die Grundlage vieler regionalgeologischer internationaler Forschungsprojekte im Kontinentalbereich bilden. Die langjährigen und erfolgreichen Kooperationsbeziehungen auf dem Gebiet der Geowissenschaften zwischen den Geologen der UdSSR und der DDR bilden dafür eine Bestätigung.

Bibliographie

Ausgewählte Arbeiten

[1] Vergleichende Tektonik alter Tafeln. Aufsatz 1—5. — Fortschr. sowj. Geol., Berlin **4** (1961), S. 15—207 (dtsch. Übers.).
[2] Avtobiografija ŠATSKOGO NIKOLAJA SERGEEVIČA. — In: N. S. ŠATSKIJ: Izbrannye trudy, Bd. 1. — Moskva: izd. Nauka 1963. S. 5—12.
[3] O facijach i neftenosnosti majkopskich otloženij jugo-vostočnogo okončanija Kavkaza. — Neftjanoe chozjajstvo, Moskva (1928) 8.
[4] Očerki tektoniki Volgo-Ural'skoj neftenosnoj oblasti i smežnoj časti zapadnogo sklona Južnogo Urala. — Mater. poznan. geol. stroen. SSSR, n. ser., Moskva **2** (1945) 6.
[5] Osnovnye čerty tektoniki Sibirskoj platformy. — Bjull. mosk. obšč. ispyt. prir., otd. geol., Moskva **10** (1932) 3—4.
[6] Šema tektoniki SSSR. — Bjull. mosk. obšč. ispyt. prir., otd. geol., Moskva **11** (1933) 4, (gemeinsam mit A. D. ARCHANGEL'SKIJ).
[7] Paragenezisy osadočnych i vul'kanogennych porod i formacij. — Izv. Akad. nauk SSSR, ser. geol., Moskva (1960) 5, S. 3—23.
[8] Geologija v issledovanijach ČARLSA DARVINA. — Bjull. mosk. obšč. ispyt. prir., otd. geol., Moskva **35** (1960) 1, S. 3—24.
[9] A. P. KARPINSKIJ kak učenyj (k 100-letiju so dnja roždenija). — Sov. geol., Moskva **28** (1948).
[10] O dlitel'nosti skladkoobrazovanija i o fazach skladčatosti. — Izv. Akad. nauk SSSR, ser. geol., Moskva (1951) 1.
[11] Izbrannye trudy, tom 1—3. — Moskva: izd. Nauka 1963.

Literatur über N. S. ŠATSKIJ

[12] TESCHKE, H.-J.: NIKOLAI SERGEEWITSCH SCHATSKI. — Fortschr. sowj. Geol., Berlin **4** (1961).
[13] JUBITZ, K.-B.; TESCHKE, H.-J.: Schwerpunkte, Wirkungsgrad und Entwicklungstendenzen strukturgeologischer Forschung der UdSSR. — Oktoberrevol. u. Wiss., Berlin (1967), S. 415—437.
[14] BOGDANOW, A. A.: Kurze Einführung zu den Arbeiten von N. S. SCHATSKI „Vergleichende Tektonik alter Tafeln". — Fortschr. sowj. Geol., Berlin **4** (1961), S. 11—14.
[15] BOGDANOW, A. A. u. a.: A. D. ARCHANGEL'SKIJ i N. S. ŠATSKIJ — krupnejšie predstaviteli moskovskoj školy geologov. — Bjull. mosk. obšč. ispyt. prir., otd. geol., Moskva **45** (1970) 3.

Manuskripteingang: 9. März 1977

Akademie der Wissenschaften der DDR, Zentralinstitut für Physik der Erde, Mitteilung Nr. 575

Anschrift des Autors:

Dr. H.-J. TESCHKE, Akademie der Wissenschaften der DDR, Zentralinstitut für Physik der Erde
DDR - 1199 Berlin, Rudower Chaussee 5

Schriftenr. geol. Wiss. · Berlin 14 (1979) · S. 183—190

Aleksandr Pavlovič Vinogradov (1895—1975)

Von Vladimir Vitalievič Ščerbina, Moskau

Mit einer Abbildung

Aleksandr Pavlovič Vinogradov war ein bedeutender Geochemiker und Biogeochemiker; in seinen letzten Lebensjahren arbeitete er auf dem Gebiet der Kosmochemie. Ferner beschäftigte er sich mit Problemen der Isotopie von Sauerstoff, Schwefel, Kohlenstoff und Blei — den Abweichungen der Isotopenverhältnisse als Indikator geochemischer Vorgänge.

Er untersuchte die Geochemie der einzelnen Elemente sowie die Zusammensetzung der Erdkruste und des oberen Erdmantels, des Ozeanwassers und der Meteoriten. Er leitete die analytisch-chemischen Forschungen im Institut für Geochemie und Analytische Chemie der Akademie der Wissenschaften der UdSSR.

Vinogradov war Mitglied der Akademie der Wissenschaften der UdSSR und später einer ihrer Vize-Präsidenten. An der Universität Moskau hatte er den Lehrstuhl für Geochemie inne, war Redakteur der Zeitschrift „Geochimija" und Mitglied zahlreicher wissenschaftlicher Gesellschaften und Organisationen.

Александр Павлович Виноградов был выдающимся геохимиком и биогеохимиком. В пследние годы своего жизни он также работал в области космохимии.

Кроме этого он занимался проблемами изотопного состава кислорода, серы, углерода, свинца и отклонениями изотопных отношений от эталонов как индикаторым геохимических процессов.

Он работал над геохимией различных элементов и составом земной коры и верхнего мантая земли, водов океана и метеоритов. Он возглавнял аналитическо-химические исследования в Институте геохимии и аналитической химии Академии наук, руководителем которого он был.

А. П. Виноградов был академиком и вице-президентом Академии наук СССР. Он был заведующим кафедрой геохимии Московского университета, был редактором журнала „Геохимия" и членом нескольких научных обществ и организаций.

Aleksandr Pavlovich Vinogradov was a famous geochemist and biogeochemist, whose last years were devoted to the field of cosmochemistry. He also investigated problems of oxygen, sulphur, carbon and lead isotopy, and in particular deviations of isotope ratios as an indicator of geochemical processes.

He studied the geochemistry of the individual elements as well as the composition of the earth's crust and upper mantle, and also of the ocean water and meteorites. Moreover, he directed analytical researches in the Institute for Geochemistry and Analytical Chemistry of the Academy of Sciences of the U.S.S.R.

He was a member of this Academy and afterwards also one of its Vice-Presidents. He held the Chair of Geochemistry at the University of Moscow, was editor of the journal „Geochimiya" and of many scientific societies and organizations.

Aleksandr Pavlovič Vinogradov wurde am 21. August 1895 in St. Petersburg (dem heutigen Leningrad) in der Familie eines Angestellten geboren. Im Jahre 1918 wurde er Student der Kriegsmedizinischen Akademie und ab 1921 gleichzeitig Student der chemischen Fakultät der Leningrader Universität, die er 1925 abschloß. Von 1926 bis 1930 führte Vinogradov Untersuchungen zur Chemie des Meeres und von Meeresorganismen in der Murmansker wissenschaftlich-biologischen Station (Laboratorium) durch und nahm an Reisen auf der Barentssee auf dem Forschungsschiff „Perseus" teil. Im Jahre 1928 wurde an der Akademie der Wissenschaften der UdSSR von Vernadskij in Moskau das Biogeochemische Laboratorium gegründet. Vinogradov wurde als Spezialist mit Kenntnissen der Biologie, die er auf der Kriegsmedizinischen Akademie und Kenntnissen der Chemie, die er an der chemischen Fakultät der Universität erworben hatte, an diese Einrichtung berufen. Mit diesem Zeitpunkt beginnt die enge Zusammenarbeit zwischen Vernadskij und Vinogradov.

Vernadskij war bis zu seinem Tode im Jahre 1945 Direktor des Biogeochemischen Laboratoriums der Akademie der Wissenschaften der UdSSR, seit 1934 war Vinogradov Stellvertretender Direktor dieser Institution. 1947 wurde dieses Laboratorium zu dem

heutigen „Institut für Geochemie und Analytische Chemie V. I. Vernadskij" erweitert, dessen Direktor Vinogradov bis zu seinem Tode war. Im Jahre 1935 wurde Vinogradov für seine umfassende Arbeit „Die chemische Elementarzusammensetzung der Meeresorganismen", die er nach dem Material seiner ozeanographischen Forschungen der Jahre 1926—1930 schrieb, der Professorentitel verliehen.

Seine erste Auslandsreise führte ihn 1936 in die Tschechoslowakei, nach Frankreich, England und Dänemark, wo er sich mit dem Stand der geochemischen und ozeanographischen Forschungen vertraut machte.

Mitte der dreißiger Jahre wurde unter der Leitung von Vernadskij im Biogeochemischen Laboratorium durch Vinogradov gemeinsam mit weiteren Mitarbeitern der Gehalt an „schwerem" Wasser und die Isotopenzusammensetzung des Sauerstoffs untersucht. Für seine bedeutenden wissenschaftlichen Forschungen unter den schweren Bedingungen des Krieges wurde Vinogradov 1943 zum korrespondierenden Mitglied der Akademie der Wissenschaften gewählt. 1945 wurde Vinogradov für seine Verdienste bei der Entwicklung von Wissenschaft und Technik zur 220-Jahrfeier der Akademie der Wissenschaften der UdSSR mit dem Rotbannerorden der Arbeit ausgezeichnet, und im folgenden Jahr erhielt er anläßlich seines 50. Geburtstags den Rotbannerorden für wissenschaftliche Leistungen.

Im Jahre 1949 wurden ihm der Staatspreis der UdSSR 1. Klasse für die wissenschaftlichen Arbeiten auf dem Gebiet der Chemie zuerkannt und ihm der Titel eines Helden der sozialistischen Arbeit, der Leninorden sowie die Goldmedaille „Hammer und Sichel" verliehen. Den zweiten Staatspreis für das Buch (1950) „Geochemie der seltenen und dispersen chemischen Elemente im Boden" erhielt er 1951. Im Jahre 1953 wurde Vinogradov zum Akademiemitglied gewählt, wurde Leiter des Lehrstuhls für Geochemie an der Universität Moskau, dem er viel Zeit und Aufmerksamkeit widmete und zum zweiten Mal mit dem Leninorden ausgezeichnet. Im Jahre 1956 begann er mit der Herausgabe der Zeitschrift „Geochimija", deren Gründung von ihm angeregt worden und deren Chefredakteur er bis zu seinem Tode war. 1963 wurde er zum Sekretär der Abteilung Geowissenschaften der Akademie der Wissenschaften der UdSSR gewählt. Im Jahre 1967 ernannte man ihn zu einem der Vizepräsidenten der Akademie der Wissenschaften der UdSSR. Vinogradov war Mitglied der Pugwashkonferenz zur Verteidigung des Friedens; er wurde 1959 Vizepräsident, 1963 Präsident der Internationalen Geochemischen Kommission des IRAS (Internationaler Verband für reine und angewandte Chemie).

Vinogradov war Teilnehmer der I. (1955) und II. (1958) Internationalen wissenschaftlich-technischen Konferenz zur friedlichen Anwendung der Atomenergie, er war Delegierter zu Internationalen Geologischen Kongressen: des XX. in Mexiko (1956), des XXI. in Kopenhagen (1960), des XXII. in Indien (Neu-Delhi, 1964) und zuletzt des XXIII. in Prag (1968).

Im Jahre 1966 fand in Moskau der 2. Internationale Ozeanographische Kongreß statt, als dessen Präsident Vinogradov fungierte. Von ihm wurde 1971 in Moskau der 1. Internationale Geochemische Kongreß organisiert, der unter seinem Vorsitz tagte. Vinogradov war Teilnehmer zahlreicher internationaler wissenschaftlicher Konferenzen, deren wohl bedeutendste die Sowjetisch-Amerikanische Konferenz zur Kosmochemie des Mondes und der Planeten war, die unter seinem Vorsitz im Juni 1974 in Moskau stattfand. Hier hielt er einen Vortrag über die „Differentiation des Mondmaterials".

Vinogradov wurde zum Mitglied mehrerer ausländischer Akademien ernannt, so z. B. wurde er 1961 zum Mitglied der Französischen und der Amerikanischen Geologischen Gesellschaft gewählt. 1965 wurde er als erster mit der Vernadskij-Goldmedaille ausgezeichnet. Die Gesellschaft für Geologische Wissenschaften der DDR verlieh ihm 1967 die *Serge-von-Bubnoff-Medaille*. Alles dies belegt die aktive, sehr intensive Tätigkeit des Forschers, der neben seinem wissenschaftlichen Wirken noch wissenschaftlich-organisatorische, administrative und pädagogische Aufgaben wahrnahm.

Die Arbeit Vinogradovs konzentrierte sich um die folgenden sieben Problemkreise (in historischer Reihenfolge): Biogeochemie — Ozeanologie — analytische Chemie — Isotopie — Photosynthese und Geochronologie — Geochemie der seltenen Elemente — Fragen der allgemeinen Geochemie, einschließlich der Verteilung der chemischen Elemente in der Erdkruste und der Geochemie des oberen Mantels — Kosmochemie (Meteoritenforschung, chemische Zusammensetzung des Mondbodens, der Atmosphäre der Planeten, Nukleogenese, protoplanetare Materie).

Mit der Biogeochemie, der Untersuchung der chemischen Zusammensetzung lebender Organismen, begann die wissenschaftliche Laufbahn Vinogradovs. In einer dreibändigen Monographie (1935, 1937 und 1944), die in andere Sprachen (darunter auch in die deutsche) übersetzt wurde, wird die Änderung der chemischen Zusammensetzung der Organismen in Zusammenhang mit der Evolution der Umgebung, d. h. des Wechsels des Salzgehalts des Ozeans im Verlauf geologischer Zeiten, erläutert.

Die wichtigste Folgerung des Autors besteht darin, daß die „chemische Zusammensetzung der Organismen ein Kennzeichen ihrer Art ist". Im Jahre 1932 wurde von ihm die „Geochemie der lebenden Substanz“ veröffentlicht. Im Ergebnis der Untersuchung des Gehalts einzelner chemischer Elemente (Vanadium in Meeresorganismen, Mangan in Insekten, Kobalt, Nickel, Kupfer und Zink in verschiedenen Organismen) wurde der Begriff der biogeochemischen und insbesondere der endemischen Provinzen erarbeitet. In einigen von ihnen ruft ein Überschuß, in anderen jedoch ein Mangel an Elementen bei Tieren und Pflanzen charakteristische Erkrankungen hervor. (Das wurde am Beispiel von Fluor, Jod, Strontium, Bor, Kobalt und Kupfer gezeigt.) Ein überschüssiger Gehalt des einen oder anderen Elements in Böden (besonders der wenig verbreiteten) ruft eine Veränderung seines Bewuchses mit Pflanzen hervor (dabei unterschiedlich in den einzelnen Pflanzenteilen wie Wurzeln, Blättern, Zweigen). Außerdem gehen bei sehr hohen Konzentrationen morphologische Veränderungen vor sich (Blattformen, Zwergformen bei Pflanzen usw.). Dies sind die Grundlagen der biogeochemischen (floristischen) Methoden der Lagerstättensuche, insbesondere bei überdeckten sedimentären Ablagerungen. Die Wurzeln der Pflanzen (z. B. in Dürregebieten) gelangen in bedeutende Tiefen und absorbieren die Metalle aus den Dispersionsaureolen von in der Tiefe verborgenen Lagerstätten.

Von Vinogradov wurde die wesentliche Rolle der Mikroelemente hervorgehoben, die bei einigen biochemischen (physiologischen) Prozessen offensichtlich die Rolle von Katalysatoren spielen. Das Fehlen dieser Mikroelemente wirkt sich schädlich auf die normale Entwicklung der Organismen aus. In seinen letzten Lebensjahren kam durch ihn die Biogeochemie in der „Organisation für Umweltschutz vor dem verderblichen Einfluß technogener Verunreinigungen der Atmosphäre und der Hydrosphäre“ zur Wirkung. Der technische Fortschritt führt oft zur Störung des Gleichgewichts der Biosphäre und erreicht spürbare, ständig steigende Werte: der erhöhte Gehalt an Kohlendioxyd und vieler schädlicher Stoffe in der Atmosphäre, insbesondere von Quecksilberdämpfen, radioaktiven Abgängen, die Erhöhung des Bleigehalts im Wasser des Atlantischen Ozeans an den östlichen Küsten Nordamerikas sind hierzu einige Beispiele.

Die analytische Chemie war für Vinogradov die Methode, mit deren Hilfe er die chemische Zusammensetzung der Organismen, hauptsächlich ihre anorganische Komponente mit ihrem Gehalt an chemischen Elementen sowie den Anteil der Makroelemente in Böden und Wässern untersuchte. Im Jahre 1931 publizierte er in den „Doklady Akademii nauk“ die von ihm ausgearbeitete kolorimetrische Methode zur Bestimmung von Vanadium mit Phosphor-Wolframsäure; 1938 wurde von ihm in der Zeitschrift „Zavodskaja laboratorija“ gemeinsam mit I. P. Alimarin der Artikel „Analytische Chemie kleiner Konzentrationen seltener Elemente“ veröffentlicht und 1944 legte er einen Beitrag über die polarographische Analysenmethode vor.

Ich erinnere mich, wie er sich in der zweiten Hälfte der dreißiger Jahre in einem Gespräch mit mir über von ihm vorgeschlagene methodische Verbesserungen zur Bestimmung von Germanium und Selen äußerte.

Die meisten Publikationen Vinogradovs brachten nicht so sehr die Beschreibung der von ihm erarbeiteten chemisch-analytischen Methoden, sondern vielmehr die Analysenergebnisse selbst: „Der Fluorgehalt im Wasser der Flüsse der Sowjetunion“ (1937), „Vanadium in Erdöl und Bitumina der UdSSR“ (1935), „Der Jodgehalt der Rotalgen“ (1938) und „Jod in marinen Schlämmen“ (1939), „Der Kupfergehalt in verschiedenen Böden“ (1940). Seine Mitarbeiter vervollkommneten unter seiner Leitung die quantitativen Methoden der spektrochemischen und röntgenchemischen Analyse, führten die Methoden der Polarographie und Flammenspektrometrie im breiten Rahmen ein. Zur Bestimmung von Bor wurde von V. K. Christianov eine Schnellmethode zur Neutronenaktivierung erarbeitet, die auch unter Expeditionsbedingungen anwendbar ist.

Im Institut wurde die Methode der Radioaktivierung zur Bestimmung kleinster Mengen von Elementen angewandt und auf Anregung Vinogradovs „maschinelle“ (automatische), im Grunde physikalische Methoden der chemischen Analyse eingeführt.

Methoden zur Isotopenbestimmung begann man auf Initiative von VERNADSKIJ ab 1934 einzuführen; die ersten Mitarbeiter VINOGRADOVS auf diesem Forschungsgebiet waren P. V. TEJS und E. I. DONCOVA. Zuerst untersuchten sie die Verbreitungsgesetzmäßigkeiten des schweren Wassers und der Isotope des Sauerstoffs, deren Ergebnisse Antwort auf diejenigen Fragen geben konnten, die die traditionelle analytische Chemie nicht zu klären vermag, so die Vorgeschichte der chemischen Elemente: ob der Kohlenstoff der sedimentären Karbonate z. B. den biogenen Zyklus durchlief, oder ob er im wesentlichen anorganisch ist.

Außer den Elementen Wasserstoff und Sauerstoff wurden Kohlenstoff, Schwefel, Stickstoff, teilweise Kalium, und von den schweren radiogenen Isotopen Blei und Strontium in die Untersuchungen einbezogen. Nach den Isotopen des Bleis oder nach dem Kalium-Argon-Verhältnis wurde das absolute Alter von Gesteinen und Mineralen bestimmt. Zur Ermittlung geringen geologischen Alters wurden Daten verwendet, die man über den radioaktiven Kohlenstoff (^{14}C) gewann, und für sehr hohe Alter das Verhältnis der Isotope Strontium 87/86. Von E. I. DONCOVA wurde eine Vergrößerung der Dispersion der Isotopenverhältnisse des Sauerstoffs von den ultrabasischen zu den sauren Gesteinen festgestellt. Ein „Schwererwerden" der Isotopenzusammensetzung des Sauerstoffs lag der Hypothese der palingenen Granitentstehung zugrunde. Auf der Basis des Isotopenverhältnisses des Sauerstoffs wurde (hauptsächlich von R. V. TEJS) die Methode zur Bestimmung der Paläotemperaturen erarbeitet. VERNADSKIJ und TEJS entdeckten im Jahre 1940 bei der Untersuchung der Isotopenzusammensetzung des Sauerstoffs, der bei der Photosynthese abgegeben wird, daß er „leichter" war als der Sauerstoff der Atmosphäre, während der Sauerstoff des Kohlendioxyds der schwerste ist. Daraus wurde abgeleitet, daß sich der Sauerstoff der Photosynthese infolge Dehydrierung des Wassers bildet und nicht im Ergebnis der Zersetzung der Kohlensäure, wie das früher angenommen wurde.

So verläuft auch die Oxidation der Hydroxide nicht auf Kosten des atmosphärischen Sauerstoffs, sondern durch Verbindung mit dem Wasserhydroxyl bei gleichzeitiger Oxidation seines Wasserstoffs durch den Luftsauerstoff. Die Isotopenverhältnisse gestatteten, die strittige Genese einiger Lagerstätten eindeutig zu definieren und die organische Entstehung des Erdöls zu bestätigen.

Fragen der allgemeinen Geochemie, die Verbreitung der Elemente in der Erdkruste und die Geochemie des oberen Mantels beschäftigten VINOGRADOV über viele Jahre. Von der Untersuchung der mittleren chemischen Zusammensetzung des Wassers der Ozeane (1944) ging er zur Untersuchung der mittleren Zusammensetzung zuerst der Böden und dann der Sedimentgesteine der Russischen Tafel über. Dabei gelang es gemeinsam mit A. B. RONOV und anderen Fachkollegen, Besonderheiten der chemischen Zusammensetzung sedimentärer Gesteine und ihre chemische Evolution im Verlaufe geologischer Zeiten und eine bedeutend weitere Verbreitung der Karbonatgesteine nachzuweisen, als bisher angenommen worden war. Von diesen mittleren Gehalten der chemischen Elemente ging VINOGRADOV zu globalen Berechnungen für die Erdkruste insgesamt über, die von ihm im Jahre 1956 und in verbesserter Form 1962 in der „Geochimija" veröffentlicht wurden. Dieser Werte bedienen sich bis heute sehr viele Geochemiker und Geologen.

VINOGRADOV brachte den vielfältigen geochemischen Vorgängen reges Interesse entgegen: so dem Ausschmelzen einer basaltischen Masse aus dem Mantel (meteoritischer Zusammensetzung) mit der ihr eigenen Kristallisationsdifferentiation und Entgasungsprozessen (Bildung der ursprünglichen Atmosphäre und Hydrosphäre).

VINOGRADOV suchte das Wesen der hydrothermalen Prozesse mit den ihnen eigenen Vorgängen der Erzablagerung und der Abtrennung von Elementen in den einzelnen Stadien der Vererzung (z. B. von Wolfram und Molybdän) zu ergründen. Sein Vortrag auf der ersten VERNADSKIJ-Gedenkvorlesung (1959) befaßte sich mit der „Chemischen Evolution der Erde".

Ferner arbeitete er viel über die Geochemie einzelner Elemente und ging bei ihrer Erforschung von der Position der Biogeochemie, der Hydrochemie und der Geochemie der Hypergenese aus.

So wurde von ihm der Vanadiumgehalt in Organismen, in Bitumina und sonstigen sedimentären Bildungen bestimmt; er analysierte den Jodgehalt in Wässern, Wasserpflanzen und anderen lebenden Organismen sowie in Böden; er untersuchte das Chlor-Brom-Verhältnis in Wässern und Salzen, den Fluorgehalt in Wässern, Böden und Sedimentgesteinen, den Strontiumgehalt in Wässern, in Böden und Pflanzen in Verbindung mit Endemien, sowie einige weitere Elemente, hauptsächlich solche, die die Entwicklung der Biosphäre beeinflussen.

Die Seltenen Elemente (oder Mikroelemente) nahmen, wie aus dem Gesagten hervorgeht, eine besondere Stellung in den Forschungen Vinogradovs ein; er beschäftigte sich mit diesem Problemkreis in seiner „Geochemie seltener und disperser Elemente in Böden" (1950), worin die Ergebnisse seiner persönlichen Untersuchungen sowie die zahlreichen Arbeiten seiner Mitarbeiter zusammengefaßt sind.

Die seltenen Elemente dienen als wichtiger geochemischer Indikator bei der Lösung genetischer oder metallogenetischer Fragen. Bezüglich ihrer Eigenschaften sehr ähnlicher, homologer Elemente, wie z. B. Niob—Tantal, Zirkonium—Hafnium, Rubidium—Cäsium usw., wurde von Vinogradov der Gedanke geäußert, daß die Abweichung ihres Konzentrationsverhältnisses vom Mittelwert der Erdkruste (Clarke) ein geochemischer Indikator ist, der die genetischen Besonderheiten oder das Milieu der Mineralbildung charakterisiert. So ist das Zirkon/Hafnium- und das Niob/Tantal-Verhältnis hoch für Alkaligesteine, dagegen niedrig für saure Gesteine. Das Nickel/Kobalt- und das Zink/Cadmium-Verhältnis erhöht sich in magnesiumhaltiger Umgebung usw.

Vinogradov war Teilnehmer der ersten und zweiten Genfer Konferenz für die friedliche Anwendung der Atomenergie. Unter den seltenen Elementen nämlich, die von Vinogradov untersucht wurden, befand sich das Uran, dessen Erze als Ausgangsstoffe zur Gewinnung von Kernenergie dienen.

Die Ozeanologie war das Problem, mit dem sich Vinogradov eigentlich während seines gesamten wissenschaftlichen Lebens beschäftigt hat; dies beginnt mit dem Jahre 1926, als er seine Forschungstätigkeit zur Untersuchung der Chemie des Meeres und der chemischen Zusammensetzung der Meeresorganismen begann und erreichte ihre nächste Entwicklung im Jahre 1966, als Vinogradov Präsident des Zweiten Internationalen Ozeanographischen Kongresses in Moskau war. 1967 erschien seine Monographie „Einführung in die Geochemie des Ozeans", in welcher die Faktoren der Evolution der chemischen Zusammensetzung der Ozeanwässer, die Bilanz der chemischen Elemente usw. detailliert erörtert werden.

Im Jahre 1944 erschien in der Zeitschrift „Uspechi chimii" ein Artikel von Vinogradov über die mittlere chemische Zusammensetzung des Meerwassers, der sowohl Vinogradovs eigene Werte, als auch die in der ausländischen Literatur veröffentlichten zusammenfaßte. Diese Arbeit diente zahlreichen ausländischen Wissenschaftlern als Stimulans zur Durchführung einer breiten Palette von Untersuchungen auf diesem Gebiet.

Eine besondere Fragengruppe ist mit der Erforschung der Gesteine des Ozeanbodens und der Riftzonen der Weltmeere verknüpft. Hervorragende Untersuchungen auf diesem Gebiet wurden in den letzten Jahrzehnten von L. V. Dmitriev und anderen Mitarbeitern des von Vinogradov geleiteten Instituts durchgeführt.

Die Kosmochemie war in der Forschungstätigkeit Vinogradovs historisch seine letzte große wissenschaftliche Leidenschaft, der er viel Zeit und Energie widmete. Erste Untersuchungen lagen auf dem Gebiet der Meteoritenforschung. Im Institut wurde ein Speziallaboratorium zur Analysierung von Meteoriten geschaffen, dessen Arbeit Vinogradov mit besonderer Aufmerksamkeit beobachtete, in sie eindringend und die gewonnenen

Ergebnisse diskutierend. Weiter folgten die Bestimmung der Mondgesteine, die von den sowjetischen kosmischen automatischen Stationen „Luna 16" (1970) und „Luna 20" (1972) auf die Erde gebracht und dem von VINOGRADOV geleiteten Institut übergeben wurden. Von ihm persönlich wurde ein großer Beitrag zu ihrer Erforschung geleistet und er verfolgte aufmerksam die vielseitigen Untersuchungen dieses wertvollen Materials. Die Probe von „Luna 16" aus dem Mare Foecunditatis war ein Regulit basaltoider Zusammensetzung mit einem absoluten Alter von 3,5 Milliarden Jahren. „Luna 20" aus dem „kontinentalen" Gebiet des Mondes erbrachte helleres Material anorthositischer Zusammensetzung mit einem absoluten Alter von 4,5 Milliarden Jahren. Der Unterschied von einer Milliarde Jahren erlaubt es, die Dauer der auf dem Mond vor sich gehenden magmatischen Prozesse zu bestimmen. Der Anteil des im Regulit enthaltenen meteoritischen Materials wird auf $2^1/_2\%$ geschätzt.

Unter der Leitung von VINOGRADOV führte die sowjetische automatische Station „Venus 4" im Jahre 1968 erstmals eine Analyse der Gase der Atmosphäre des Planeten Venus durch, deren Wiederholung 1970 durch die Stationen „Venus 2" und „Venus 6" stattfand, und im Jahre 1973 wurden von „Venus 7" Gesteine dieses Planeten untersucht. An Hand dieses Analysenmaterials erarbeitete VINOGRADOV einen umfangreichen Artikel, der die chemische Zusammensetzung der Planeten des Sonnensystems interpretiert.

Schließlich untersuchte VINOGRADOV auf der Basis astrochemischer Daten und neuer Ergebnisse über die Nukleogenese die mögliche Natur der protoplanetaren Materie. Auf dem 1. Internationalen Geochemiker-Kongreß, Moskau 1971, hielt VINOGRADOV einen Vortrag über „Protoplanetare Hochtemperaturprozesse". Es wurden Entstehung und Natur einer protoplanetaren Wolke erläutert.

An seinem 80. Geburtstag hielt A. P. VINOGRADOV in seinem Institut einen Vortrag über „Die Bildung metallischer Planetenkerne", dessen Text in der „Geochimija" 1975, Heft 10, veröffentlicht wurde. Es war dies der letzte von VINOGRADOV publizierte Artikel. Er verstarb im Jahre 1975.

Bibliographie

Ausgewählte Arbeiten

[1] Geochimija živogo veščestva. — Moskva: izd. Akad. nauk SSSR 1932. 67 S.
[2] Chimičeskij elementarnyj sostav organizmov morja. — Moskva—Leningrad: izd. Akad. nauk. Teil 1: Trudy biogeochimič. lab. Bd. 3. 1935. S. 63—278; Teil 2: Trudy biogeochimič. lab. Bd. 4. 1937. S. 5—225; Teil 3. 1944. 273 S.
[3] Geochimija rassejannych ėlementov morskoj vody. — Uspechi chim., **13** (1944), S. 3—34.
[4] Geochimija redkich i rassejannych ėlementov v počvach. — Moskva: izd. Akad. nauk SSSR 1950. 278 S.
[5] Srednie soderžanija chimičeskich elementov v glavnych tipach izveržennych gornych porod zemnoj kory. — Geochimija, Moskva (1962) 7, S. 555—571.
[6] Vvedenie v geochimija okeana. — Moskva: izd. Nauka 1967.
[7] Obrazovanie metalličeskich jader planet. — Geochimija, Moskva (1967) 1, S. 1427—1431.
[8] Differenciacija veščestva Luny. — Sov.-amer. konf. kosmochim., Luny i Planet 4.—8. Juni 1974. S. 8.

Arbeiten in anderen Sprachen

[9] Untersuchungen über die Zusammensetzung des lebendigen Substrats. — Biochem. Z., 150 (1924), S. 372—376, S. 377—391. (Gemeinsam mit V. S. SSADIKOV).
[10] La composition chimique élémentaire des organismes vivants et le système périodique des éléments chimiques. — C. R. Acad. sci., Paris 197 (1933), S. 1673—1675.
[11] Migration biogène des éléments chimiques rares. — Papers IIIrd Intern. Congr. soil. sci. in Oxford 1935. S. 64—69.

[12] Biogeochemical provinces and endemics. — C. R. Acad. sci. USSR, **18** (1938) 4—5, S. 283 bis 286.
[13] Kupfergehalt in verschiedenen Böden. — C. R. Acad. sci. USSR, 27 (1940) 9, S. 1002—1006.
[14] Biogeochemical research in the USSR. — Nature, London **151** (1943) 3841, S. 659—661.
[15] The elementary chemical composition of marine organisms. — Sears foundation marine res., Yale Univ., New Haven **XIV** (1953), 647 S.
[16] Geochemie seltener und nur in Spuren vorhandener chemischer Elemente in Böden. — Berlin: Akad.-Verl. 1954. 250 S.
[17] Evolution of chemical composition of clays of the Russian platform. — Geochim. Cosmochim. Acta, London **12** (1957) 1—2, S. 172—175.
[18] Problems of geochronology of the pre-cambrian in Eastern Asia. — Geochim. Cosmochim. Acta, London **26** (1962) 12, S. 1283—1300.
[19] Geochemical aspects of the Earth's crust and upper mantle. — ICSU Rev. world sci. 6 (1964), S. 131—136.

Literatur über A. P. Vinogradov

[20] Ščerbina, V. V.: Biographie und wissenschaftliche Tätigkeit von A. P. Vinogradov (einschließlich Bibliographie). In: A. P. Vinogradov: Ausgewählte Werke. — Moskva: izd. Akad. nauk SSSR 1977, (russ.).
[21] Ščerbina, V. V.; Walyaschko, M. G.; Barsukov, V. L.; Tugarinov, A. I.: Nekrolog auf A. P. Vinogradov. — Geochim. Cosmochim. Acta, London 1977, (engl.).

Manuskripteingang: 8. Dezember 1976

Übersetzung aus dem Russischen von Dipl.-Min. A. Krüger, Berlin

Anschrift des Autors:

Prof. Dr. V. V. Ščerbina, Akademie der Wissenschaften der UdSSR,
Institut für Geochemie und Analytische Chemie „V. N. Vernadskij",
UdSSR - 117334 Moskva V-334, Vorob'eskoe šosse, d. 47a

Schriftenr. geol. Wiss. · Berlin 14 (1979) · S. 191—199

Grigorij Aleksandrovič Gamburcev (1903—1955)

Von Gerd Olszak, Leipzig

Mit 4 Abbildungen

Grigorij Aleksandrovič Gamburcev gehört zu den Pionieren der sowjetischen Geophysik. Durch grundlegende theoretische Arbeiten, besonders auf den Gebieten der Gravimetrie, Seismologie und Seismik, trug er entscheidend zur Entwicklung der Erkundungsgeophysik bei. Internationale Anerkennung erhielt er durch die Entwicklung der „Korrelationsmethode gebrochener Wellen" (KMGW) und deren erfolgreiche volkswirtschaftliche Anwendung. In seinem letzten Arbeitsabschnitt beschäftigt er sich vorrangig mit der Erforschung von Erdbeben und der Bebenprognose.

G. A. Gamburcev leitete seit 1948 bis zu seinem frühzeitigen Tode das Geophysikalische Institut der Akademie der Wissenschaften der UdSSR. Er wurde 1946 korrespondierendes, 1953 ordentliches Mitglied der Akademie der Wissenschaften der UdSSR. Im Jahre 1949 wurde auf seine Initiative der Rat für Seismologie beim Präsidium der Akademie der Wissenschaften der UdSSR gegründet, als dessen Präsident er wirkte. Für seine Arbeiten wurde er mit dem Staatspreis der UdSSR ausgezeichnet.

Григорий Александрович Гамбурцев был одним из пионеров советской геофизики. Своими соновополагающими теоретическими работами, в частности в областях гравиметрии, сейсмологии и сейсмики он внес существенный вклад в разведочную геофисику. Международное признание он получил разработкой корреляционного метода преломлённых волн (КМПВ) и его успешного применения в народном хозяйстве. В последние годы работы он посватился в основном изучению землетрясений и их прогнозу.

Г. А. Гамбурцев руководил с 1948ого года до его преждевременной смерти Геофизическим институтом Академии наук СССР. В 1946ом году он стал членом-корреспондентом, в 1953 году академиком АН СССР. В 1949ом году по его инициативе был воздан Совет по сейсмологии в президиуме АН СССР, президентом которого он работал. За его работы он был награжден Государственной премией СССР.

Grigory Aleksandrovich Gamburtsev is one of the pioneers of Soviet geophysics, who decisively contributed to the development of exploration geophysics by fundamental theoretical studies, particularly in the fields of gravimetry, seismology and seismics. He won international recognition by developing the "correlation method of refracted waves" and its successful economic application. During his last years he was mainly occupied with the research and prognosis of earthquakes.

From 1948 to his early death G. A. Gamburtsev was the head of the Geophysical Institute of the Soviet Academy of Sciences. In 1946 he was appointed corresponding member of the Academy, and, in 1953, an ordinary member. In 1949 the Council for Seismology was founded on his initiative with the Presidency of the Academy of Sciences of the U.S.S.R., where he acted as a President. For his works he was awarded the State Prize of the U.S.S.R.

Grigorij Aleksandrovič Gamburcev wurde im Jahre 1903 in St. Petersburg (Leningrad) geboren. Seine wissenschaftliche Arbeit begann bereits an der Höheren Schule für Militärische Tarnung als Laborant für Meteorologie. Hier beschäftigte er sich mit der Tarnbemalung sowie der Untersuchung der Dämpfung des Lichts in getrübten Medien. Diese Thematik führte zu seiner ersten Veröffentlichung „Zur Farbigkeit des Meeres", die 1924, seinem 21. Lebensjahr, publiziert wurde [1].

In dieser Zeit arbeitete Gamburcev in einem der wissenschaftlichen Laboratorien des Physikalischen Instituts unter Leitung von Akademiemitglied P. P. Lazarev.

Die ersten Kontakte mit dem Gebiet der Physik der Erdkruste gewann Gamburcev durch seine Teilnahme an den komplexen geophysikalischen Untersuchungen im Bereich der Kursker Magnetischen Anomalie, die auf Hinweis Lenins von 1923—1926 durchgeführt wurden. Dabei beschäftigte er sich vorwiegend mit der Interpretation gravimetrischer Beobachtungen und entwickelte ein Verfahren zur Lösung einer der grundlegenden umgekehrten Aufgaben der Potentialtheorie [2]. Zugleich erarbeitete er die Theorie und Konstruktion eines mechanischen Integrators zur Berechnung der Schwerewirkung von Störkörpern.

Am Ende dieser Periode begannen seine Arbeiten zur Entwicklung seismischer Erkundungsarbeiten. Auf Grund seiner theoretischen und praktischen Arbeiten ist Gamburcev der Begründer der heutigen Methoden der seismischen Erkundung in der Sowjetunion. Zu seinen zahlreichen Entwicklungen gehören die ersten elektrodynamischen Seismographen mit optischer Registrierung im Jahre 1931. 1932 gründete er das seismische Labor des Instituts für Erdölerkundung (NGRI), aus dem das Allunionskontor für Geophysikalische Erkundung (VKGR) hervorging, in dem Gamburcev die seismischen und gravimetrischen Arbeiten leitete.

Im Winter 1933/1934 führte Gamburcev auf dem Baikalsee die ersten Arbeiten mit reflektierten Wellen durch, wobei neue, von ihm entwickelte Geophone und Hydrophone eingesetzt wurden.

Seit dem Jahre 1933 wirkte Gamburcev als Hochschullehrer am Moskauer Erdölinstitut. In diesem Aufgabenkreis schrieb er 1937/1938 das erste sowjetische Lehrbuch für seismische Erkundungsmethodik [3].

Die von GAMBURCEV vorgeschlagene Methodik der elektromechanischen Analogie wurde von ihm bei der Konstruktion von Seismographen mit Luft- und elektromagnetischer Dämpfung angewandt. Diese Arbeiten führten zur Entdeckung der Möglichkeit mechanischer Filter für hohe Frequenzen. Auf der Grundlage der von ihm eingeführten „zweipoligen Masse" wurde der sogenannte Filterseismograph entwickelt.

Zu seinen größten Erfolgen zählt die von ihm entwickelte Methode gebrochener Wellen (KMGW), durch die mittels Phasenkorrelation weitere Einsätze in die Interpretation eingeführt wurden. Dieses Verfahren wurde in der UdSSR und später im Ausland erfolgreich, beispielsweise bei der Erfassung des Fundaments unter tiefen Sedimentbecken, angewandt.

Nach dem zerstörenden Erdbeben von Aschchabad im Jahre 1948 begann sich GAMBURCEV mit der Lösung des Kardinalproblems der Seismologie, dem Problem der Methoden zur Bebenprognose, zu befassen. In diese Zeit fällt seine Berufung zum Direktor des Geophysikalischen Instituts der Akademie der Wissenschaften der UdSSR. Unter seiner Leitung wurden zahlreiche Untersuchungen auf dem Gebiet der Seismologie begonnen. Hervorgehoben werden muß der enge Kontakt zwischen Seismologie und Seismik, zwischen Grundlagenforschung und industrieller, volkswirtschaftlicher Anwendung.

Im Jahre 1949 wurde auf Anregung von GAMBURCEV der Rat für Seismologie beim Präsidium der Akademie der Wissenschaften der UdSSR gegründet. Als Präsident dieses Rates leitete und koordinierte er alle Arbeiten zur Erdbebenprognose, bebenfester Bauweise und des seismologischen Dienstes der UdSSR.

Seine umfassenden Leistungen führten 1946 zur Berufung als korrespondierendes und 1953 als ordentliches Mitglied der Akademie der Wissenschaften der UdSSR sowie zur Verleihung des Staatspreises der UdSSR.

Nach den frühen wissenschaftlichen Arbeiten, in denen sich GAMBURCEV mit einigen Problemen auf dem Gebiet der Optik beschäftigte (1924/1925), erfaßte das weitere Wirken Aufgaben auf den Gebieten der Gravimetrie und Seismik bzw. Seismologie.

Durch die auf Weisung LENINS aufgenommenen geophysikalischen und geologischen Untersuchungen im Bereich der Kursker Magnetanomalie (KMA) wurde G. A. GAMBURCEV angeregt, die angewandten Erkundungsarbeiten auf reichhaltige Eisenquarzite (Fe-Gehalt 31—38%) durch theoretische Arbeiten zu stützen und zu unterstützen.

Im Gebiet der Kursker magnetischen und gravimetrischen Anomalien erstrecken sich entsprechende Potentialmaxima in Form schwacher linearer Rücken. Die von GAMBURCEV entwickelten Formeln zur Berechnung der Tiefenlage, Form und Dichte dieser Rücken gingen deshalb von gravimetrischen Modellkörpern aus, die als unendlich lange Zylinder mit unterschiedlichem Querschnitt angesetzt wurden. Entsprechend den mit Pendelapparaturen und EÖTVÖSschen Drehwaagen erfolgten Messungen im Gelände entwickelte er Formeln für die Behandlung der ersten und zweiten Ableitungen des Potentials der Schwerkraft.

Zur Reduzierung der überaus umfangreichen rechnerischen Arbeiten bei der Berechnung der Ableitungen entwickelte er mehrere mechanische Geräte (Integratoren), die länger als ein Jahrzehnt praktische Verwendung bei magnetischen und gravimetrischen Untersuchungen fanden.

Durch die komplexe Interpretation magnetischer und gravimetrischer Anomalien im Gebiet von Stschigry (östlich von Kursk) konnte er ein Modell des Eisenquarzit-Rückens konstruieren, das den unter 160 m Bedeckung stehenden 230 m mächtigen Erzkörper bei 60° Einfallen bis in eine Tiefe von 7000 m darstellte. Bohrungen konnten die Existenz des Körpers inzwischen bis in eine Tiefe von über 3000 m bestätigen.

Ohne die gediegenen theoretischen und zugleich anwendungsbereiten Arbeiten GAMBURCEVS zu unterschätzen, kann man feststellen, daß die entscheidenden, vielseitigsten und Pionierleistungen auf den Gebieten der Seismik und Seismologie vorliegen.

Es gelingt kaum, im Weltmaßstab einen Geophysiker zu finden, der gleichermaßen hervorragende gerätetechnische unikale Lösungen und Konstruktionen vorlegte, wie auf dem Gebiet der Theorie der Wellenausbreitung, der wie er auf dem Gebiet der tiefenseismischen Interpretation grundlegende wissenschaftliche Forschung getrieben hat.

Gamburcev stellte Anfang der vierziger Jahre fest, daß von den zwei grundlegenden Modifikationen der seismischen Erkundungsmethoden die Reflexionsmethode die größte Verbreitung gefunden hatte, wobei ein negativer Einfluß auf die weitere Entwicklung der Arbeit mit gebrochenen Wellen ausging. Ungeachtet der unterschiedlichen physikalischen Prinzipien und der hieraus folgenden jeweils typischen Auflösungsvermögen und Informationsfähigkeit schätzte er ein, daß dem Refraktionsverfahren eigene Potenzen ungenutzt blieben. Die vorliegende Stagnation der Refraktionsseismik beruhte insbesondere darauf, daß ausschließlich die „ersten Einsätze" der an einer Grenze unter dem kritischen Winkel gebrochener Wellen registriert bzw. interpretiert wurden. Die Versuche verschiedener Wissenschaftler, auch spätere Einsätze gebrochener Wellen zu interpretieren, scheiterten, da die Sicherheit der Korrelation der gebrochenen Wellen — im Gegensatz zur reflexionsseismischen Methodik — unzureichend gelöst war.

Gamburcev widmete deshalb dieser Frage besondere Aufmerksamkeit. In Zusammenarbeit mit J. V. Rizničenko, I. S. Berson, I. P. Pasečnik, I. I. Gurvič, A. M. Epinat'eva und E. V. Karus entwickelte er umfassend die theoretischen, technischen und feldmethodischen Grundlagen für die „Korrelationsmethode gebrochener Wellen" (KMGW). Die erste Veröffentlichung über das neue Verfahren, das sich besonders bei

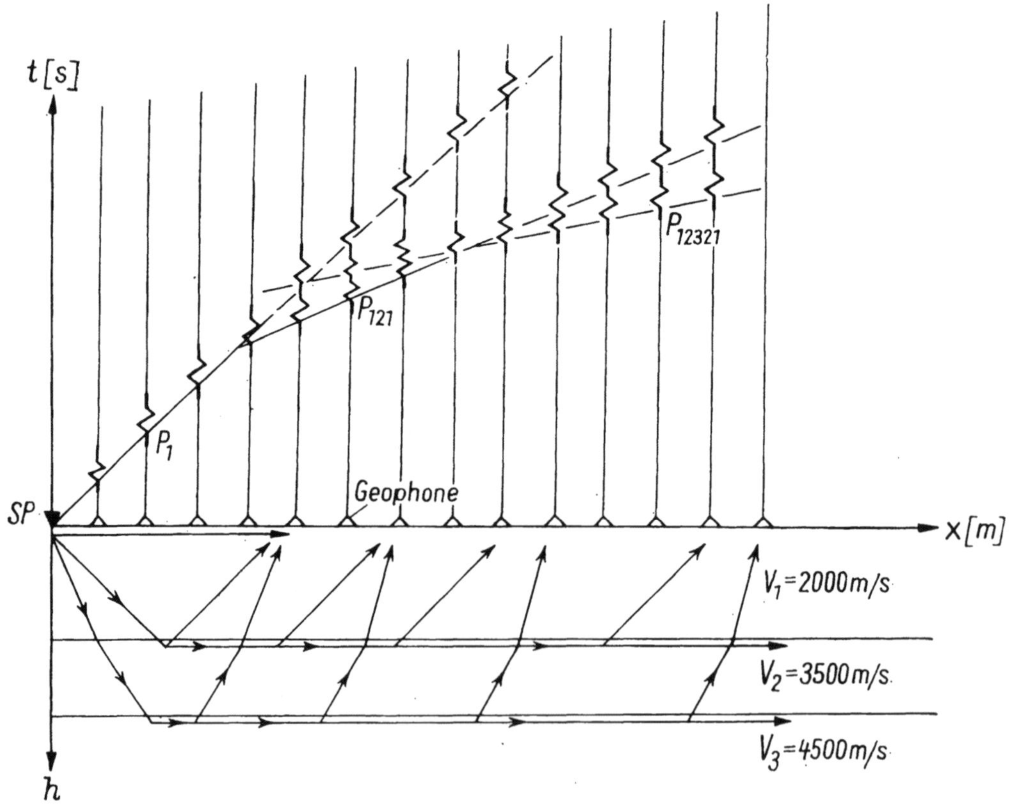

Abb. 1. Die Interpretation und Korrelation erster und weiterer Einsätze bei der Korrelationsmethode gebrochener Wellen (KMGW)

der Kartierung der Oberfläche des Grundgebirges unter Deckgebirge sowie tieferer Grenzflächen auszeichnete, erfolgte in der Sowjetunion im Jahre 1942 [4]. Bereits kurz nach Beendigung des zweiten Weltkriegs, im Jahre 1946, kam es zu seiner Publizierung und praktischen Anwendung in den USA. Eine umfassende Darstellung als Lehrbuch nahmen GAMBURCEV und seine Mitarbeiter im Jahre 1952 vor [5].

Die Abb. 1 zeigt die Wellenwege kritisch gebrochener Wellen für einen 3-Schicht-Aufbau. In der oberen Hälfte der Skizze ist die Laufzeitkurve mit den aufeinanderfolgenden Einsätzen der Wellen eingetragen. Mit zunehmender Beobachtungsentfernung x vom Schußpunkt SP kommen die gebrochenen Wellen von tieferen Schichtgrenzen infolge der mit der Tiefe zunehmenden Wellengeschwindigkeiten als erste Einsätze an den Seismographen (Geophonen) an. Die später eintreffenden Wellen treten als zweite bzw. dritte Einsätze auf, wobei sie infolge Überlagerung im „Schatten" der vorangehenden Welle oder der Wellendämpfung mit zunehmendem Laufweg oft schwierig zu erkennen sind. Um so wichtiger ist die vorausgehende Konstruktion (Modellierung) von

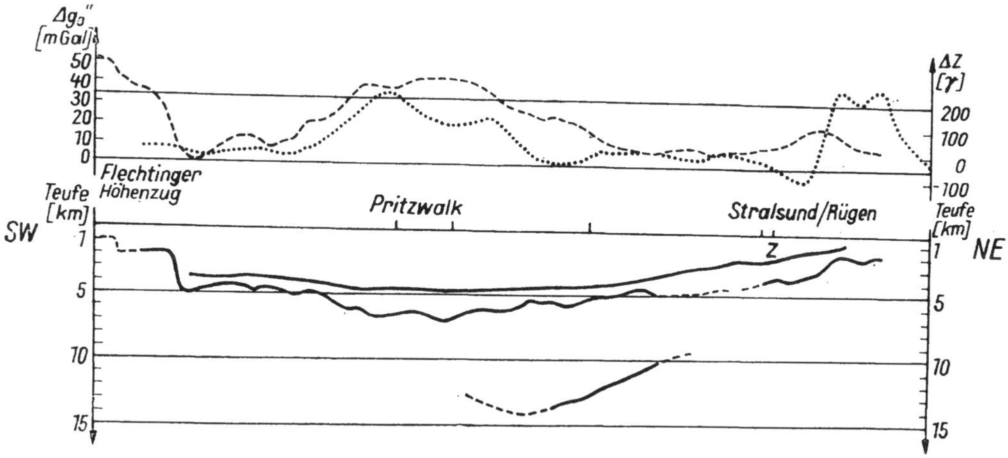

Abb. 2. Ergebnisse tiefenseismischer Untersuchungen mit der KMGW-Methode auf einem Profil (TS I) durch die Norddeutsch-Polnische Senke nach PUTZIGER u. a. [12]

Einsatz- bzw. Korrelationsschemata zur Bestimmung der günstigsten Aufstellungsentfernungen für gewünschte Wellentypen bestimmter Grenzflächen.

Die Ausarbeitung einfacher bis komplizierter theoretischer Korrelationsschemata und ihre praktische Bestätigung bildete deshalb das langjährige Arbeitsfeld GAMBURCEVS und seiner Mitarbeiter. Sehr beachtlich ist die Tatsache, daß zu dieser Zeit die Untersuchung der dynamischen Parameter (Amplitude, Dämpfung, Wellenform) bereits einbezogen wurde, ein heute höchst aktuelles Arbeitsfeld der seismischen Forschung.

Die Anwendung der Korrelationsmethode gebrochener Wellen erfolgte nach dem zweiten Weltkrieg weit über die Grenzen der Sowjetunion hinaus. Wie in mehreren Volksrepubliken erfuhr das Verfahren im Rahmen der Regionalerkundung im Norden der DDR eine breite Anwendung, wobei durch die Mitwirkung sowjetischer Geophysiker eine direkte Übernahme der umfangreichen, in der UdSSR gesammelten Erfahrungen gesichert wurde [13].

Die Abb. 2 zeigt ein KMGW-tiefenseismisches Profil (vorläufige Auswertung vom Stand 1964) nach PUTZIGER, REINHARDT & WEGERT [12]. Das Profil verläuft von Rügen durch die Norddeutsch-Polnische-Senke bis zum Flechtinger Höhenzug. Neben dem reflexionsseismischen Horizont Z — etwa Zechsteinbasis — ist der darunter folgende

KMGW-Horizont mit der Grenzgeschwindigkeit V = 6,0 km/s dargestellt, der im südlichen Teil etwa der Oberfläche des variszisch konsolidierten Grundgebirges entspricht. Ein zweiter, tieferer KMGW-Horizont mit der Grenzgeschwindigkeit V = 6,5 km/s wurde in dieser Interpretation als Metamorphose- oder Strukturgrenze innerhalb des Kristallins interpretiert.

Die nach dem zweiten Weltkrieg vielerorts einsetzenden geophysikalischen, insbesondere seismischen Untersuchungen zum Tiefenbau der Erdkruste fanden in der Sowjetunion durch Gamburcev ihren führenden Vertreter. Mit der ihm eigenen Gründlichkeit und Vielseitigkeit widmete sich Gamburcev mit seinen Mitarbeitern, unterstützt durch die Erkundungstrupps der Industrie, dieser neuen Aufgabe.

Bereits in den Jahren 1939/1940 hatte Gamburcev in Zusammenarbeit mit Berson und Pasečnik versucht, auf der Grundlage reflektierter Wellen tiefere Grenzflächen der Erdkruste zu erfassen. Mit Geräten höherer Empfindlichkeit, die in Verbindung mit einer Reduzierung der Frequenz der registrierten Wellen sowie der Gruppierung der Geophone erreicht wurde, wurden lange Registrierzeiten — bis zu einer Minute — angewendet. Diese registrierten Wellen, die anscheinend Grenzen von einigen Zehner Kilo-

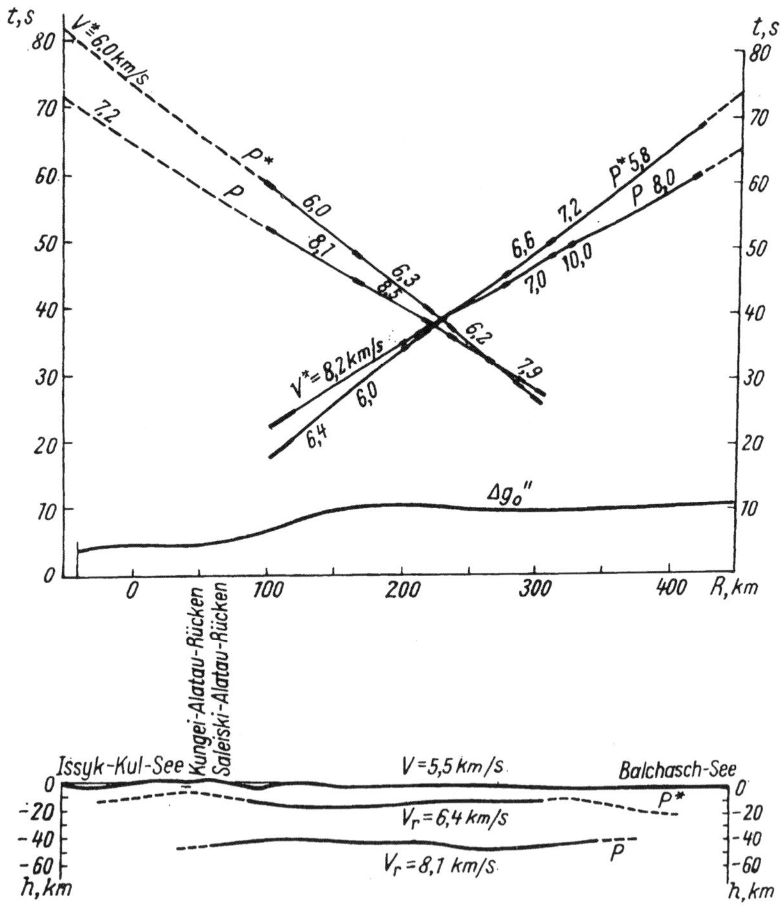

Abb. 3. Profilschnitt einer tiefenseismischen Sondierung vom Issyk-Kul-See zum Balchasch-See; ergänzend ist der Schwereverlauf dargestellt [8]

metern Tiefe entsprachen, zeigten sich bei näherer Analyse als Überlagerungen von multiplen Wellen, für deren Unterscheidung von einfach reflektierten Wellen keine ausreichenden Merkmale gefunden werden konnten.

Somit zeigte sich die Notwendigkeit, zur Registrierung gebrochener Wellen überzugehen. Die ersten Versuche wurden im Jahre 1940 im Gebiet von Kovrov ausgeführt. Es wurden Aufstellungsweiten von ca. 40 km verwendet, womit jedoch noch keine tieferen Schichten der Kruste erfaßt werden konnten. Es zeigte sich, daß diese Entfernungen mit relativ kleinen Sprengladungen überbrückt werden konnten.

Die Arbeiten in dieser neuen Richtung basierten auf den Erfahrungen mit der Korrelationsmethode gebrochener Wellen. Nach der durch den Krieg bedingten Unterbrechung konnten die Arbeiten zur Entwicklung der Methode der tiefenseismischen Sondierung ab 1948 intensiv weitergeführt werden. Die grundlegende Aufgabe bestand in der Erhöhung der Tiefenreichweite gebrochener Wellen. Um seismische Grenzen in 20—40 km Tiefe erforschen zu können, war es erforderlich, Registrierungen in der Größenordnung bis 300 km Entfernung zu meistern. Dazu wurden Sprengladungen von 50—400 kg verwendet.

Als Arbeitsgebiete wurde der nördliche Tjan-Shan ausgewählt [8]. Neben methodischen Untersuchungen bestand die Aufgabe in der Erforschung des Tiefenbaus der Kruste bis zum oberen Mantel. Gegenüber den bekannten Refraktionsapparaturen besaßen die verwendeten Geräte die Möglichkeit zur Registrierung tieferer Frequenz (Größenordnung 10 Hz) und eine höhere Empfindlichkeit.

Die Abb. 3 zeigt eines der ersten tiefenseismischen Profile zwischen dem Balchasch-See (östliche Kasachische SSR) und dem Issyk-Kul-See (Kirgisische SSR). Dargestellt sind die Laufzeitkurven für zwei gebrochene Wellen. Die Welle P^+ entspricht der Grenze (1) des skizzierten Krustenabschnitts, die Welle P der Grenze (2). Die mittlere Grenzgeschwindigkeit $V_G = 6{,}4$ km/s wurde der Oberfläche der sogenannten Basalt-Schicht zugeordnet, die Geschwindigkeit $V_G = 8{,}1$ km/s der Mohorovičić-Diskontinuität. Die absolute Lagerungstiefe der Moho-Grenze schwankt zwischen 40 und 50 km; die Grenzfläche fällt in Richtung zum Tjan-Shan stetig ab. Die Oberfläche der ,,Basalt''-Schicht bewegt sich zwischen 8 und 20 km.

Die erhaltenen Profilschnitte erlaubten es GAMBURCEV bereits, einige Gesetzmäßigkeiten zwischen regionaler tektonischer Struktur und Tiefenbau abzuleiten.

1. In den Gebirgsbereichen des Kungei-Alatau und Sailiski Alatau werden Aufwölbungen der ,,Basalt''-Oberfläche und Tiefenlagen der Mohorovičić-Grenze beobachtet.

2. In den Senkungsgebieten von Issyk-Kul und Balchasch verzeichnet man eine Absenkung der ,,Basalt''-Oberfläche und eine Hochlage der Mohorovičić-Grenze.

Entsprechend diesen Situationen verändert sich die Mächtigkeit der ,,Basalt''-Schicht: in den Hebungsgebieten ist sie 40—42 km mächtig, in den Senkungsgebieten 24—26 km.

Die interessante Frage, mittels welcher Prozesse diese Mächtigkeitsänderung verlaufen, konnte verständlicherweise von GAMBURCEV noch nicht beantwortet werden. Sie stellt bis heute einen Schwerpunkt theoretischer Forschung auf dem Gebiet der Geonomie dar.

In seinem letzten Arbeits- und Lebensabschnitt (1949—1954) beschäftigte sich GAMBURCEV mit einigen Grundfragen der Seismologie, wozu unter anderem die Beobachtungs- und Korrelationstechnik gehörten. Durch das zerstörende Erdbeben von Aschchabad im Jahre 1948 wurde GAMBURCEV angeregt, sich mit der Prognose von Erdbeben zu befassen [9]. Diesem wichtigen Thema war auch die handschriftliche Konzeption eines Vortrags für das Präsidium der Akademie der Wissenschaften der UdSSR im Jahre 1955 gewidmet, den er infolge seines plötzlichen Todes nicht mehr halten konnte.

Das zusammen mit V. V. Belousov vorbereitete Manuskript wurde im Jahre 1960 [10] erstmals veröffentlicht.

Die von Gamburcev durchgeführten Forschungen zeigten die zwei Seiten der Erdbebenprognose:

1. Die Prognose des Ortes und der Stärke der Erdbeben, d. h. die seismische Rayonierung;

2. die Prognose der zeitlichen Auslösung von Erdbeben, speziell der starken Beben, wobei in Kurzzeit- und Langzeitprognose unterschieden wird.

Zur Arbeit an der ersten Teilaufgabe wurde bereits im Jahre 1950 eine Karte der seismischen Rayonierung des Territoriums der UdSSR im Maßstab 1 : 5 Mill. ausgearbeitet, die später durch Spezialkarten ergänzt wurde.

Die Arbeiten an der zweiten Teilaufgabe gestalten sich wesentlich komplizierter, da sie komplexer Natur sind. Es gehören dazu die tiefenseismische Erforschung der Erdkruste und des oberen Mantels sowie die Untersuchung der physikalischen Prozesse, besonders in den Gebieten hoher Seismizität. Diese Forschungen bilden das Arbeitsfeld im Internationalen Geodynamik-Projekt.

Überblickt man aus heutiger Sicht das Arbeits- und Wirkungsfeld Gamburcevs, so zwingen uns die umfangreichen vielseitigen und zugleich tiefgründigen Forschungen zu größter Hochachtung. Als Forscher, Leiter und Lehrer von Generationen von Geophysikern zählt Gamburcev zu den Pionieren der sowjetischen geologischen Wissenschaften, der bewußt die volkswirtschaftlichen und wissenschaftlichen Hauptaufgaben seiner und unserer Zeit erkannte und durch die Kopplung von Grundlagen- und angewandter Forschung wesentlich zu ihrer Lösung beitrug.

Gamburcev ist mit seinem Wirken und seiner Ausstrahlung nicht nur ein Vorbild als erfolgreicher Fachwissenschaftler, er ist es insbesondere als bewußt und aktiv in seiner gesellschaftlichen Umgebung wirkender Mensch.

Bibliographie

Ausgewählte Arbeiten

[1] Zur Frage über die Farbigkeit des Meeres. — ZRECHO, Teil Physik, 56 (1924), (russ.).

[2] Zur Untersuchung der Kursker gravimetrischen Anomalie. — Z. angew. Phys., 2 (1925) 1—2, (russ.).

[3] Osnovy seismoradvedki. Bd. 1 und 2, 1. Aufl. — Moskva: 1937/1938; 2. Aufl. Moskva: Gostoptechizdat 1959.

[4] Über die Korrelationsmethode zur Registrierung gebrochener Wellen. — Izv. Akad. nauk SSSR, ser. geofiz. geogr., Moskva **VI** (1942) 1—2; [zugleich in Geophysics, **XI** (1946) 1].

[5] Die Korrelationsmethode gebrochener Wellen. — Moskva: izd. Nauka 1952, (russ.); (mit weiteren Autoren).

[6] Grundlagen der seismischen Erkundung. — Leipzig: B. G. Teubner Verlagsges. 1964.

[7] Die tiefenseismische Sondierung der Erdkruste. — Trudy geofiz. inst. Akad. nauk SSSR, Moskva **152** (1954) 25, (russ.).

[8] Der Bau der Erdkruste im Gebiet des nördlichen Tjan-Shan nach Beobachtungen der tiefenseismischen Sondierung. — Izv. Akad. nauk SSSR, Moskva 105 (1955) 1, (russ.); (mit weiteren Autoren).

[9] Stand und Perspektiven der Arbeit auf dem Gebiet der Prognose von Erdbeben. — Bjull. soveta sejsmol., Akad. nauk SSSR, Moskva 1 (1955), (russ.).

[10] Die Prognose von Erdbeben. — Manuskr. zur Vorbereitung eines Vortrags auf der Sitzung des Präsidiums der Akad. Wiss. der UdSSR (veröff. in Gamburcev „Ausgewählte Arbeiten" Moskva 1960), (gemeinsam mit V. V. Belousov), (russ.).

[11] Izbrannye trudy. — Moskva: izd. Nauka 1960.

Literatur über G. A. GAMBURCEV

[12] PUTZIGER, K.; REINHARDT, H.-G.; WEGERT, F.: Geophysikalische Beiträge zur Erkundung des regionalen geologischen Baus in Norddeutschland. — Geophys. Geol., Leipzig 8 (1966).
[13] POLŠKOV, M. K.; POMERANCEVA, I. V.; MOZŽENKO, A. N.; LANGE, W.; NOWAK, W.-E.; HECKELER, V.: Die deutsch-sowjetische Zusammenarbeit bei der Erforschung des Tiefenbaus der Erdkruste im Nordteil der DDR. — Z. geol. Wiss., Berlin 4 (1976) 1.

Manuskripteingang: 21. Februar 1977

Anschrift des Autors:
Prof. Dr. G. OLSZAK, Karl-Marx-Universität, Sektion Physik, Fachbereich Geophysik
DDR - 701 Leipzig, Talstraße 35

FSC
www.fsc.org
MIX
Papier | Fördert gute Waldnutzung
FSC® C083411

Kolibri 360 GmbH
Ferdinand-Jühlke-Straße 7
99095 Erfurt, Deutschland
produktsicherheit@kolibri360.de